Wildtierkunde

Ekkehard Ophoven

Biologie
Merkmale
Bejagung

KOSMOS

Inhalt

In diesem Buch sind einige Aspekte angesprochen, die hier noch kurz näher erläutert werden sollen:

Maße und Gewichte: Gelten für ausgewachsene Tiere. Je nach Quelle weichen die Angaben leicht voneinander ab.
Gewichtsangaben: Bei Schalenwild aufgebrochen, bei anderen Arten Lebendgewicht
Aussehen: Sofern nicht anders angegeben, sind bei den Vögeln die Gefieder adulter Tiere beschrieben, bei den Erpeln der Wildenten meist nur die zur Jagdzeit überwiegend getragenen Prachtkleider (Schlichtkleider ähneln denen der Enten).
Weiblicher Frühjahrsbestand: Am 1. April des Jahres vorhandenes weibliches Wild
Zuwachs: Biologischer Zuwachs ohne Abgänge in den ersten Lebenswochen
Balz, Reihzeit etc.: Angegeben ist der Höhepunkt des Balzgeschehens. Bei vielen Vogelarten kommt es schon im Vorfeld zu Balzhandlungen ohne Paarung, die der Partnerbindung und -stimulierung dienen.
Jagdbarkeit: In Deutschland können die Länder den Katalog der nach BJG jagdbaren Arten erweitern oder einschränken und die Jagdzeiten nach der Bundesjagdzeitenverordnung verlängern und verkürzen. In Österreich gibt es nur neun Landesjagdgesetze ohne übergreifendes Bundesgesetz. Die 26 Kantone der Schweiz und Fürstentum Liechtenstein dürfen den Katalog der im JSG aufgeführten jagdbaren Arten und deren Jagdzeiten nur einschränken bzw. verkürzen. Eine genaue Angabe der Jagdzeiten und die nähere Differenzierung des jagdlichen Status nach Bundesländern bzw. Kantonen hätte den Rahmen des Buches gesprengt und wäre rasch veraltet gewesen. Jagdbarkeit und Jagdzeiten können jährlich neu geregelt und von den jeweils zuständigen Behörden bekannt gegeben werden.

Das Haarwild

Das deutsche Jagdrecht unterscheidet die jagdbaren Tierarten nach Haarwild und Federwild, nach Säugetieren und Vögeln also. Dieser Einteilung folgend, stellt der erste Teil des Buches die Säugetiere vor, die bis auf wenige Ausnahmen in allen oder einzelnen deutschen Bundesländern dem Jagdrecht unterliegen, also „Wild" in dessen Sinne sind.

› Schalenwild, Hasenartige und Nagetiere

Zunächst werden die vorwiegend Pflanzen fressenden Wild- und Tierarten vom Schalenwild und dem Allesfresser Schwarzwild über die Hasenartigen bis zu den Nagetieren beschrieben. Weil die jagdbaren dieser Arten wegen ihres verwertbaren Wildbrets „nützlich" sind, existiert für sie auch der übergreifende Begriff Haar*nutz*wild. Da von menschlichem Nutzgedanken geprägt, ist dieser Ausdruck heute wohl nicht mehr zeitgemäß, zumal auch die hochwertigen Bälge des Haarraubwilds „nutzbringend" verwertet werden können.

› Haarraubwild

Das im Anschluss behandelte Haarraubwild gehört systematisch zu den Raubtieren (Ordnung *Carnivora*). Da auch mit dem Begriff „Raub" früher eine Wertung verbunden war, werden heute vielfach auch die neutraleren Begriffe „Beutegreifer" oder – aus Sicht des Beutetiers – „Fressfeinde" verwendet.

› Hoch- und Niederwild

Das Wild wird im Jagdrecht überdies noch in Hochwild und Niederwild eingeteilt. Die Begriffe haben ihren Ursprung in der Zeit vor 1848, als die Landesfürsten das Jagdrecht im ganzen Land als Hoheitsrecht beanspruchten und die Erlegung bestimmter Wildarten eben ihrer „Hohen Jagd" vorbehalten war. Von diesem Anspruch des Landesherrn blieben die Wildarten der „Niederen Jagd" verschont. Heute ist die Zuordnung des Wildes zum Hoch- und Niederwild – teilweise für die Bewertung und Pachtdauer von Jagdbe-

zirken relevant – in § 2 Abs. 4 des Bundesjagdgesetzes festgelegt. Danach zählen vom Haarwild *alles Schalenwild* außer Rehwild sowie vom Federwild das *Auerwild*, der *Stein-* und der *Seeadler* zum Hochwild, alles übrige Wild ist Niederwild.

› Spitzenreiter Reh

An der Spitze der Jahresjagdstrecken des deutschsprachigen Raums steht seit vielen Jahren mit großem Abstand das Reh. In Deutschland betrug die Jagdstrecke im Jagdjahr 1984/85 rund 842.700 Stück Rehwild (inklusive Fallwild), überschritt in 1992/93 erstmals die Millionengrenze und stieg weiter auf fast 1,1 Millionen Rehe in 2003/2004. In diesen knapp 20 Jahren wuchs die Jahresstrecke in Österreich um 40 % auf rund 285.100 Stück (ohne Fallwild), nur in der Schweiz blieb sie mit rund 58.400 Stück (inklusive Fallwild) etwa auf dem gleichen Niveau (- 3%). Annähernd kontinuierliche Streckensteigerungen über lange Zeiträume sind ein deutlicher Hinweis auf ähnliche Bestandsentwicklungen. Und auch alle anderen Schalenwildarten können und müssen in Deutschland heute stärker durch den Jäger genutzt werden als noch vor knapp 20 Jahren. Besonders auffällig sind die Streckenzunahmen beim Schwarzwild (2003/2004: rd. 470.300: + 161%) und beim Damwild (53.300: + 141%). Diese Zahlen sind Beleg für die Notwendigkeit und Möglichkeit einer nachhaltigen jagdlichen Nutzung unseres heimischen Schalenwilds.

› Feldhase, Fuchs und Dachs

Beim übrigen Haarwild ist der Feldhase das große Sorgenkind der Jäger. Mit einem freiwilligen Verzicht auf die Hasenjagd in vielen Revieren setzten Jäger daher ein Zeichen, obwohl die jagdliche

Nutzung für die dramatischen Besatzrückgänge des Hasen sicher nicht Ausschlag gebend war und ihre Einstellung auch wenig daran änderte. Erst seit einigen Jahren gibt die Entwicklung der Hasenbesätze mancherorts wieder Anlass zu vorsichtigem Optimismus.
Seit vielen Jahren steigt der Druck der Fressfeinde auf das Niederwild. Zu nennen ist hier v. a. der Fuchs, dessen Jahresstrecken nach erfolgreicher, flächendeckender Tollwutimmunisierung seit 1984/85 um 123% auf fast 553.000 Stück stiegen und damit die Entwicklung der Besätze widerspiegeln.
Rasant aufwärts geht es seit vielen Jahren auch mit dem Dachs. Nach Baubegasung zur Bekämpfung der Fuchstollwut einst stark eingebrochen, sind seine Jahresstrecken in knapp 20 Jahren von ca. 7.000 auf über 52.000 Stück gestiegen!

› Wertvoll: Wildbret, Bälge, Schwarten

Dass die Jagd in Deutschland nicht nur ökologische Funktion und einen hohen ideellen Wert für die Jäger besitzt, sondern auch erhebliche wirtschaftliche Werte schafft, verdeutlicht folgende Zahl: Im Jahr 2003/04 betrug der Gesamtwert des verzehrfähigen Wildbrets und der Bälge bzw. Schwarten von Fuchs, Dachs und Marder über 190 Millionen Euro.

SCHALENWILD

Paarhufer (*Artiodactyla*)

› **Wiederkäuer** (*Ruminantia*)

– **Hirsche** (*Cervidae*)

– **Echthirsche** (*Cervinae*): Rotwild, Damwild, Sikawild

– **Trughirsche** (*Odocoileinae*): Rehwild, Elchwild

– **Hornträger** (*Bovidae*)

– **Schaf- und Ziegenartige** (*Caprinae*): Muffelwild, Gamswild, Steinwild

– **Rinder** (*Bovinae*): Wisent

› **Nichtwiederkäuer** o. **Schweineartige** (*Nonruminatia* o. *Suina*)

– **Echte Schweine** (*Suidae*): Schwarzwild

ÜBRIGES HAARWILD

Hasenartige (*Lagomorpha*): Feldhase, Schneehase, Wildkaninchen

Nagetiere (*Rodentia*): Alpenmurmeltier, Biber, Nutria, Bisam

Raubwild (*Carnivora* = Raubtiere): (Wolf,) Fuchs, Dachs, Marderhund, Baummarder, Steinmarder, Iltis, (Nerz,) Mink, Hermelin, Mauswiesel, Fischotter, Seehund, Luchs, Wildkatze, Braunbär, Waschbär

Rotwild

BIOLOGIE

Art: Rothirsch (*Cervus elpahus*), **Unterfamilie:** Echte Hirsche (*Cervinae*)

KRL, Gewicht: ♂ 180–245 cm, 70–200 kg, ♀ 160–200 cm, 40–80 kg

Decke: *Sommer*: rot-braun mit gelblichem Spiegel; *Winter*: bräunlich grau, Spiegel grau-weiß; *Kälber* bis längstens zum Winterhaar mit hellen Flecken

Geweih: *Abwerfen* Feb.–April (Schmalspießer Mai), anschl. *Schieben*, *Verfegen* Ende Juni–Aug. (Schmalspießer Sept.)

Zahnformel: $\frac{0133}{3133} = 34$

(Gebissentwicklung mit ca. 28–34 Mon. abgeschlossen)

Schmaltier im Sommer

Vorkommen und Lebensraum: Rotwild, auch Edelwild, ist in fast ganz Europa verbreitet. Von Norwegen bis ans Schwarze Meer bewohnt es Waldgebiete vom Flachland bis ins Hochgebirge, z. B. aber auch die weitgehend waldfreien Heideflächen des schottischen Hochlands. In Deutschland kommt Rotwild von Schleswig-Holstein bis in den Alpenraum mit Ausnahme Bremens in allen Bundesländern vor, berühmt ist z. B. das Vorkommen im Duvenstedter Brook bei Hamburg. Vorherrschende Lebensräume sind großflächige, vegetations- und strukturreiche Wälder mit eingestreuten Weide-, Acker- und Feuchtflächen.

Infolge der Landschaftszersiedlung und -zerschneidung sind einige der Vorkommen in den rund 140 Rotwildgebieten Deutschlands bereits vollständig isoliert, arttypische Wanderungen zwischen höher gelegenen Sommereinständen und den Wintereinständen der Tallagen finden allenfalls noch punktuell statt. Verschärft wird diese Entwicklung durch die Unterscheidung in erklärte *Rotwildgebiete* und so genannte *Rotwildfreie Gebiete*, die frei von Rotwild gehalten werden sollen. Einer weiteren Verinselung versucht die Jägerschaft gegenzusteuern. So setzt sich z. B. die 1997 gegründete Rotwild AG für die Sicherung und Erweiterung der Rotwild-Lebensräume, die Einrichtung von Fernwanderkorridoren und die Berücksichtigung wildökologischer Belange bei raumordnerischen Vorhaben ein.

Äußere Merkmale: Das Rotwild ist die größte als Standwild vorkommende heimische Schalenwildart. Der kräftige, ausgewogene Körperbau weist den ehemaligen Bewohner lichter Wälder und offener Waldsteppen als so genannten *Läufertyp* aus.

Rotwild verfärbt im Mai/Juni und im September/Oktober, bei gleicher körperlicher Verfassung ältere Stücke tendenziell spä-

Rotwild

ter als jüngere. Der Hirsch ab dem 2. Kopf (im 3. Lebensjahr, 2-jährig) bildet mit der Winterdecke am Träger eine *Brunftmähne* aus, die mit fortschreitendem Alter ausgeprägter wird.

Die Sekrete der an dem 10–15 cm langen Wedel sitzenden Wedeldrüse, der so genannten Laufbürsten unter den Sprunggelenken der Hinterläufe und der Voraugendrüsen in den Tränengruben dienen der artspezifizischen Fährtenmarkierung bzw. der innerartlichen Verständigung. Rotwild hat anders als die meisten wiederkäuenden Schalenwildarten rudimentäre Eckzähne im Oberkiefer, die so genannten *Grandeln*. Sie werden als Jagdtrophäe gern zu Schmuck verarbeitet.

Geweih: Nur der Hirsch trägt einen Kopfschmuck, der wie bei allen Cerviden aus Knochensubstanz aufgebaut ist. Er wird alljährlich neu gebildet, von der Basthaut befreit und wieder abgeworfen, vom alten Hirsch i. d. R. etwas früher als vom jungen. Beim Hirschkalb bilden sich mit etwa 8 Monaten die Rosenstöcke, mit etwa einem Jahr schiebt der Schmalspießer sein noch rosenloses Erstlingsgeweih, i. d. R. ein Spießgeweih, das etwas später als die nachfolgenden Geweihe bis September verfegt und im April/Mai abgeworfen wird. Ausnahmsweise schieben Hirschkälber schon im ersten Winter kurze Spieße, die bald nach dem Verfegen wieder abgeworfen werden. Der Hirsch vom 2. Kopf trägt oft ein Sechsergeweih, mitunter aber auch schon mehr Enden. Die Geweihstärke nimmt mit zunehmendem Alter des Hirsches zu, ihr Höhepunkt liegt zwischen dem 10. und 14. Kopf, anschließend setzt der Hirsch zurück. Sofern jeweils ausgebildet, werden bei den Geweihenden von unten nach oben unterschieden: *Augsprosse* (*Kampfsprosse*), *Eissprosse*, *Mittelsprosse*, *Wolfssprosse* und *Krone* (mindestens 3 Enden oberhalb der Mittelsprosse). Nach der verdoppelten Endenzahl der endenreicheren Geweihstange ist ein Hirsch ein Sechs(end)er, Acht(end)er, Zehn(end)er usw. Weist die andere Stange ebenso viele Enden auf, ist er *gerade*, trägt sie weniger, ist er *ungerade*. Der *einseitige* Kronenhirsch hat im Gegensatz zum beidseitigen nur an einer Stange eine Krone.

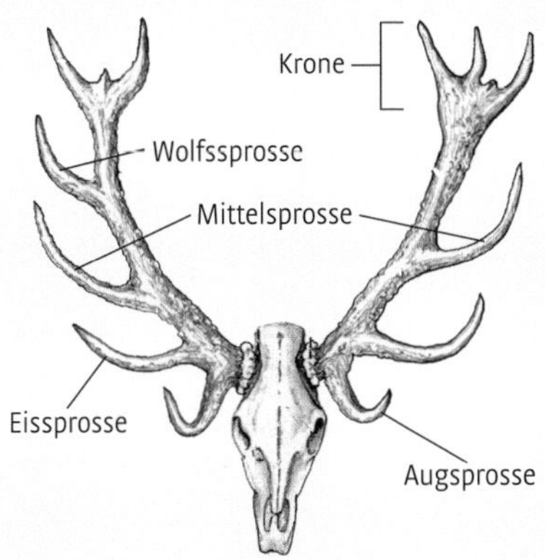

Zwölfender mit einseitiger Krone

Ernährung: Als so genannter *Mischäser* (*Intermediärtyp*) nimmt das Rotwild sowohl zellulosereiche als auch raufaserarme, eiweißreiche und wasserhaltige Äsung: Gräser, Laubheu, verholzte Triebe, Baumrinde zählen ebenso dazu wie Kräuter, Blätter und Knospen, Eicheln und andere Baum- und Waldfrüchte. Von Feldfrüchten werden hauptsächlich Kartoffeln, Rüben, Milchhafer und Wintersaaten genommen.

Lebensweise: Das Rotwild lebt nach Geschlechtern getrennt in Rudeln. Soziale Kerneinheit ist die Familie aus Alttier, Schmaltier bzw. Schmalspießer und Kalb. Die Bindung des Kalbes an die Mutter ist eng und hält länger an als beim Rehwild. Kahlwildrudel setzen sich aus mehreren Familien zusammen, oft stehen noch junge Hirsche vom 2., seltener auch vom 3. Kopf, bei ihnen. Sie werden immer von

Fortpflanzung und Zuwachs: *Brunft*: Mitte Sept.– Mitte Okt.; *Tragzeit*: ca. 34 Wochen; *Jungenanzahl*: 1, slt. 2 Kälber; *Zuwachs* 65–80 % des weibl. Frühjahrsbestandes

Laute: Schrecken, Klagen; *Tier*: Mahnen; *Brunfthirsch*: Röhren, Orgeln, Knören, Trenzen etc.

Parasiten: Magen-, Lungenwürmer, Leberegel, Rachenbremse, Dasselfliege

Infektionen: Maul- und Klauenseuche, Milzbrand, Rinderseuche (BSE = Bovine Spongiforme Enzephalopatie)

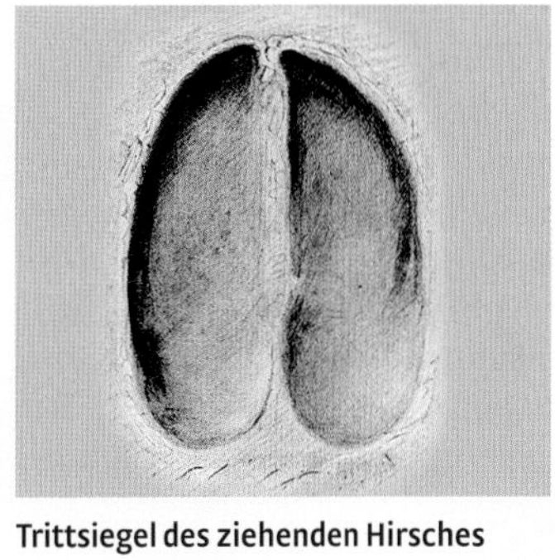

Trittsiegel des ziehenden Hirsches

Rotwild

IM REVIER

Losung: Eichel- bis walzenförmige Kotbeeren mit kleiner Spitze (Zäpfchen) an einem und Eintiefung (Näpfchen) am anderen Ende; 2–2,5 cm lang, 1–1,5 cm breit; Farbe je nach Frischegrad grünlich bis bräunlich schwarz, im Sommer oft verklumpt; kein Unterschied zwischen den Geschlechtern

Tritt und Fährte: Trittsiegel 6–9 cm lang, 4–7 cm breit, 25–30 % der Länge sind Ballen-, 70–75 % Schalenabdruck; vordere Tritte stärker als hintere (Gewichtsverteilung). Schalenabdrücke des Hirsches geschlossen, vorn runder wirkend als leicht gespreizte Abdrücke des Tiers; Hirschtritte beim Ziehen leicht nach außen gedreht, beim Tier parallel zur Fährtenmittelachse; Ballen beim Hirsch stärker abgedrückt, Schrank und Schrittweite deutlich größer als beim Tier. Fluchtfährte beider Geschlechter mit gespreizten Schalenabdrücken und oft auch abgedrückten Afterklauen (Oberrücken, Geäfter).
Diverse „hirschgerechte Zeichen" (umstritten): Schlosstritt, Vierballenzeichen, Blenden, Übereilen etc.

Sonstige Revierzeichen: Schälwunden, Wimpelschlagen, Plätzstellen, Bodenforkeln, Suhlen

einem älteren Tier mit Kalb angeführt. Verliert dieses Leittier sein Kalb, verliert es i. d. R. auch seine Führungsposition – Kälber von Leittieren sind deshalb beim Abschuss zu schonen!
Mittelalte Hirsche ab dem 3. Kopf (selten schon ab 2. Kopf) finden sich in eigenen Rudeln zusammen. In der *Feistzeit* vom Verfegen des Geweihs bis zur Brunft bilden die Hirsche *Feisthirschrudel*. Ältere Hirsche werden zu Einzelgängern oder dulden einen oder wenige jüngere Beihirsche („Adjutanten") in ihrer Nähe.
Rotwild suhlt gern und ausgiebig, Malbäume nimmt es selten an.
Brunft: Nach Auflösung der Feisthirschrudel ziehen die Hirsche zu den Einstandsgebieten des Kahlwilds und treiben dort rufend Alt- und Schmaltiere zu Brunftrudeln zusammen. Deren Größe hängt von der örtlichen Wilddichte und dem gegebenen Geschlechterverhältnis ab. Die Rudel werden während des Brunftverlaufs an angestammten Brunftplätzen von den Platzhirschen energisch zusammengehalten und gegen Rivalen verteidigt. Rufduelle sind die Regel, nur selten liefern sich etwa gleich alte und starke Hirsche einen Geweihkampf. Der dadurch körperlich stark beanspruchte Platzhirsch verliert während der Brunft deutlich an Gewicht.
Hege: Zur Hege des Rotwilds zählt neben der Äsungsverbesserung durch die Anlage von Wildwiesen und -äckern die artgerechte Winterfütterung nach Maßgabe der landesrechtlichen Bestimmungen. Aufgrund des weitgehenden Verlusts traditioneller Wintereinstände ist die Notwendigkeit einer regionalen Rotwild-Winterfütterung weitgehend unumstritten. Die Schaffung von Suhlmöglichkeiten dient ebenfalls der Rotwildhege.
Bejagung: Zur Erhaltung einer artgerechten Alterstruktur wird v. a. die Jugendklasse – Kälber und Einjährige – bejagt. Reife Hirsche sind i. d. R. erst ab dem 10.–12. Kopf frei, von den mittelalten Hirsche werden nur gering veranlagte erlegt. In rotwildfreien Gebieten soll i. d. R. alles Rotwild, meist mit Ausnahme starker Trophäenträger, erlegt werden.

Rotwild

Wegen der lang anhaltenden Bindung des Kalbs an das Muttertier dürfen führende Alttiere während der ganzen Jagdzeit immer nur *nach* der Erlegung ihres Kalbs geschossen werden.
Jagdarten: Die Unterscheidung führender von ggf. nicht führenden Alttieren sowie Schmaltieren gelingt am sichersten auf der ruhigen *Einzeljagd*, ebenso die korrekte Ansprache abschusswürdiger oder reifer Hirsche.
Die *Rufjagd* auf den reifen Brunfthirsch ist für viele Jäger die „Krone der Jagd". Hierbei ahmt der Jäger in der Brunft mit seiner Stimme und einem Lockinstrument die Rufe eines Rivalen nach, um einen Hirsch heranzulocken oder aber auf dessen Rufen hin anzupirschen. Neben natürlichen Lockinstrumenten (Ochsenhorn, Tritonmuschel u. a.) werden vielfach auch künstliche Instrumente verwendet.
Die *Bewegungsjagd* (Stöber-, Drück-, Riegeljagd) dient v. a. der Abschusserfüllung in der Jugendklasse. Rotwild bleibt auch bei der Flucht möglichst im Verband, was den sicheren Schuss auf ein ziehendes Stück oft erschwert. Unter Druck werden aber die Rudel und auch Alttier und Kalb zeitweise voneinander getrennt – daran ist vor dem Schuss auf allein anwechselnde Alttiere oder mutmaßliche Schmaltiere zu denken! Zur Vermeidung von Fehlabschüssen werden auf Bewegungsjagden deshalb i. d. R. auch nur schwache Hirsche freigegeben.
Schäden: Wirtschaftlich bedeutende *Schälschäden* kann Rotwild durch das Abziehen von Baumrinde in Stangenhölzern, v. a. an Fichte und Buche, verursachen. Sie sind oft Folge starker Beunruhigung auf den offenen Äsungsflächen, die das Wild in den Einständen bindet, wo es aus Hunger oder Stress schält. Die *Sommerschäle* in der Zeit des Saftflusses ist nachteiliger als die *Winterschäle*. Schälgefährdet ist v. a. die Umgebung von Fütterungen mit naturgemäß starker Rotwildkonzentration. Das ist bei deren Standortwahl zu beachten.
Daneben können auch Verbissschäden sowie Fege- und Schlagschäden durch den Hirsch auftreten.

Abschuss: Haupteingriffe (> 50 % des Abschusses) in Jugendklasse (Kälber, Schmalspießer und -tiere), gering veranlagte Hirsche mittleren Alters, reife Hirsche erst ab dem 10.–12. Kopf

Jagdarten: Ansitz, Pirsch, Rufjagd, div. Formen der Bewegungsjagd

Ansprechmerkmale: *Hirsch*: Figur (Träger, Vorschlag), Haupt, Mähne, Miene, Verhalten, Zeitpunkt Verfärben und Verfegen, Geweihstärke (bedingt, v. a. jüngere Stücke);
Alt- und Schmaltiere: Figur, Haupt, Verhalten, Verfärbezeitpunkt, Gesäuge (Spinne) führender Alttiere im Sommer (aber: v. a. direkt nach dem Säugen nicht immer zweifelsfrei zu erkennen);
Kälber: Geschlecht bis Jahresende nur beim Nässen sicher bestimmbar, ab Dez./Jan. Figur, Haupt und bei Hirschkälbern Rosenstöcke erkennbar

Altersschätzung am erlegten Stück: Zahnwechsel und -entwicklung bis zum 3. Lebensjahr, später Zahnabnutzung, Ersatzdentin-/Zementzonenbestimmung

Trophäen: Geweih, Grandeln

Damwild

BIOLOGIE

Art: Damhirsch (*Dama dama*), **Unterfamilie:** Echte Hirsche (*Cervinae*)

KRL, Gewicht: ♂ bis 150 cm, 60–95 kg, ♀ bis 130 cm, 30–45 kg

Decke: *Sommer*: rötlich braun mit hellen Flecken, Bauch und Laufinnenseiten heller, schwarz abgegrenzter Spiegel, Wedel oberseits schwarz. *Winter*: dunkel grau-braun, Fleckung kaum zu erkennen, Träger ohne Mähne; als Farbvarianten kommt schwarzes und weißes Damwild vor.

Geweih: *Abwerfen* April/Mai, anschl. *Schieben* des neuen Geweihs, *Verfegen* Aug./Sept.

Zahnformel: $\frac{0\,0\,3\,3}{3\,1\,3\,3} = 32$

(Gebissentwicklung mit etwa 28 Mon. abgeschlossen)

Vorkommen und Lebensraum: Während der letzten Eiszeit aus Europa nach Kleinasien zurückgedrängt, wurde das Damwild bereits in der Antike wieder in weite Teile des Mittelmeeraums und im Mittelalter über England und Dänemark nach Mitteleuropa eingeführt. Erste Ansiedlungen in Deutschland datieren zurück ins 16. Jahrhundert. Heute kommt Damwild in weiten Teilen Europas vor. In Deutschland ist es in allen Bundesländern vertreten, die größten Vorkommen bestehen in MV, BB, SH, NI und ST. Vielfach wird Damwild in Gehegen oder zur Wildbreterzeugung in Farmen gehalten. Ähnlich wie beim Rotwild wurden in Deutschland Damwildgebiete ausgewiesen. In Österreich und der Schweiz ist frei lebendes Damwild selten.

Bevorzugt lebt Damwild in parkähnlichen Landschaften aus buschholzreichen Mischwäldern mit hohen Offenlandanteilen aus Wiesen und Feldern. Geeignete Lagen sind die Ebene und das Hügelland, klimatisch raue Höhenlagen werden gemieden. Im Sommer steht Damwild auch tagsüber in großen Getreideschlägen, wenn sie genügend Deckung bieten.

Äußere Merkmale: Der gedrungene Körper des Damwilds ist in der Jugend hinten etwas überbaut und ähnelt dem *Schlüpfertyp*. Mit gerader Wirbelsäule entspricht er in höherem Alter zunehmend dem des *Läufertyps*. Spiegel und Wedel des Damwilds haben innerartliche Signalwirkung. Der Wedel ist ständig in Bewegung.

Anders als Rot- und Sikahirsch bildet der Damhirsch keine Brunftmähne aus. Markant ist der hervortretende Drosselknopf an der Trägervorderseite des Hirsches, der mit etwa 3 Jahren sichtbar und dann immer auffälliger wird. Der alte Hirsch hat einen starken Träger und ein breites Haupt, der Schwerpunkt seiner Körper-

Damwild

Fortpflanzung und Zuwachs: *Brunft*: Okt./Nov.; *Tragzeit*: 32–33 Wochen; *Jungenanzahl*: 1, slt. 2 Kälber; *Zuwachs*: 70–80 % des weibl. Frühjahrsbestandes

Laute: Schrecken (slt.), Klagen; *Tier*: Mahnen (Blöken); *Brunfthirsch*: Knören, Schreien; *Kalb*: Fiepen

Parasiten: Magen-, Lungenwürmer, Leberegel, Rachenbremse, Dasselfliege

Infektionen: Maul- und Klauenseuche, Milzbrand, Rinderseuche, Tollwut.

Weißes Damwild, im Foto ein Tier, kommt immer wieder vor.

masse ist deutlich nach vorn verlagert. Während der Brunft sind allerdings Gewichtsverluste von bis zu 25 % möglich, sodass sich die Figur des Hirsches in dieser Zeit merklich verändern kann.
Geweih: Der Hauptschmuck des Damhirsches unterscheidet sich durch die schaufelartige Ausbildung der Stangenenden deutlich von dem des Rot- und Sikahirsches. Mit etwa 11–12 Monaten schiebt das Damhirschkalb sein erstes rosenloses Geweih (Spieße) und verfegt es anschließend. Da die Schmalspießer des Vorjahres ihr Geweih zu dieser Zeit oft noch nicht abgeworfen haben, kann man in einem Rudel u. U. zwei Spießerjahrgänge beobachten. Dem Spießer folgende Geweihstufen sind der *Knieper* (Aug- und Mittelsprosse vorhanden) vom 2. Kopf, der *Löffler* mit zusätzlich leichten Schaufelansätzen vom 3. Kopf (u. U. schon 2. Kopf), dann spricht man je nach Geweihentwicklung vom Halbschaufler, angehenden Schaufler und Vollschaufler. Eine Eissprosse zwischen Aug- und Mittelspross bildet der Damhirsch selten aus. Der Hinterrand der Schaufel weist i. d. R. zahlreiche Enden auf: Der *Schaufelspross*, *Dorn* oder *Sporn* sitzt unten, als *Winkelsprosse* werden nach innen gebogene Enden bezeichnet. Tiefe Einbuchtungen an der Schaufel, so genannte *Krebsscheren*, gelten als Makel, ebenso fehlende Aug- und Mittelsprossen. Als reif gelten Schaufler ab dem 8.–10. Kopf, wirkliche Kapitalschaufler sind noch älter.
Ernährung: Damwild ist ein *Mischäser*, bevorzugt „weidet" es aber Gräser und andere weiche Pflanzennahrung. Es äst außerdem gern Kräuter, Himbeer-, Brombeer- und Heidelbeerblätter, nimmt aber auch Eicheln, Bucheckern, Kastanien sowie seltener die Triebe von Waldbäumen und Sträuchern. In der Feldflur äst Damwild Getreidesaaten, Hafer, unausgereiften Weizen und Mais, die Blätter von

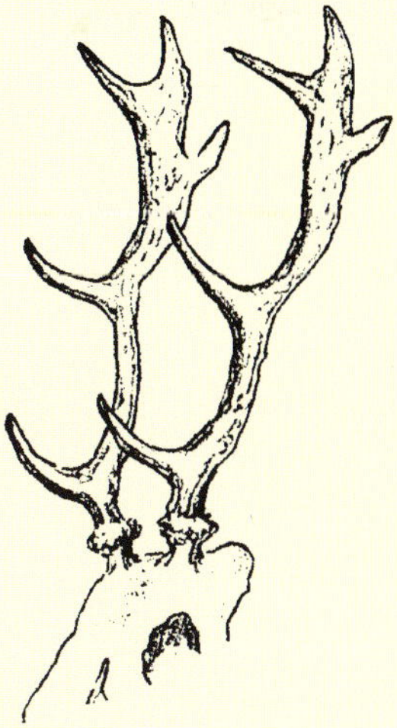

Löffler mit beginnender Schaufelbildung

Damwild

IM REVIER

Losung: 1–1,5 cm lange und 0,7–1,2 cm breite Kotbeeren, runder als die des Rotwilds, ohne Zäpfchen und Näpfchen, oft zu länglichem Klumpen verklebt, im Frühjahr und Sommer tlw. breiig. Frische Losung grün-schwarz und glänzend, ältere matt graugrün.

Trittsiegel und Fährte: Trittsiegel 5–8 cm lang, 3–5 cm breit, 50–60 % der Länge sind Ballenabdruck (Unterscheidung zu Rotwild!); Fährtenbilder des Rotwilds bei kürzerer Schrittweite und geringerem Schrank; Geäfter drückt sich nur in der Fluchtfährte oder bei höherer Schneelage bzw. in tiefem, weichem Boden ab. Unterscheidung der Geschlechter schwierig und v. a. durch längere Schrittweite und stärkeren Schrank, leichte Auswärtsdrehung der Schalen und deutlicheren Ballenabdruck des Hirsches möglich.

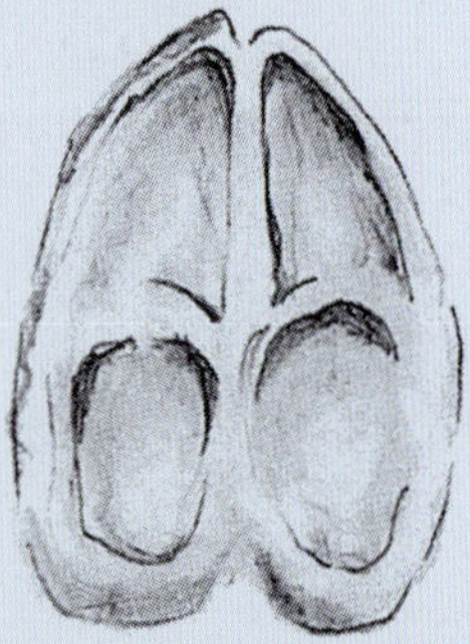

Trittsiegel eines ziehenden Stücks Damwild

Öl- und Hackfrüchten und verschiedene Knollen.

Lebensweise: Damwild lebt sehr gesellig in Rudeln, deren Größe und Zusammensetzung nicht strengen Regeln unterliegt und stark schwanken kann. Kleinrudel aus wenigen Stücken herrschen vor, Rudel können aber auch 30 und mitunter deutlich mehr Stücke umfassen.

Kahlwildrudel mit und ohne geringe Hirsche sind das ganze Jahr über anzutreffen, sie werden von einem erfahrenen Leittier geführt. Während der Setzzeit lösen sich die Kahlwildrudel weitgehend auf, da sich die Tiere zum Setzen absondern und dann einige Wochen mit Kalb oder Kälbern allein bleiben, bevor sie zu den Schmaltieren und ggf. Spießern zurückkehren. In der Brunft findet sich das weibliche Wild bei den älteren Hirschen ein, nach der Brunft bilden sich häufig gemischte Rudel aus Kahlwild und Hirschen. Mittelalte und ältere Hirsche stehen ab Frühjahr i. d. R. getrennt vom Kahlwild in eigenen Rudeln zusammen, ganz alte leben auch als Einzelgänger.

Ist der Lebensraum störungsarm, nimmt Damwild während des ganzen Tages Äsung auf. Es steht zwar öfter im Wasser oder zieht hindurch, suhlt aber nicht.

Eine Besonderheit des Damwilds sind die so genannten *Prellsprünge*, die es v. a. bei Verunsicherung vollführt. Dabei springt es wie manche afrikanischen Gazellenarten wiederholt mit allen vier Läufen gleichzeitig ab und setzt sie auch gleichzeitig wieder auf.

Brunft: Der Damhirsch treibt nicht wie der Rothirsch ein Brunftrudel zusammen, vielmehr gesellen sich die brunftigen Tiere zu den meldenden (schreienden) Hirschen. Der wenig melodische Brunftschrei des Hirsches ähnelt einem Rülpsen.

Das Brunftverhalten der Hirsche ist nicht einheitlich. Teilweise ziehen sie zu traditionellen Brunftplätzen auf kleinen Blößen oder in lichten Altholzbeständen, wo ältere Hirsche z. T. so genannte Brunftkuhlen anlegen, in die sie nässen und sich niedertun. Melden und die Anlage einer Brunftkuhle erfolgen manchmal schon vor dem Brunftigwerden der Tiere. Das Kahlwild schweift zwischen den Brunftplätzen umher, feste Brunftrudel wie beim Rotwild gibt es nicht.

Damwild

In anderen Fällen zieht der Hirsch auch mit dem Kahlwildrudel, schreit nachts an wechselnden Orten und folgt dem Kahlwild tagsüber in die Deckung.
Damhirsche sind nicht so dominant wie Rothirsche, sodass fallweise mehrere Hirsche, auch jüngere, am selben Platz brunften und beim Rudel stehen. Dennoch kann es zwischen Hirschen zu durchaus heftigen Kämpfen mit ernsthaften Verletzungen und Schaufel- oder Stangenbrüchen kommen.
Hege: Zu den waldbaulichen Maßnahmen der Äsungsverbesserung zählt die Ausformung strauch-, kraut- und unterholzreicher Bestände sowie der Anbau und die Förderung Frucht tragender Baumarten, von denen sich für Damwild v. a. auch die Rosskastanie eignet. Die in den Winter verlegte Fällung verbisstauglicher Baumarten (Weide, Eiche, Roteiche, Esche, Hainbuche) im Zuge von Bestandspflegemaßnahmen schafft ein zusätzliches Prossholzangebot in der äsungsarmen Zeit. Prossholz kann auch durch die Anlage von Verbissgärten bereitgestellt werden. Wildwiesen und -äcker nimmt Damwild gern an. Für Salzlecken ist es besonders dankbar. Die Winterfütterung zur Notzeit ist in den vergleichsweise tief gelegenen Lebensräumen des Damwilds von untergeordneter Bedeutung.
Bejagung: Wie bei allem Schalenwild wird der Abschuss vor allem in der Jugendklasse (Kälber, Damspießer und Schmaltiere) erfüllt. Von den mehrjährigen werden vor allem schwache und überalterte Stücke entnommen. Hegeziel bei den Hirschen sind reife Hirsche mit beiderseits voll entwickelten langen und breiten Schaufeln ohne Fehler. Bei den Spießern gelten nach unten keulenförmig verdickte Spieße als Kennzeichen guter Veranlagung. Als reif gelten Damhirsche frühestens ab dem 8. Kopf.

Jagdarten: Der Ansitz ist die häufigste Jagdart auf Damwild. Auf den reifen Schaufler wird er in der Brunft an den Brunftplätzen ausgeübt. Anders als der Rothirsch steht der Damhirsch nicht auf den imitierten Ruf zu.
Die Pirsch gestaltet sich besonders in unübersichtlichem Gelände schwierig, da das Wild den Jäger nicht selten frühzeitig eräugt. Heute kaum noch gebräuchlich, aber dennoch Erfolg versprechend ist das so genannte Pirschfahren mit einem von Pferden gezogenen Wagen.
Die *Bewegungsjagd* wird ebenfalls auf Damwild ausgeübt. Ansprache und ein guter Schuss sind nicht immer einfach, da das Wild oft im Rudel erscheint und sich die Stücke gegenseitig verstellen.
Schäden: Forstliche Schäden verursacht Damwild allgemein weniger als Rot- und Rehwild. Schälschäden, v. a. auch an Wurzelanläufen, treten vor allem als Winterschäle auf, fast nur im Sommer wird die Buche geschält. Verbissen werden v. a. Laubhölzer, Verbissschäden an Nadelhölzern sind ein Hinweis auf sehr hohe Damwilddichten. Fege- und Schlagschäden entstehen vorwiegend an jungen Laubweichhölzern sowie an Douglasie und Lärche.

Damschaufler in der Winterdecke

Sonstige Revierzeichen: Fege- und Schlagstellen, Plätzstellen, Brunftkuhlen

Abschuss: Haupteingriffe bei Kälbern und Einjährigen, im Übrigen geringe und überalterte Stücke; reife Damhirsche ab dem 8.–10. Kopf.

Jagdarten: Ansitz, Pirsch, Bewegungsjagd

Ansprechmerkmale: *Hirsch*: Größe und Gewicht, Massenverteilung, Figur, Haupt, Träger und Drosselknopf, Verhalten, Zeitpunkt Verfärben und Verfegen, Geweihentwicklung und -stärke;

Alt- und Schmaltiere: Figur, Haupt, Träger, Entwicklungszustand des zugehörigen Kalbs; die Altersschätzung mittelalter Tiere ist v. a. im Winterhaar schwierig;

Kälber: Haupt, Rosenstöcke und Pinsel des Hirschkalbs.

Alterschätzung am erlegten Stück: Zahnwechsel und -entwicklung bis ins 3. Lebensjahr, später Zahnabnutzung, Zementzonenverfahren

Trophäen: Geweih, Sommerdecke

Sikawild

BIOLOGIE

Art: Sikahirsch *(Cervus nippon* TEMMINCK), **Unterfamilie:** Echte Hirsche (*Cervinae*)

KRL, Gewicht: ♂ 110–130 cm, 30–55 kg; ♀ 100–120 cm, 25–30 kg

Decke: *Sommer*: Gelb-rot mit hellen Flecken, heller Bauchpartie, dunklem Aalstrich bis zum Wedel und weißem Spiegel; *Winter*: Grau- bis schwarzbraun mit schwarzem Aalstrich

Geweih: *Abwerfen* März/Anf. April, *Verfegen* Ende Juli–August/September

Zahnformel: $\frac{0133}{3133} = 34$

(Gebissentwicklung mit ca. 28 Mon. abgeschlossen)

Fortpflanzung und Zuwachs: *Brunft* Sept./Okt.–Nov. (Dez.).; *Tragzeit*: 30–31 Wochen, *Jungenanzahl*: 1, slt. 2 Kälber, *Zuwachs:* 1 Kalb/Alttier

Laute: Schrecken (pfiffartiger Warnlaut); *Tier*: Mahnen; *Brunfthirsch*: schrilles Pfeifen

Parasiten: Lungen-, Magen- und Darmwürmer, Rachenbremse, Dasselfliege

Infektionen: Maul- und Klauenseuche, Milzbrand, Rinderseuche

Vorkommen und Lebensraum: Das Sikawild zählt wie das Rotwild zur Gattung der Edelhirsche (*Cervus*). Im deutschsprachigen Raum spielt es jagdlich eine nur untergeordnete Rolle. Nach seiner Einbürgerung in Parks und Gehegen kommt das aus Ostasien stammende Sikawild in kleinen Beständen in vielen Ländern Europas vor. Ende des 19. Jahrhunderts wurde es als Parkwild erstmalig in Deutschland eingeführt, im Laufe des 20. Jahrhunderts entstanden aus entflohenen und entlassenen Gehegetieren frei lebende Bestände. Größere Sikawildvorkommen leben heute in NW (v.a. Arnsberger Wald), weitere in BY, BW und SH. Die erste Sikawildansiedlung Österreichs datiert auf den Beginn des 20. Jahrhunderts, dort existieren heute mehrere kleine und isolierte Bestände. Einen kleiner Bestand lebt auch in der Schweiz in den Kantonen Schaffhausen und Zürich. Sikawild bevorzugt hügelige Laub- und Mischwälder der Ebene und des Mittelgebirges mit eingestreuten Lichtungen. Wie das Damwild wählt es im Sommer seinen Einstand auch gern in Getreidefeldern.
Äußere Merkmale: Sikawild ist kleiner als Damwild, Maße und Gewichte können von Population zu Population stark schwanken. Der gedrungene Körper steht auf kurzen Läufen, der Wedel ist recht kurz und relativ unbeweglich. Auffallend sind die hellen Haarbürsten unterhalb der Sprunggelenke an den Hinterläufen. Schon jüngere Hirsche (ab etwa 3. Kopf) tragen im Winter eine ausgeprägte Brunftmähne. Unterschieden werden eine im Wildbret stärkere Form (*C. n. hortulorum*), die sich nach Einkreuzung von Rotwild ausgebildet hat, und eine schwächere, weniger stark gefleckte

Sikawild

Inselform (*C. n. nippon*), die vorwiegend aus Japan stammt.
Sikawild hat wie das Rotwild Eckzähne im Oberkiefer (Grandeln).
Geweih: Das erste Geweih (Spieße) schiebt der Sikahirsch wie der Rothirsch mit gut einem Jahr. Ältere Hirsche bilden nur ein vergleichsweise geringes Geweih aus, das trotz weiter zunehmender Geweihstärke nur selten über die Stufe des Achters hinausgeht. Letztere kann schon mit dem 3. Kopf erreicht werden. Die Geweihentwicklung kulminiert etwa zwischen dem 7. und 8. Kopf.
Ernährung: Das Sikawild ist wie das Damwild ein *Mischäser* mit Tendenz zum *Raufutterfresser*. Sein vielseitiges Nahrungsspektrum umfasst überwiegend Gräser und Kräuter, aber auch Knospen und Triebe, Himbeere, Brombeere und Hackfrüchte wie Rüben.
Lebensweise: Sikawild ist ausgesprochen standorttreu und hat einen vergleichsweise kleinen Aktionsradius. Junge und mittelalte Hirsche leben in Rudeln, ältere Hirsche in kleinen Trupps, ganz alte meist als Einzelgänger. Mutterfamilien aus Alttieren, Schmaltieren bzw. -spießern und Kälbern halten sich von anderen Familien auch auf gemeinsam genutzten Äsungsplätzen getrennt. Im Winter schließt sich das Kahlwild in größeren Rudeln zusammen, denen sich auch einzelne jüngere Hirsche beigesellen. Sikawild suhlt.
Brunft: Ende August bis September ziehen die Hirsche in die Haupteinstände des Kahlwilds und markieren ihr Brunftterritorium. Den pfiffartigen Brunftschrei stößt der Hirsch in einer kurzen Serie aus, der eine mehrstündige Rufpause folgen kann. Einen ständigen Platzhirsch gibt es nicht, vielmehr verbleiben zunächst die alten Hirsche in den Brunfteinständen, bis sie abgebrunftet sind, anschließend nehmen mittelalte ihren Platz ein. Ernsthafte Kämpfe sind selten und finden nur zwischen gleich starken Hirschen statt. Je nach Alterszusammensetzung des Sikabestands kann die Dauer der Brunft erheblich variieren.
Hege: Die Hege beinhaltet vor allem die Verbesserung des Äsungsangebotes durch Daueräsungsflächen und Wildäcker. Sofern im Winter gefüttert wird, geschieht dies ähnlich wie beim Rotwild. Der Mengenbedarf des Sikawilds ist jedoch geringer und ein höherer Anteil an Grasgemischsilagen sinnvoll.
Bejagung und Jagdarten: Sikawild wird vom Ansitz, bei der Pirsch und auf Bewegungsjagden bejagt. Da die Hirsche schon früh eine Brunftmähne und oft mit dem 3. Kopf schon ein Achtergeweih ausbilden, ist ihre Ansprache schwierig, bei der Jagd am Brunftplatz besteht die Gefahr der Verwechslung mittelalter Hirsche mit wirklich reifen. Von den mittelalten Hirschen werden möglichst nur unterdurchschnittliche erlegt, als reif gelten Hirsche erst ab mindestens dem 8. Kopf.
Schäden: Sikawild kann *Verbiss- und Schälschäden* (v. a. Sommerschäle) verursachen. Geschält wurden nach Untersuchungen am Hochrhein in BW bevorzugt Edellaubhölzer (Esche, Ahorn), Buche, Tanne, aber auch seltener vorkommende Weiden und Erlen.

Sikatier mit Kalb

IM REVIER

Losung: Kotperlen ohne Zäpfchen und Näpfchen, im Frühjahr und Sommer mitunter breiig

Trittsiegel und Fährte: längliches Trittsiegel ähnlich Damwild, größer als Reh: 5–7 cm lang, 2,5–4,5 cm breit (Hirsch > Tier); Ballenabdruck deutlich sichtbar

Sonstige Revierzeichen: Schälwunden, Fegestellen, Suhlen

Abschuss: Haupteingriffe in der Jugendklasse, gering veranlagte Hirsche mittleren Alters, Reife erst ab 8.–10. Kopf

Jagdarten: Ansitz, Pirsch, Bewegungsjagd

Ansprechmerkmale: Figur, Verhalten; bei Hirschen Geweihentwicklung und -stärke wenig brauchbar, da ab 3. Kopf i. d. R. Achterstufe erreicht

Trophäe: Geweih, Grandeln

Alterschätzung am erlegten Stück: Zahnwechsel und -entwicklung bei jungen Stücken, später Zahnabschliff, Ersatzdentin-/Zementzonenverfahren

Rehwild

BIOLOGIE

Art: Reh (*Capreolus capreolus*), **Unterfamilie**: Trughirsche (*Odocoilinae*)

KRL, Gewicht: 100–135 cm, 10–25 kg, (♂ durchschnittl. stärker als ♀)

Decke: *Sommer*: von rot-braun bis gelblich braun variierend; *Winter*: grau-braun bis grau, Spiegel weiß, weibliche Stücke mit weißem Haarbüschel (Schürze) am Feuchtblatt; *Kitze* anfangs mit hellen Flecken, die sich ab etwa August verlieren.

Gehörn: *Abwerfen* Okt.–Dez. (Jan.), *Verfegen* März–Mai (Jährlinge bis Juni)

Zahnformel: $\frac{0\,(1)\,3\,3}{3\,1\,3\,3} = 32\,(34)$

(Milchgebiss 20 Zähne; Gebissentwicklung mit 13–15 Mon. abgeschlossen)

Fortpflanzung und Zuwachs: *Blattzeit* Juli – Mitte August (sehr slt. Nachbrunft Nov./Dez.); *Tragzeit*: ca. 290 Tage (inkl. Vortragzeit mit Eiruhe bist etwa Dez.), *Jungenanzahl*: 1, meist 2, slt. 3 Kitze; *Zuwachs*: 80–120% des weibl. Frühjahrsbestands

Laute: Schrecken; weibliche Rehe und Kitze: Lockfiep, Sprengfiep (Ricken u. Schmalrehe), Angstgeschrei

Vorkommen und Lebensraum: Das Rehwild ist die weitest verbreitete und mit einer Jahresjagdstrecke von über einer Million Stücken allein in Deutschland auch die jagdlich bedeutsamste Schalenwildart des deutschsprachigen Raums. Als „Hirsch des kleinen Mannes" hat es diese Bedeutung nicht nur in rein quantitativer Hinsicht.
Rehwild kommt mit Ausnahme Irlands, Korsikas und Sardiniens bis etwa zum 65. Breitengrad in ganz Europa vor. Der ideale Lebensraum des so genannten *Schlüpfertyps* sind Landschaften aus strauchholzreichen Mischwäldern, Feldern, Wiesen und anderen Freiflächen in kleinflächigem Wechsel mit entsprechend hohem Randzonenanteil. Als ausgesprochener Anpassungskünstler besiedelt das Reh jedoch die unterschiedlichsten Lebensräume wie große Waldgebiete, waldfreie Feldlandschaften („Feldrehe"), Moore und Schilfgebiete und sogar Parks, Friedhöfe und andere urbane Grünzonen. Das Reh kann sich hervorragend an die Veränderungen der Kulturlandschaft anpassen. Davon zeugt der eindrucksvolle Bestandsanstieg der Wildart in den letzten Jahrzehnten in Deutschland. Die jährlichen Jagdstrecken als indirekte Bestandsweiser sind seit dem 2. Weltkrieg fast kontinuierlich angestiegen, noch in den letzten 25 Jahren um mehr als 25 %.
Äußere Merkmale: Der gedrungene, keilförmige Körper, das kurze dreieckige Haupt, ein vergleichsweise langer, schlanker Träger, die gebogene Rückenlinie und die sprungkräftigen Hinterläufe, die deutlich stärker entwickelt sind als die Vorderläufe, kennzeichnen den *Schlüpfertyp* Reh als Bewohner busch- und randzonenreicher Landschaftsstrukturen. Der stummelartige Wedel ist nur ausnahmsweise zu erkennen. In der Winterdecke zeigen manche Rehe einen helleren, so genannten Drosselfleck auf der Träger-

Rehwild

Parasiten: Lungen-, Magen-Darmwürmer. Bandwürmer, Leberegel, Rachenbremse, Dasselfliege – **Infektionen**: Maul- und Klauenseuche, Milzbrand, Rinderseuche (BSE), Tollwut

IM REVIER

Losung: im Winter einzelne walzenförmige bis kugelige Kotbeeren von 1,2–1,4 cm Länge und 0,7–1 cm Durchmesser; Sommerlosung oft breiig verklumpt

Tritt und Fährte: Trittsiegel 4–6 cm lang, 2,2–3,2 cm breit, etwa 1/3 der Länge ist Ballenabdruck. Unterscheidung der Geschlechter nicht möglich. Schalen im Ziehen geschlossen, in der Fluchtfährte gespreizt; in Fluchtfährte Hinterlauftritte seitlich versetzt hintereinander und vor denen der Vorderläufe, dazu Geäfterabdruck; Bock schränkt stärker als Ricke, wegen individueller Konstitutionsunterschiede aber untaugliches Merkmal

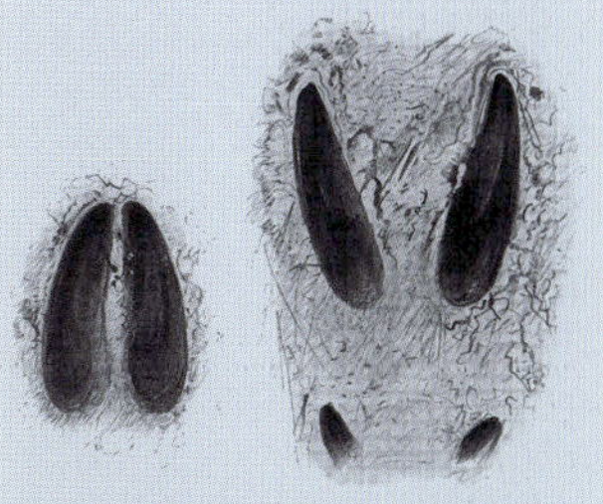

Trittsiegel des Rehs: links ziehend, rechts flüchtig

vorderseite. In verschiedenen Regionen Nord- und Nordostdeutschlands kommen auch schwarze Rehe (Melanismus) vor, sehr selten sind weiße oder gescheckte Exemplare.
Rehwild verfärbt im April/Mai (Juni) und im September/Oktober – ältere Stücke

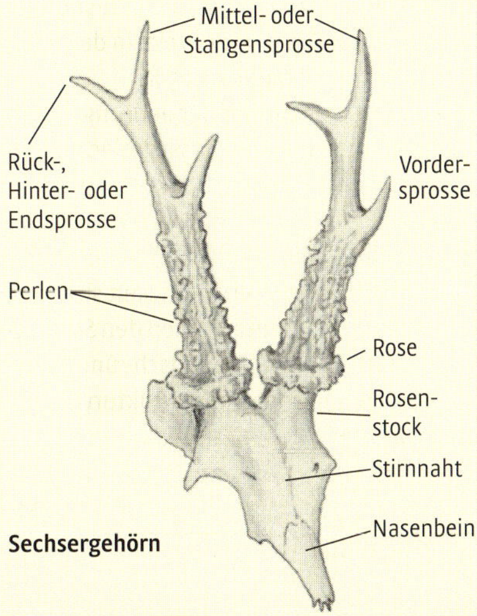

Sechsergehörn

verfärben unter normalen Bedingungen später als jüngere, Ricken i. d. R. erst nach dem Setzen ins Sommerhaar.
Rehe haben neben den Laufbürsten an den Hinterläufen zusätzliche Duftdrüsen zwischen den Schalen (Klauendrüsen, Zwischenklauensäckchen), die wie Erstere der Fährtenmarkierung und Verständigung dienen. Mit dem Sekret der zwischen den Rosenstöcken liegenden Stirndrüse markiert der Rehbock im Frühjahr sein Territorium an Sträuchern und Zweigen (Stirnlockereiben).
Eckzähne im Oberkiefer kommen beim Rehwild nur ausnahmsweise vor.
Gehörn: Nur der Bock trägt einen Kopfschmuck. Das neu gebildete Gehörn verfegen ältere Böcke im Frühjahr i. d. R. früher als jüngere und vor dem Verfärben, bei jüngeren setzt das Verfärben meist zuerst ein. Ab etwa August wachsen den Bockkitzen Rosenstöcke, das noch rosenlose Erstlingsgehörn wird ab November/

Rehwild

Sonstige Revierzeichen: Fege- und Schlagstellen, Plätzstellen, Betten, Verbiss

Abschuss: Haupteingriffe (über 50% des Abschusses) in der Jugendklasse (Kitze, Schmalrehe und Jährlinge), als reif gelten Böcke i. d. R. ab 4 Jahren.

Jagdarten: Ansitz, Pirsch, Blattjagd, div. Formen der Bewegungsjagd

Ansprechmerkmale: *Böcke*: Figur (Vorschlag, Träger), Haupt, Miene, Verhalten, Zeitpunkt Verfärben/Verfegen; Gehörnentwicklung und -stärke (bedingt bei Jährlingen und jungen Böcken); *untauglich* sind *Dach-* oder *Tellerrosen* und *Perlung* des Gehörns, *Maske* und *Muffelfleck*;

Feldrehe zu Frühjahrsbeginn: Ganz links weibliches Stück mit Schürze, rechts Bock im Bast

Dezember geschoben, etwa einen Monat später verfegt und bei guter körperlicher Verfassung schon im Februar wieder abgeworfen. Das sofort darauf geschobene Jährlingsgehörn (mit Rosen) wird später als die nachfolgenden etwa im Juni/Juli verfegt und im November/Dezember abgeworfen. Da der Rehbock sein Gehörn in der äsungsarmen Zeit schiebt, wird eine genetische Komponente stark von Umwelteinflüssen, v. a. der Äsungssituation, überlagert. Das Gehörnspektrum reicht von knopfähnlichen Gebilden beim schwachen Jährling über das unvereckte Spießergehörn und das Gabelgehörn bis zur regelmäßigen Endform des Sechsergehörns, das aber auch der gut entwickelte Jährling schon tragen kann. Endenreichere Gehörne sind seltene Ausnahmeerscheinungen. Die Gehörnstärke kulminiert im 4. bis 6. Lebensjahr. Gehörnabnormitäten wie Ein-, Drei- oder Mehrstangengehörne, Pendelstangen, Gehörnlosigkeit („Plattkopf") oder Perückengehörne treten als Folge von Krankheiten, Verletzungen des Bastgehörns bzw. der Rosenstöcke oder aber hormoneller Störungen nach Verletzungen an den Brunftkugeln (Hoden) oder deren Verlust auf.

Ernährung: Der *Konzentratselektierer* Reh ist auf leicht verdauliche, eiweißreiche Kost angewiesen und äst Kräuter, Gräser, Blüten, Klee, Blätter, Knospen und die junge Triebe von Sträuchern und Bäumen, v. a. Weichhölzern. Im Spätsommer und Herbst nimmt es außerdem Baumfrüchte, Wildobst, Beeren und Pilze. In der Feldflur äst es heranwachsendes Getreide und verschiedene Früchte.

Lebensweise: Den überwiegenden Teil des Jahres lebt das Reh standorttreu als Einzelgänger (Böcke) bzw. in Familieneinheiten aus Ricke und Kitzen des gleichen und des Vorjahres. Schmalrehe (weibliche Vorjahreskitze) verlassen die Ricke vor der Setzzeit, stehen vorübergehend gern bei älteren Böcken und gesellen sich nach der Brunft wieder zur Familie.

Rehböcke besetzen ab März ein Einstandsgebiet, in dem sie bis Mitte der Blattzeit territorial leben und keine anderen Böcke dulden. Ihr Revier markieren sie durch Plätzen, Schlagen und Duftsekrete (Stirnlockereiben). Jährlinge und junge Böcke können zumeist kein Territorium behaupten. Gegen Ende der Blattzeit suchen die Böcke auch außerhalb des eigenen Territoriums nach brunftigen Rehen. Körperliche Auseinandersetzungen kommen bei den Einstandskämpfen und in der Blattzeit nur selten zwischen etwa gleichrangigen Böcken vor. Nach der Blattzeit verliert sich die Territorialität zunehmend. Auch weibliche Rehe besitzen ein Territorium, das sie zur Setzzeit gegenüber anderen weiblichen Stücken verteidigen.

Im Herbst und Winter steht das Rehwild in kleinen, an günstigen Äsungsplätzen auch größeren Sprüngen unterschiedlicher Zusammensetzung zusammen. In reinen Feldrevieren werden in der winterkahlen Flur auch Sprünge aus mehreren Dutzend Rehen beobachtet.

Blattzeit: Der Bock brunftet nur mit einem weiblichen Stück während dessen drei bis vier Tage anhaltender Paarungsbereitschaft und sucht anschließend ein anderes brunftiges Stück. Vor dem Beschlag (Deckakt) „treibt" der Bock das weibliche Reh – oft hörbar keuchend – über lange Zeit. Wird dabei der Bodenbewuchs in engeren, gleich bleibenden Kreisen niedergetreten, entstehen so genannte *Hexenringe*. Werden weibliche Rehe in Ausnahmefällen nicht beschlagen, kommt es zu einer Nachbrunft im November/Dezember. Die Eiruhe entfällt dann.

Hege: Der Äsungsverbesserung dienen Daueräsungsflächen, Wildäcker, Verbiss-

Rehwild

gärten, Salzlecken und waldbauliche Maßnahmen wie die Förderung verbisstauglicher Weichhölzer. Die Winterfütterung ist umstritten, da sich das Rehwild durch einen reduzierten Stoffwechsel an die winterliche Äsungsarmut anpasst und für das Reh echte Notzeiten unter den Klimaverhältnissen in Deutschland nur selten und regional begrenzt herrschen.
Bejagung: Die Haupteingriffe liegen bei den Kitzen, Jährlingen und Schmalrehen. Mehrjährige Böcke werden in den Abschussplänen nicht näher differenziert. Zur Abschussplanerfüllung müssen v. a. die Phasen erhöhter Aktivität und damit Beobachtbarkeit des Rehwilds zu Beginn der Jagdzeiten im Mai/Juni und September/Oktober genutzt werden. Einige Wochen vor der Blattzeit und im Anschluss daran ist die Aktivität der Böcke stark eingeschränkt.
Jagdarten: Auf den Rehbock wird nur die *Einzeljagd* ausgeübt. Ein jagdlicher Höhepunkt des Jahres ist die *Blattjagd* auf den Rehbock in der Brunft. Mithilfe eines Buchen- oder Fliederblattes bzw. künstlicher Instrumente bringt der Jäger dabei mit den imitierten Lauten des weiblichen Rehs (Lock-, Sprengfiep, Angstgeschrei) den Bock zum Zustehen. Je nach Fortschritt der Blattzeit und Situation kann auch mit den Kontakt- oder Angstlauten des Kitzes die brunftige Ricke mitsamt nachfolgendem Bock angelockt werden.
Solange die Kitze noch unselbstständig sind, dürfen führende Ricken immer nur *mit* bzw. *nach* ihren Kitzen erlegt werden. Die Erlegung eines Familiensprunges im September/Oktober, von Schmalrehen und ggf. nicht (mehr) führenden Ricken ist Aufgabe einer verantwortungsvollen Einzeljagd.
Zur Zeit der *Bewegungsjagden* haben die Böcke meist schon Schonzeit und vielfach ihr Gehörn abgeworfen. Das erfordert genaues Ansprechen in kurzer Zeit! Rehkitze werden deutlich früher unabhängig von der Mutter als z. B. Rotwildkälber. Ob und ab wann die Freigabe allen weiblichen Wildes auf der Bewegungsjagd vertretbar ist, hängt von den örtlichen Gegebenheiten ab.
Schäden: *Verbissschäden* verursacht Rehwild durch das Abäsen der energiereichen Knospen junger Waldbäume. Ihr Ausmaß wird von vielen Faktoren wie Rehwilddichte, Baumartenspektrum und -häufigkeit, Waldstruktur und übriger Äsung etc. bestimmt. Unter den wichtigsten Wirtschaftsbaumarten sind Weißtanne, Eiche und Buche stärker verbissgefährdet als Fichte und Kiefer. *Fege-* und *Schlagschäden* verursacht der Rehbock mit dem Gehörn an jungen Gehölzpflanzen beim Entfernen der Basthaut oder später der Einstandsmarkierung. Verfegt werden v. a. Weichhölzer, Wildkirsche, Douglasie und Lärche.

Ricken – Schmalrehe: Figur, Haupt, Miene, Verhalten, Verfärbezeitpunkt, Gesäuge (Spinne) führender Ricken nach dem Setzen im Ggs. zu Schmalrehen (*aber*: s. Anm. beim Rotwild); *Kitze*: Sichere Geschlechtsbestimmung im Sommerhaar nur beim Nässen, in der Winterdecke anhand Schürze bzw. deren Fehlen; beim Bockkitz Rosenstockwachstum ab etwa Sommerausgang und Pinsel (unsicher, da nur fallweise erkennbar).

Alterschätzung am erlegten Stück: Gebissentwicklung bis etwa 15 Mon., später Zahnabnutzung; Stirnnaht (Verwachsungsgrad), Nasenscheidewand (Verknöcherungsfortschritt)

Trophäe: Gehörn, Sommerdecke

Seltener Anblick: Ricke mit drei Kitzen

Elchwild

BIOLOGIE

Art: Elch (*Alces alces*), **Unterfamilie**: Trughirsche (*Odocoilinae*)

KRL, Gewicht: ♂ 240–300 cm, bis 500 kg; ♀ 200–240 cm, bis 350 kg

Decke: *Sommer*: Rötlich braun bis schwarz-braun mit hellen Läufen, Haare an Träger und Nacken mähnenartig verlängert; Kälber einfarbig rot-braun; *Winter*: heller gräulich braun

Geweih: *Abwerfen* Nov.–Jan., *Verfegen* Ende Juli–Sept.

Zahnformel: $\frac{0\,0\,3\,3}{3\,1\,3\,3} = 32$ (Gebissentwicklung mit ca. 18–20 Mon. abgeschlossen)

Fortpflanzung und Zuwachs: Geschlechtsreif mit 1–2 Jahren; *Brunft*: Sept. (– Nov.).; *Tragzeit*: 32–38 Wochen, *Jungenanzahl*: 1–2, slt. 3 Kälber; *Zuwachs*: unter guten Bedingen 1,6 Kälber je setzfähiger Kuh

Laute: Mahnen (nasale Kontaktlaute), Husten (Schreck- und Warnlaut), Wiehern, Schnaufen (Erregungslaute); *Kälber*: nasaler Lockruf (Kontaktlaut); *Brunfthirsch*: Stöhnen bzw. heiseres Röhren (kürzer und leiser als Rothirsch)

Parasiten: Lungen-, Magen-Bandwürmer, Gehirnwürmer, Nasen-Rachenbremse; Leberegel – **Infektionen**: Milzbrand, Maul- und Klauenseuche, Hirnhautentzündung (FSME), Fibrome

Vorkommen und Lebensraum: Elchwild war ursprünglich in allen Waldgebieten Eurasiens und so auch in Norddeutschland verbreitet. Heute ist sein Vorkommen auf Skandinavien, Russland, Polen, Kanada und Alaska beschränkt. Sporadisch werden einzelne Tiere in Nordostdeutschland gesichtet, die aus Polen für kurze Zeit einwandern.
Lebensräume des Kulturflüchters Elch sind große Wälder, Moore und weichholzreiche Fluss- und Seenlandschaften. Im Sommer werden bevorzugt Einstände in der Nähe pflanzenreicher Gewässer gewählt.
Äußere Merkmale: Der Elch ist die größte Hirschart. Sein gedrungener Körper mit breiter Brust ruht auf auffallend langen Läufen und ist vorn überbaut. Markant sind der hohe Widerrist, das lange, pferdeähnliche Haupt und die wulstige, überlappende Oberlippe (Ramsnase). An der Unterseite des Trägers tragen die Hirsche einen lang behaarten Kehlsack, die *Glocke*. Sie wird mit zunehmendem Alter immer ausgeprägter.
Geweih: Nur der Hirsch trägt einen Kopfschmuck aus Knochensubstanz. Die Rosenstöcke liegen seitlich am Haupt. Das Hirschkalb bildet sie im ersten Herbst nach der Geburt aus. Fallweise schiebt es schon im folgenden Winter ein sichtbares Erstlingsgeweih, das im Frühling wieder abgeworfen wird. Unmittelbar danach wird das erste richtige Geweih geschoben und etwa im September verfegt. Ältere Hirsche verfegen und werfen das Geweih tendenziell früher ab als junge. In der Aufbauphase kann der Längenzuwachs des Geweihs bis zu 2,5 cm am Tag betragen. Jährlingshirsche tragen im Regelfall Spieße, bei guter Entwicklung sind aber auch schon mehrendige Geweihe möglich. I. d. R. ab 4. Lebensjahr, manchmal schon früher, bilden sich die Schaufeln aus, aber nicht alle Hirsche bilden Schau-

Elchwild

felgeweihe. Vor allem in Skandinavien sind so genannte Stangenelche häufig. Das stärkste Geweih schiebt der Hirsch zwischen 6 und 10 Jahren.
Starke Elchgeweihe aus Kanada können bis zu 50 kg schwer werden.
Ernährung: Der Elch ist ein *Konzentratselektierer*. Er äst v. a. Blätter, die Knospen, Triebe und Rinde von Laub- und Nadelhölzern, daneben auch Gräser, Kräuter, Beersträucher, Wasserpflanzen sowie Getreide und verschiedene Feldfrüchte.
Lebensweise: Elche leben vorwiegend einzeln. Im Herbst bis etwa Dezember bilden sich mitunter Kleinstgruppen aus Hirsch, Tier und Kalb unter Führung des Tiers, mit fortschreitendem Winter finden sich auch mehrere Tiere bis zum Frühling zu etwas größeren Gruppen zusammen. Elche lieben Wasser und baden gern, suhlen aber selten. Sie sind ausgezeichnete und ausdauernde Schwimmer, die breite Ströme und z. T. selbst Meeresarme zu durchrinnen vermögen. Vor allem in den nördlichen Verbreitungsgebieten unternehmen Elche größere Wanderungen zwischen Sommer- und Wintereinständen, die mehrere hundert Kilometer lang sein können.
Brunft: Sie verläuft wie beim Reh als Einzelbrunft, d. h. der Schaufler brunftet nur mit einem, selten mit zwei oder drei Tieren. Der Hirsch schlägt Brunftkuhlen, in die er nässt und in denen er sich, aber auch die Tiere sich wälzen. Kämpfe finden i. d. R. nur zwischen ebenbürtigen Rivalen statt, können dann aber sehr heftig und mitunter tödlich ausfallen. In der Brunft sind die Hirsche auch für Menschen gefährlich.
Jagd: Elche werden auf dem Ansitz, auf der Pirsch und auf Bewegungsjagden bejagt. Wo sie erlaubt ist, wird auf den Brunfthirsch die Lockjagd wie beim Rothirsch ausgeübt.

Eine besondere, meist als Einzeljagd ausgeübte Jagdart ist die „Loshundjagd", bei der der frei suchende Elchhund (Nordische Hunderassen) den Elch auf der warmen Fährte oder mit hoher Nase stumm jagt, um am gestellten Stück Laut zu geben. Diesen Standlaut pirscht der nachhängende Jäger vorsichtig an. Bei der „Leithundjagd" pirscht der Jäger hinter dem angeleinten Elchhund, der eine frische Fährte ausarbeitet. Nimmt der Hund erkennbar Direktwitterung auf, wird er abgelegt, sodann versucht der Jäger, den Elch in seinem Einstand anzupirschen. Diese Jagd ist nicht zu verwechseln mit dem „Hüten", einer Drückjagdform, bei dem ein Hundeführer seinen Hund am Riemen eine Elchfährte arbeiten lässt, um jenen den Standschützen zuzudrücken. Weitere Formen der Bewegungsjagd sind Treibjagden und Drückjagden mit und ohne Hunde.
Schäden: Elchwild kann gravierende Verbissschäden, u. a. auch an Kieferkulturen verursachen. Schälschäden treten in den nordischen Lebensräumen an Fichte, Aspe und auch Eiche auf. Von geringerer Bedeutung sind Fegeschäden. Auch in der Feldflur können Schäden durch Elche auftreten.

IM REVIER

Losung: Unterschiedlich: Runde bis längliche Kotbeeren von 2–3 cm Länge und bis 2 cm Breite, gelblich braun bis schwarzbraun, im Sommer meist klumpig bis breiig, im Winter trockene und feste Einzelbeeren

Tritt und Fährte: Trittsiegel 13–15 (20) cm lang und 11–13 cm breit, 1/3 Ballenabdruck; Tritt des Hinterlaufs etwas gestreckter als der des Vorderlaufs; Geäfter oft mit abgedrückt; Schalen in der Fluchtfährte stark gespreizt

Jagdarten: Nach BJG geschont; andernorts Ansitz, Pirsch, Bewegungsjagd, Lockjagd, Jagd mit Leit- oder Loshund

Ansprechmerkmale:
Hirsch: Stärke, Figur, Schaufelentwicklung (bedingt), Glocke;
Kuh: Stärke, Figur

Alterschätzung am erlegten Stück: Zahnwechsel und -entwicklung, Zahnabnutzung, Zementzonenbestimmung

Trophäe: Geweih

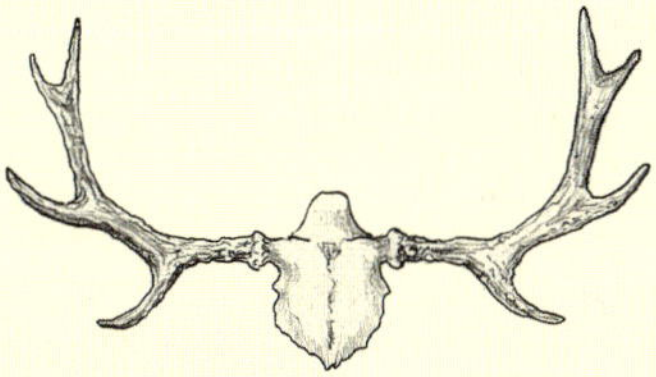

Stangengeweihe sind bei skandinavischen Elchen häufig

Muffelwild

BIOLOGIE

Art: Mufflon (*Ovis ammon musimon* PALLAS), **Familie**: Hornträger (*Bovidae*)

KRL, Gewicht: ♂ 115–130 cm, 25–40 kg, ♀ 105–120 cm, 20–35 kg

Decke: *Sommer*: Widder rötlich braun, Bauch, Spiegel, Äser und Laufinnenseiten hell; milchig weißer Sattelfleck über dem Rücken; Schafe und Lämmer fahl braun mit schwächer hellen Partien, ohne Sattelfleck. *Winter*: Widder braun bis schwarzbraun, Sattelfleck und sonstige hellere Partien auffälliger (kontrastreich), ausgeprägte Brunftmähne; Schafe grau-braun.

Zahnformel: $\frac{0\,0\,3\,3}{3\,1\,3\,3} = 32$ (Gebissentwicklung mit 43–46 Mon. abgeschlossen)

Fortpflanzung und Zuwachs: *Brunft*. Okt.–Dez.; *Tragzeit*: 22 Wochen; *Jungenanzahl*: 1, slt. 2 Lämmer; *Zuwachs* 60–70 % des weibl. Frühjahrsbestandes

Laute: Pfeifen (Warnlaut), *Schafe* und *Lämmer*: Bähen, Meckern (Locklaut), *Widder* (slt.): Blöken

Parasiten: Magen-, Darm- und Lungenwürmer, Leberegel, Kokzidiosen – **Infektionen**: Milzbrand, Maul- und Klauenseuche, Moderhinke, Rinderseuche, Scrapie – **Ursachenkomplex**: Schalenauswachsen

Vorkommen und Lebensraum: Die Muffelwildvorkommen Westeuropas gehen auf die Wildschafe Korsikas und Sardiniens zurück. Ursprünglich in Kleinasien beheimatet, gelangte das Muffelwild mit steinzeitlichen Siedlern auf die thyrrenischen Inseln und wurde von dort bereits in historischer Zeit auf das europäische Festland gebracht. Mit Ausnahme der Stadtstaaten kommt Muffelwild in allen Bundesländern Deutschlands vor, vielerorts wird es in Gattern gehalten.

Muffelwild ist anpassungsfähig und besiedelt die unterschiedlichsten Habitate. Begrenzende Faktoren sind in Deutschland Höhen über 500–900 m sowie Regionen mit hoher winterlicher Schneelage. Trockene Sand- und Steinböden sind geeigneter als vernässende Lagen, auf denen die Gefahr von Schalenerkrankungen steigt.

Äußere Merkmale: Der gedrungene muskulöse Körper und die verhältnismäßig kurzen kräftigen Läufe weisen den Mufflon als ursprünglichen Bewohner der Berg- und Gebirgsregionen aus. Der Sexualdimorphismus ist ausgeprägt: Widder sind deutlich kräftiger als Schafe und wesentlich kontrastreicher gefärbt. Neben dem deutlichen Sattelfleck (Schabracke) fällt in der Winterdecke die kräftige Brunftmähne auf. Die Schabracke kann bei dunkleren Widdervarianten („Schwärzlingen") auch fehlen.
Die Schabracke des Jährlings ist noch nicht so scharf abgegrenzt wie bei den

Muffelwild

älteren Widdern, Die Gesichtsmaske des Widders (Weiß um Äser und Lichter) verliert ab etwa 3 Jahren infolge zunehmender Grautöne am Haupt an Kontrast.
Schnecken: Auffälligstes Kennzeichen des Widders sind seine spiralförmig gedrehten *Schnecken*. Schafe können auch so genannte *Stümpfe* tragen, die aber nur bis zu 20 cm lang werden und in ihrer Form an Ziegenhörner erinnern. Beim Widderlamm wachsen ab dem 4. Lebensmonat die Schläuche, die bis zum Jahresende bis 20 cm Länge zu erreichen vermögen. Bereits im 2. Lebensjahr kann die Hälfte der späteren Gesamtschlauchlänge erreicht werden. Das Wachstum stoppt jeweils im Winter, die Jahrweise gebildeten Schlauchabschnitte sind an den *Jahresringen* erkennbar (Altersbestimmung). Sie sind nicht zu verwechseln

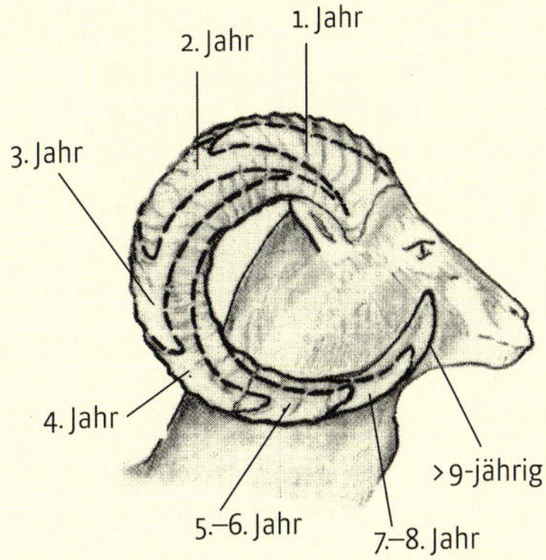

Wachstum der Widderschnecke

mit den zwischen den Jahresringen gebildeten, hervortretenden *Schmuckwülsten* oder *-ringen*. Mit zunehmendem Alter nimmt das jährliche Schlauchwachstum kontinuierlich ab. Beim Einwachser wachsen die Schnecken anomal in Richtung Träger, in fortgeschrittenem Stadium reiben die Schlauchspitzen an ihm. *Einwachser* und *Scheurer* sind daher zu erlegen.
Ernährung: Das genügsame Muffelwild ist ein wenig spezialisierter *Grasäser* und nimmt Gräser, Kräuter, Blätter, verschiedene Feldfrüchte und auch Gehölztriebe. Muffelwild besitzt eine Gallenblase.
Lebensweise: Muffelwild bildet gemischte Rudel. 2- bis 3-jährige Widder finden sich teilweise in so genannten *Widderclans* zusammen, stehen aber auch in den großen Rudeln. Alte Widder leben dagegen meist allein oder in kleineren Trupps.
Brunft: In der Brunft stoßen die älteren Widder zu den Rudeln. Oft bleiben sie aber nicht länger dort, sondern wechseln auf der Suche nach brunftigen Schafen die Rudel. Bei Kämpfen zwischen gleichstarken Rivalen werden die Schnecken mit voller Wucht gegeneinander gerammt. Gut entwickelte Schaflämmer können bereits mit einem Jahr geschlechtsreif sein.
Bejagung: Der Schwerpunkt des Abschusses liegt bei den Lämmern (bis zu 40 % des Gesamtabschusses). Widder ab 6–8 Jahren gelten als reif. Kranke Stücke – z. B. wegen Schalenauswachsens oder Moderhinke hinkende Tiere –, Einwachser, Scheuerer und ggf. Hausschafblendlinge sind zu entnehmen.
Jagdarten: Muffelwild hält selten feste Wechsel ein, sodass seine Bejagung schwierig ist. Ansitz und Pirsch (Pirschfahren) sind üblich, die Pirsch ist aber schwierig, da Mufflons hervorragend äugen. Bewegungsjagden auf Muffelwild allein sind unüblich.
Schäden: Schälschäden treten wegen der begrenzten Abscherkräfte des Muffelwilds (enge Maulspalte) nur im Sommer und an Stämmchen bis etwa 10 cm Durchmesser auf, betroffen sind v. a. Eberesche, Fichte, Aspe und Sträucher. Daneben können Verbiss- und gelegentlich Rammschäden auftreten.

IM REVIER

Losung: Hausschafähnliche Kotbeeren, in Klumpen abgesetzt, im Frühjahr oft breiig

Trittsiegel und Fährte: Schafähnlicher Tritt des adulten Widders 5,5–6,5 cm lang und 4,5–5,5 cm breit, des Altschafes je 1 cm weniger; schmale Schalenabdrücke auch im Ziehen gespreizt; immer ohne Geäfterabdruck

Abschuss: Haupteingriff in der Jugendklassse, v. a. bei den Lämmern; reife Widder i. d. R. ab Alter 6–8

Jagdarten: Ansitz, Pirsch

Ansprechmerkmale: *Widder*: Figur, Haupt, Gesichtsmaske, Schneckenentwicklung, Sattelfleck, Brunftmähne;
Schafe: Figur, Träger
Lämmer: Stärke (ab Jahresende), ab Sommer einsetzendes Schlauchwachstum der Widderlämmer

Alterschätzung am erlegten Stück: Gebissentwicklung bis 4 Jahre, später Jahresringe an den Schnecken (Widder), Zahnabnutzung (Schafe)

Trophäen: Schnecken, Decke

Gamswild

BIOLOGIE

Art: Gämse (*Rupicapra rupicapra*), **Familie**: Hornträger(*Bovidae*)

KRL, Gewicht: ♂ 120–135 cm, 20–40 kg; ♀ 110–120 cm, 18–30 kg

Decke: *Sommer*: gelblich braun bis fahlgelb mit dunklem Aalstrich bis zum kurzen Wedel; *Winter*: dunkelbraun bis schwarz mit weißem Bauchstreifen und Spiegel, längeres Haar; Gesicht fast weiß mit zwei schwarzen Streifen (Zügel) vom Kruckenansatz über die Lichter bis zum Äser

Zahnformel: $\frac{0033}{3133} = 32$

(Gebissentwicklung mit 40–45 Mon. abgeschlossen)

Vorkommen und Lebensraum: Gamswild kommt in zahlreichen europäischen Gebirgen vor, sein Hauptverbreitungsgebiet ist der Alpenraum. In der Schweiz und Österreich ist Gamswild wesentlich verbreiteter als in Deutschland, wo es regelmäßig nur in BY und BW vorkommt. Gamswild lebt vorwiegend im Hochgebirge, wo es im Winter in tiefere Lagen zieht, aber auch ganzjährig in den Waldlagen mancher Mittelgebirgsregionen (z. B. Schwarzwald, Schwäbische Alb, Elbsandsteingebirge, Vogesen).

Äußere Merkmale: Gamswild ist an das Leben im Gebirge angepasst. Mit seinen kräftigen, kurzen Läufen klettert es ausgezeichnet. Die weichen Schalensohlen bieten ihm auf glattem Fels Halt, der harte, scharfe Schalenaußenrand selbst noch auf schmalen Felskanten. Die Ansprache des lebenden Stücks bedarf einiger Erfahrung. Die Rückenhaare des Aalstrichs wachsen sich ab Herbst zum Gamsbart aus, er ist beim Bock zumeist länger als bei den Geißen. Die Figur des Bockes ist i. d. R. stärker und gedrungener als die der Geiß, oft ist beim älteren Bock auch der Pinsel zu erkennen.

Die so genannten Zügel am Haupt der Gämse werden zur Alterseinschätzung herangezogen: Bei jüngeren Tieren noch scharf abgegrenzt, „verwaschen" sie mit höherem Alter zunehmend.

Am Haupt hinter den Krucken befindet sich die *Brunftfeige*, die v. a. beim Bock in der Brunft stark anschwillt. Außerhalb der Brunft dient das fettige, stark riechende Sekret dieser Drüse auch der Einstandsmarkierung. Die Brunftfeige muss wie die Gallenblase des Gamswilds beim Aufbrechen entfernt werden.

Krucken: Beide Geschlechter tragen

Gamswild

einen Kopfschmuck. Tendenziell sind die Krucken der Geiß schwächer gehakelt als die des Bockes, Ausnahmen kommen vor. Die Krucken sind Schläuche aus Horn, die auf einem Stirnzapfen (Knochenfortsätze am Schädel) sitzen. Sie werden nie abgeworfen, sondern wachsen laufend weiter. Ihr Wachstum beträgt in den ersten drei Lebensjahren mehrere Zentimeter, ab dem 5. Lebensjahr dann nur noch 1–2 mm jährlich. Oft sind die Krucken infolge des Reibens an Bäumen und Sträuchern (*Hornen*) mit Harz (*Pech*) überzogen. Das Gamskitz bildet bis zum Dezember bereits gut 5 cm lange, noch nicht gehakelte Krucken aus, die Krucken des Jährlings sind im darauf folgenden Herbst etwa lauscherhoch. In den Mägen erlegter Tiere finden sich mitunter Magenkugeln aus Haaren, Harz und unverdaulichen Pflanzenteilen (Bezoare).
Ernährung: Die Äsung des Gamswilds besteht aus Gräsern, Kräutern, Laubblättern, Trieben und Sträuchern, im Winter auch aus Flechten und Moosen.
Lebensweise: Das vorwiegend tagaktive Gamswild lebt gesellig. Geißen, Kitze und Jährlinge bilden Rudel, in denen oft auch noch nicht geschlechtsreife Böcke stehen. Junge Böcke schließen sich im Sommer bis zum Herbst in eigenen Junggesellenrudeln zusammen, alte Böcke sind zumeist Einzelgänger.
Im Gebirge steigt das Gamswild im Sommer bis über die Waldgrenze hinaus auf, bei Schnee wandert es in die tieferen Waldlagen.
Brunft: Die Brunft des Gamswilds verläuft sehr lebhaft. Die Böcke wachen über die sich bildenden Brunftrudel und liefern sich auch z. T. verletzungsträchtige Kämpfe. Nach hohen Gewichtsverlusten während der Brunft kann es bei frühem, strengem Wintereinbruch zu Abgängen unter den Böcken kommen.

Fortpflanzung und Zuwachs: Geschlechstreif mit 2–4 Jahren; *Brunft* Nov. – Mitte Dez.; *Tragzeit*: 25–26 Wochen; *Jungenanzahl*: 1, slt. 2 oder 3 Kitze; *Zuwachs*: ca. 20–40 % des weibl. Frühjahrsbestandes

Laute: Pfeifen (Warnlaut), *Geißen, Kitze*: Meckern bzw. Blöken (Kontaktlaute). *Bock*: Blädern (Brunftlaut)

Parasiten: Magen-, Lungenwürmer, Bandwürmer, Leberegel, Dasselfliege, Gamsräude

Infektionen: Maul- und Klauenseuche, Milzbrand, Gamsblindheit, Lippengrind.

Die Krucken der Gamsgeiß (links) sind in der Regel schwächer gehakelt als die des Gamsbocks (rechts).

Gamswild

IM REVIER

Losung: annähernd kugelförmige Kotbeeren von ca. 1,5 cm Durchmesser; im Frühjahr manchmal etwas flachgedrückt und traubenähnlich verklumpt

Trittsiegel und Fährte: 5–6 cm langes, fast quadratisches Trittsiegel mit deutlich getrennten, vorn spitzen Schalenabdrücken und geringem Ballenanteil; Fluchtfährte mit gespreizten Schalen und, in größerem Abstand dahinter, Geäfterabruck.

Hauptschmuck, Trophäen: Krucken (beide Geschlechter), Gamsbart, Bezoare

Abschuss: Im Hochgebirge bis etwa 10 % des Gesamtbestands, in reinen Waldlagen höher (bis 30 %); Schwerpunkt bei Alter 1–3, nur schwache Kitzbejagung

Hege: Die Winterfütterung ist im Hochgebirge regelmäßig nicht möglich, in den reinen Waldrevieren der Mittelgebirge ist die Fütterung in strengen Wintern Teil der Hege. Das Gamswild nimmt sehr gern Salzlecken an.
Bejagung: Wegen hoher natürlicher Verluste unter den Gamskitzen werden diese im Hochgebirge i. d. R. nur schwach bejagt. Die Haupteingriffe liegen bei den 1- bis 3-jährigen (Jugendklasse) und den über 8- bis 9-jährigen (Ernteklasse), mittelalte Gams werden weitgehend geschont (Schonklasse). Ein ausgewogener Altersaufbau mit ausreichendem Anteil widerstandsfähiger, älterer Stücke ist wichtig. Da die Gamsgeiß oft erst mit 5 Jahren ihr erstes Kitz setzt, v. a. im Gebirge der jagdlich nutzbare Zuwachs durch natürliche Kitzabgänge weiter sinkt und das Gamswild auch stärkere Winterverluste erleidet, werden dort insgesamt nur vergleichsweise geringe

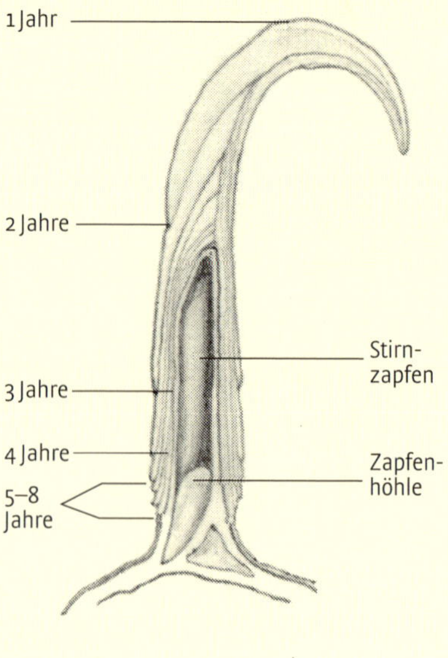

Gamskrucke im Längsschnitt

Gamswild

Jagdarten: Ansitz in reinen Waldlagen, Pirsch, Bewegungsjagd (Riegeljagd)

Ansprechmerkmale: *Geschlechter*: Kruckenhakelung, Stärke, Figur, Gamsbart, Pinsel, Art des Nässens; Winterdeckenfärbung, Rudelverhalten. *Alter*: Kruckenhöhe (Kitze, Jahrlinge), Stärke, Figur, Zügel, Rudelverhalten

Trophäen: Krucken (beide Geschlechter), Bezoare

Alterschätzung am erlegten Stück: Zahnwechsel und -entwicklung bis zum 4. Lebensjahr, später Jahresringe an den Krucken

Anteile des Bestands von den Jägern entnommen.

Jagdarten: Der Ansitz ist in reinen Waldrevieren üblich, im Gebirge wird Gamswild vor allem auf der Pirsch bejagt. Sofern die Gesellschaftsjagd auf Gamswild ausgeübt wird, geschieht dies meist in Form der Riegeljagd.

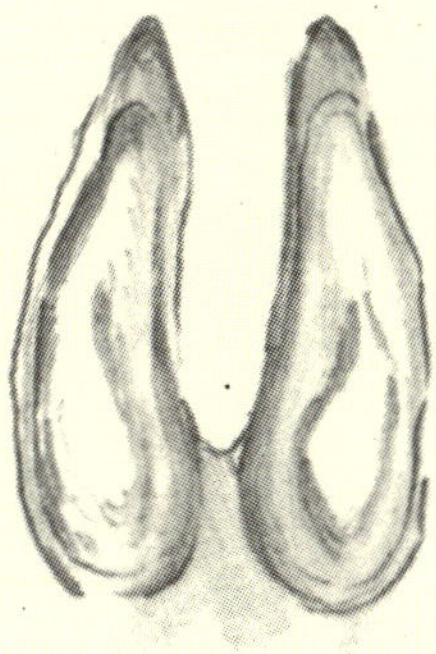

Trittsiegel der ziehenden Gams

Schäden: Gamswild kann erhebliche, v. a. im Bergwald ökologisch bedenkliche Verbissschäden an Wirtschaftbaumarten, aber auch an forstwirtschaftlich weniger bedeutenden Baumarten wie Eberesche, Erle oder Weide verursachen.

Steinwild

BIOLOGIE

Art: Steinwild *(Capra ibex)*
Familie: Hornträger (*Bovidae*)

KRL, Gewicht: ♂ 125–165 cm, 30–80 kg, ♀ 110–140, 20–40 kg

Decke: *Sommer*: rötlich gelb bis braun-grau, kurzhaarig, schwach glänzend; *Winter*: matt fahl gelb bis gelblich grau („Fahlwild"), länger behaart mit dichter Unterwolle, Bauchseite heller, Läufe dunkelbraun; Böcke mit hellgrauem Rückenstreif, junge i. d. R. heller gefärbt als alte

Zahnformel: $\frac{0033}{3133} = 32$

Fortpflanzung und Zuwachs: Geschlechtsreif mit 1–4 Jahren; *Brunft*: Ende Nov. – Jan.; *Tragzeit*: 150–180 Tage; *Jungenanzahl*: 1, slt. 2 Kitze; *Zuwachs*: in jungen, kleinen Kolonien mit früh einsetzender Geschlechtsreife höher als in älteren

Laute: Meckern (Kontaktlaut), gepresstes Pfeifen (Warnlaut: ähnlich Gams, aber weniger scharf und gedehnter)

Parasiten: Magen-, Darm- und Lungenwürmer, Bandwürmer, Leberegel, Dasselfliege

Infektionen: Maul- und Klauenseuche, Milzbrand

Vorkommen und Lebensraum: Das Steinwild war, wie die zoologische Bezeichung „Alpensteinbock" zum Ausdruck bringt, ursprünglich in den Alpen weit verbreitet, um die Mitte des 19. Jahrhunderts aber bis auf ein Restvorkommen im südlichen Aostatal in Norditalien ausgerottet. Entscheidende Triebfeder der unerbittlichen Nachstellung war der Aberglaube, dass das „Herzkreuz" (verknöcherte Sehne des Herzmuskels), die „Bezoare" (Tier- und Pflanzenhaarbälle im Pansen) und die pulverisierten Hörner des Steinbocks wundersame Heilwirkung besäßen. Am Gran Paradiso lebt auch heute noch das größte Steinwildvorkommen. Nach mehrfacher Auswilderung von dort eingeführten Tiere existieren heute in der Schweiz und in Österreich wieder Bestände, die auch jagdlich genutzt werden. Die deutschen Vorkommen bei Berchtesgaden und im Inntal sind ganzjährig geschont.

Als reiner Hochgebirgsbewohner lebt das Steinwild vorwiegend in Höhen zwischen 2.000 und 3.000 Metern, bei geeigneten steilen Felswänden auch in tieferen Lagen. Anders als Gamswild bleibt es auch im Winter in den Felsregionen, wählt seine Einstände dann aber in steilen Südwänden, in denen infolge schmelzenden und abrutschenden Schnees Äsungsflächen zugänglich sind.

Äußere Merkmale: In der äußeren Erscheinung erinnert das Steinwild, v. a. die Steingeiß, an die Hausziege, übertrifft jene jedoch bei weitem an Größe und Stärke. Der gedrungene, muskulöse Körper mit verhältnismäßig kleinem Haupt und Lauschern ist an das Leben in den kalten Felsregionen des Hochgebirges angepasst. Er steht auf kurzen, stämmigen Läufen mit breiten, weit spreizbaren Schalen. Steinwild hat einen kurzen, grau unterlegten Wedel, Böcke tragen einen kurzen Bart am Kinn.

Steinwild

Gehörn: Beide Geschlechter tragen einen Kopfschmuck aus nach hinten und leicht nach außen gebogenen Hörnern. Die im Querschnitt dreieckigen Hörner des Bockes erreichen jedoch eine Höhe von bis zu 1,30 m, die eher runden Hörner der Geiß selten mehr als 30 cm. An der Vorderseite zeigen die Hörner des Bockes auffällige Schmuckwülste, mitunter über 20 Stück, die zur Hornbasis und -spitze hin flacher und weitständiger werden. Die Wachstumszonen (Jahresringe) sind besser an den Seiten der Hörner zu erkennen. Das Hornwachstum beträgt in den ersten beiden Lebensjahren um die 10 cm und nimmt dann fortlaufend ab. In günstigen, weil trockenen und schneearmen Jahren ist der Hornzuwachs größer als in nassen, schneereichen Jahren.

Ernährung: Die Äsung des Steinwilds umfasst die im Hochgebirge verfügbare Vegetation: Sie besteht in erster Linie aus Gräsern, außerdem Kräutern und in geringerem Umfang Holzgewächsen (Birke, Latsche, Bergweide) sowie Flechten, Moosen und im Winter auch Fichtennadeln und dürrem Gras. Steinwild besitzt eine Gallenblase.

Lebensweise: Das Steinwild ist überwiegend tagaktiv und klettert ausgesprochen sicher und gewandt. Außerhalb der Brunft lebt es nach Geschlechtern getrennt in Rudeln, deren Zusammensetzung nicht starr festgelegt ist. In den Familienverbänden aus Geißen, Kitzen und jungen Böcken schließen sich die Kitze zu so genannten Jugendbünden zusammen. Rudelmitglieder werden erkannt, fremde Stücke vertrieben.

Die Böcke verlassen das Rudel mit 2 bis 4 Jahren und schließen sich den reinen Bockrudeln aus älteren Böcken an. Die Bockrudel unternehmen im Herbst teilweise größere Wanderungen, kehren zur Brunft aber zum weiblichen Wild zurück.

Im Sommer kommt es zwischen etwa gleichaltrigen Böcken häufiger zu Rangordnungskämpfen (Kommentkämpfe). Dabei richten sich die Böcke auf den Hinterläufen auf und stoßen dann von oben herab lautstark mit ihren Hörnern gegeneinander.

Da Steinwild extreme Habitate besiedelt, hat eine intakte Sozial- und damit Altersstruktur im Bestand hohe Bedeutung. Eine wichtige Rolle spielen dabei alte Böcke von mindestens 8 bis 10 Jahren, die vermutlich die Gruppengröße des Steinwilds und deren Verteilung steuern.

Brunft: Zur Brunft treten die Böcke zu den weiblichen Rudeln. Das Brunftgeschehen verläuft relativ ruhig. Der stärkste Bock steht u. U. über mehrere Tage, von schwächeren Konkurrenten unbedrängt, bei den Geißen, bis er zum Beschlag kommt. Gleichstarke Böcke meiden einander, sodass Kämpfe während der Brunft sehr selten sind.

Jagd: Notwendige Reduktionsabschüsse werden in Deutschland fallweise von Jagdbehörden geregelt. In der Schweiz und in Österreich kann Steinwild wieder planmäßig bejagt werden. Dies geschieht im Rahmen der Pirsch.

Steingeiß mit Kitz

IM REVIER

Losung: Bohnenförmige Kotbeeren, ähnlich Hausziege

Trittsiegel und Fährte: Trittsiegel 7–9 cm lang und 5–6 cm breit, im Ziehen fast quadratisch wirkend, Schalen vorn stark abgerundet; in der Fluchtfährte mit Geäfterabdruck

Jagd: In der BRD ganzjährig geschont, notwenige Reduktionsabschüsse nur nach Maßgabe der Jagdbehörden; hat in A in manchen Bundesländern Jagdzeit; nach JSG in der CH nicht generell jagdbar, in einzelnen Kantonen wird von der im JSG vorgesehenen Möglichkeit einer Bestandsregulierung im Rahmen genehmigungspflichtiger Abschusspläne Gebrauch gemacht.

Jagdarten: Pirsch

Ansprechmerkmale: *Unterscheidung der Geschlechter*: Größe, Figur und Gehörn. *Alterseinschätzung*: Hornlänge, Stärke, Figur, Deckenfärbung

Alterschätzung am erlegten Stück: Jahresringe an den Hörnern

Hauptschmuck, Trophäen: Gehörn (beide Geschlechter), Bezoare

Wisent

BIOLOGIE

Art: Wisent (*Bison bonasus*)
Familie: Hornträger(*Bovidae*)

KRL, Gewicht: 200–300 cm, ♂ bis 1.000 kg, ♀ bis 600 kg

Decke: Einfarbig dunkelbraun; im *Sommer* dichtes, kurzes, glattes Haar, im *Winter* länger behaart mit filziger Unterwolle; Mähne am Nacken und der Trägerunterseite (Wamme); 50–60 cm langer Wedel mit langer Quaste.

Laute: Tiefes Grunzen (Kontaktlaut), Prusten (Drohlaut); Brüllen, Schnauben (*Brunftlaute* des ♂)

Zahnformel: $\frac{0033}{3133} = 32$

Fortpflanzung: Geschlechtsreif mit 2–3 Jahren; *Brunft*: Aug.–Sept.; *Tragzeit*: 260–270 Tage; *Jungenanzahl*: 1, sehr slt. 2 Kälber

Parasiten: Magen- und Darmwürmer, Leberegel, Dasselfliege; – **Infektionen**: Maul- und Klauenseuche, Herpes

Vorkommen und Lebensraum: Der Wisent ist das größte Säugetier und der letzte Vertreter der Wildrinder Europas. Ursprünglich in allen klimatisch gemäßigten Zonen des Kontinents verbreitet, war die Art im 18. Jahrhundert in Deutschland ausgerottet. Zu Beginn des 19. Jahrhunderts erlosch auch das letzte frei lebende europäische Vorkommen in Polen. Durch die reinblütige Nachzucht weniger Zoo- und Gattertiere konnte die Art erhalten werden. Nach der Auswilderung kleiner Herden im polnischen Urwaldreservat von Bialoweza und im angrenzenden russischen Urwaldgebiet im Jahre 1956 existieren dort heute wieder frei lebende Wisentvorkommen. Sie müssen zur Vermeidung von Schäden teilweise wieder jagdlich genutzt werden.
Im Urwald von Bialoweza leben heute wieder etwa 250 bis 300 Tiere in einem Gebiet von 50.000 ha, der Weltbestand beträgt über 3.000 Tiere, von denen rund 60 % frei leben.
Im Gegensatz zum amerikanischen Vetter, dem in Steppen lebenden Bison (*Bison bison*), ist der europäische Wisent ein Waldbewohner. Als bevorzugter Lebensraum gelten zusammenhängende lichte Laub- und Mischwälder mit viel Unterholz, eingestreuten Lichtungen und Feuchtpartien.
Äußere Merkmale: Der Wisent ist ausgesprochen kräftig gebaut, wenngleich weniger mächtig als der amerikanische Bison. Das Schwergewicht seiner Körpermasse liegt vorn, die hinteren Keulen wirken im Vergleich dazu eher schwach bemuskelt. Die Rückenlinie fällt vom hohen Widerrist nach hinten stark ab. Der Träger ist kurz und kräftig, am kurzen, bulligen Haupt mit einer hohen und breiten Stirn sitzen kurze, runde Lauscher, die Lichter sind vergleichsweise klein. Im

Wisent

Nacken und an der Trägerunterseite (Wamme) ist eine wallende Mähne ausgebildet, markant ist auch der lange Kinnbart. Kälber sind zumeist etwas heller gefärbt als ältere Tiere. Beim auffälligen Wechsel ins Sommerhaar fällt das Winterhaar in großen Fetzen ab. Bullen sind größer und deutlich schwerer als Kühe und haben einen mächtigen Vorschlag. Beide Geschlechter tragen relativ kurze, nach oben und innen gekrümmte Hörner (gut 40 cm lang) mit rundem Querschnitt.
Ernährung: Der Wisent ist ein *Gras*- oder *Raufutteräser*. Seine Nahrung besteht aus Gräsern, Kräutern, Knospen, Trieben und der Rinde vorwiegend von Weichhölzern, aber auch Nadelbäumen.
Lebensweise: Wie alle Wildrinder leben Wisente in Herden saisonal wechselnder Größe, die im Winterhalbjahr 20 bis 30 Tiere umfassen können. Mutterherden werden von einer alten Kuh geführt. Mit etwa 3 Jahren sondern sich die Jungbullen aus der Mutterherde ab. Außerhalb der Brunft stehen die älteren Bullen von den Mutterherden getrennt in reinen Bullengruppen oder leben als Einzelgänger. Wisente sind bei Tageslicht und auch während der Nacht aktiv, ihre Aktivitätsschwerpunkte liegen aber am Morgen und in den späten Nachmittagsstunden. Tagsüber ruhen sie viel.
An trockenen Plätzen nehmen Wisente gern Sandbäder. Das Wasser suchen sie gern auf, Suhlen wie beim Rotwild wird bei ihnen jedoch nicht beobachtet. Flüchtige Wisente sind trotz ihres massigen Körperbaus erstaunlich schnell, sie verfügen über eine ebenfalls bemerkenswerte Sprungkraft.
Brunft: Zur Brunft finden sich die Bullen bei den Mutterherden ein. Bullen zeigen ein Haremsverhalten, ähnlich dem des Rothirsches, und versammeln mehrere Kühe um sich. Der brunftige Bulle markiert mit den Hörnern an Bäumen und Sträuchern. Jüngere Bullen gehen den älteren aus dem Weg, sodass Kämpfe selten sind, zwischen gleich starken Rivalen aber doch heftig ausfallen können.
Jagd: In Polen und Russland werden Wisente wieder planmäßig bejagt. Dies geschieht meist auf der Pirsch.

IM REVIER

Losung: Fester als die des Hausrinds und stärker geformt

Tritt und Fährte: Ähnlich Hausrind

Jagd: Nach BJG ganzjährig geschont, im deutschsprachigen Raum existieren nur Gattervorkommen

Jagdarten: Wo Wisente bejagt werden, geschieht dies meist auf der Pirsch

Ansprechmerkmale: *Geschlechter*: Größe, Vorschlag, Pinsel, Kurzwildbret des Bullen

Hauptschmuck, Trophäe: Holme (Hörner)

Wie alle Wildrinder sind Wisente Herdentiere.

Schwarzwild

BIOLOGIE

Art: Wildschwein (*Sus scrofa*), **Familie**: Altweltliche Schweine (*Suidae*)

KRL, Gewicht: ♂ 140–180 cm, 60–180 kg; ♀ 130–170 cm, 50–90 kg; Gewicht im Jahresverlauf schwankend, altersabhängig

Schwarte: Farbe kann beträchtlich variieren; *Sommer:* kurzborstig, bräunlich bis silbrig grau; *Winter:* lange Borsten, dichte Unterwolle, dunkel bis fast schwarz, bei Frischlingen und oft auch noch Überläufern bräunlich; ausgeprägte Pürzelquaste

Frischlinge bis etwa zur 8. Lebenswoche mit gelblich weißem Streifenmuster auf rötlich braunem Grund.

Zahnformel: $\frac{3143}{3143} = 44$

(Milchgebiss ohne Molaren und 4. Prämolaren = 28 Zähne; Gebissentwicklung mit ca. 24 Mon. abgeschlossen)

Fortpflanzung und Zuwachs: *Rauschzeit* im Regelfall Nov.–Jan., bei gestörter Sozialstruktur Zweit- und Nachrausche auch zu anderen Zeiten; *Tragzeit* ca. 17 Wochen; *Jungenanzahl*: 2–8 Frischlinge;

Vorkommen und Lebensraum: Das Wildschwein kommt in zahlreichen Unterarten in fast ganz Eurasien und in Teilen Nordafrikas vor. Europaweit sind die Schwarzwildvorkommen in den letzten Jahrzehnten rapide angewachsen, in Deutschland hat sich die Jahresjagdstrecke in den letzten 20 Jahren mehr als verdoppelt.

Das Schwarzwild lebt bevorzugt in eichen- und buchenmastreichen Laubwäldern und wählt für den Tageseinstand dichte Deckung wie Nadelholzdickungen und Strauchholzflächen, saisonal auch Schläge in der Feldflur. Mittlerweile ist es aber in nahezu alle Regionen Deutschlands vertreten und z. T. bis in die Hochlagen und die Grünbereiche großer Städte vorgedrungen.

Äußere Merkmale: Auf den ersten Blick unterscheidet sich die Ursprungsform Wildschwein vom Hausschwein durch die borstige Schwarte, den gedrungeneren Körperbau, die stärkeren Läufe und den herabhängenden Pürzel mit Quaste. Die Winterschwarte trägt lange Borsten und eine dichte Unterwolle. Nur im Winter trägt der Keiler auf dem Vorderrücken die langen Borsten, aus denen der *Saubart* als Trophäe gebunden wird. Die Sommerschwarte hat keine Unterwolle und deutlich kürzere Borsten, die nach dem Frühjahrshaarwechsel häufig Hautpartien durchschimmern lassen. Regional kommen nach Kreuzung mit Hausschweinen gescheckte und mitunter fast weiße Blendlinge vor. Auf den Blättern starker Keiler ist die Schwarte besonders dick zum so genannten *Schild* ausbildet, der durch die zusätzliche Verkrustung mit dem Harz von Malbäumen zu einem mehrere Zentimeter dicken *Panzer* verstärkt sein kann.

Mit zunehmendem Alter verlagert sich beim Keiler die Körpermasse nach vorn, Gewehre und die Aufwölbung der Oberlippen über den Waffen werden deutlicher erkennbar. In der Winterschwarte ist der

Schwarzwild

Zuwachs: i. D. 180–200 % des Grundbestands (= weibliche und männliche Tieren gesamt), je nach Witterung und Nahrungssituation im Vorjahr (Mastjahre) sind starke jährliche Schwankungen möglich.

Laute: Div. Grunz-, Quiek- und Schmatzlaute, Blasen (Warnlaut), Klagen

Parasiten: Magen-, Darm- und Lungenwürmer, Trichinen, Sarcoptesräude – **Infektionen**: Aujeszkysche Krankheit, Rotlauf, (Klassische oder Europäische) Schweinepest

IM REVIER

Losung: Braune bis fast schwarze Kotbeeren von meist fester, mitunter breiiger Konsistenz, die ältere Stücke oft in mehreren Zentimeter dicken Rollen absetzen; Größe der Losung korreliert mit der Stärke des Stücks.

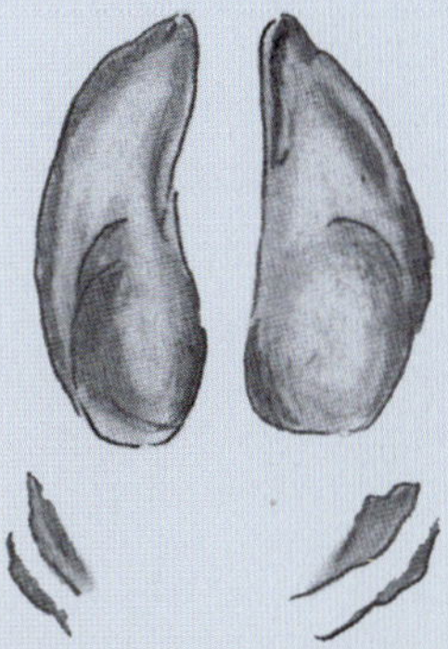

Trittsiegel eines Hauptschweins mit Geäfterabdrücken des vorderen und hinteren Laufs

Pinsel des Keilers nur schwer zu erkennen. Körperform, Widerristhöhe und die Länge des Hauptes können bei beiden Geschlechtern variieren und sind zur Unterscheidung älterer Stücke nur mit Vorbehalt heranzuziehen.
Waffen und Haken: Die Eckzähne (*Canini*) des Schwarzwildes unterliegen einem dauerhaften, im Alter nachlassendem Wachstum, jeweils obere und untere schleifen sich gegenseitig ab. Die Eckzähne des Keilers, seine *Waffen* oder *Gewaff*, werden deutlich länger und dicker als die *Haken* der Bache, seine bogenförmig nach oben wachsenden *Gewehre* des Unterkiefers zudem deutlich länger als die *Haderer* im Oberkiefer. Die Gewehre starker Keiler können über 20 cm Länge erreichen, wobei etwa zwei Drittel des Zahns im Kieferknochen verborgen sind und nur ein Drittel sichtbar ist. Der Abschliff an den Gewehren variiert entsprechend ihrer Stellung zu den Haderern, Brüche an Gewehren oder Haderern kommen vor.

Zur Altersbestimmung ist die Schleiffläche daher wenig brauchbar.
Ernährung: Schwarzwild ist ein Allesfresser: Es frisst pflanzliche Kost aus Eicheln, Bucheckern, Pilzen, den Wurzeln des Adlerfarns, Kleearten und Obst, in der Feldflur nimmt es Mais, Kartoffeln, Weizen, Milchhafer und Rüben. Der Bedarf an tierischer Kost wird durch Raupen, Puppen, Larven, Engerlinge, Mäuse, aber auch Jungwild, die Gelege von Bodenbrütern und Aas gedeckt.
Wie die Horntäger (Bovidae) unter dem Schalenwild hat das Schwarzwild auf der Leber eine Gallenblase, die beim Aufbrechen unbeschädigt entfernt werden muss.
Lebensweise: Schwarzwild lebt überwiegend in streng matriarchalisch organisierten Rotten, Ausnahmen bilden einzeln ziehende mehrjährige Keiler und reine Überläufergruppen, in denen sich etwa eineinhalbjährige Jungkeiler nach ihrem Ausschluss aus der Rotte kurzzeitig

Schwarzwild

Trittsiegel und Fährte: Trittsiegelgröße schwankt je nach Stärke des Stücks erheblich, Schalenabdrücke starker Keiler bis über 10 cm lang und über 7 cm breit; Zuordnung des Trittsiegels zu Geschlecht mit Ausnahme sehr starker Keilertritte nicht möglich; Schalenabdrücke auch im Ziehen gespreizt und leicht nach außen gedreht, bei älteren Stücken Außenschalen oft länger als innere; auf weichem Boden drückt sich beim vertrauten Ziehen das Geäfter hinter den Schalen und seitlich nach außen versetzt ab.

Sonstige Revierzeichen: Fraßplätze (Gebräch), Suhlen, Malbäume, Kessel und Lager

Abschuss: Bejagungsschwerpunkt Frischlinge (ca. 75 % des Abschusses) und Überläufer (ca. 15 %), im Übrigen Erlegung rangniedrigerer Beibachen und einzelner reifer Keiler (ab etwa 5 Jahren); Leitbachen sind *unbedingt*, mittelalte Keiler weitgehend zu schonen.

Jagdarten: Ansitz, Pirsch, div. Formen der Bewegungsjagd

zusammenfinden. Bei intakter Sozialstruktur und guten Habitatsbedingungen setzen sich die Rotten aus mehreren Bachen mit ihren Frischlingen und Überläufern zusammen, ihre Mitglieder sind alle miteinander verwandt. Ihre Führung obliegt der ältesten Bache, unter den nachgeordneten Bachen besteht ebenfalls eine feste Rangordnung. Die Leitbache bestimmt alle Lebensabläufe der Rotte, löst die Rauschzeit aller weiblichen Rottenmitglieder aus und koordiniert den gesamten Tagesablauf wie Ort und Zeitpunkt der Fraßaufnahme und Einstandswahl. Bei Verlust der Leitbache bricht die Sozialstruktur der Rotte zusammen und die Rotte zerfällt. Folgen sind unkoordiniertes Rauschen und Frischen sowie vermehrte und zerstreut anfallende Wildschäden durch führungslos vagabundierende Rottenmitglieder bei entsprechend erschwerten Abwehrmöglichkeiten.
Starke Keiler ziehen oft in Gesellschaft eines jüngeren Keilers.
Schwarzwildrotten leben standorttreu, Keiler streifen eher unstet und weiträumiger umher, nur in der Rauschzeit stehen auch sie in den Rotten. Gegenüber Rivalen und Feinden droht der Keiler durch das Aufeinanderschlagen der Waffen – er „wetzt". Im Kampf und zur Abwehr von Hunden oder auch Menschen schlägt er gezielt mit ihnen, Bachen wehren sich dagegen eher durch Bisse. Annehmende Sauen sind sehr unangenehme Gegner.
Wühlt Schwarzwild bei der Fraßsuche den Oberboden auf – im Wald sucht es nach Eicheln, Bucheckern, Adlerfarnwurzeln etc., in Wiesen nach z. B. Mäusenestern oder verschiedenen Insektenstadien –, *bricht* es nach *Untermast* bzw. *steht im Gebräch*.
Die einzelne Sau ruht tagsüber in einem *Lager*, die Rotte schiebt sich in den *Kessel* ein. Die Bache frischt in einem eigens angelegten und mit Pflanzenmaterial gepolsterten *Frischkessel*.
Rauschzeit: In der Rauschzeit werden im Regelfall alle Bachen einer Rotte durch die Sexualduftstoffe der Leitbache in Paarungsbereitschaft versetzt (*Synchronisation der Rausche*). Die Keiler stehen während der Rausche in den Rotten. Jüngere werden von den älteren verjagt, gleich alte und starke Keiler liefern sich dagegen heftige Kämpfe. Der Keiler streift

Schwarzwild

in der Rauschzeit schaumigen Speichel, den *Keilerschaum*, an der Vegetation ab. Verliert eine Bache ihre Frischlinge frühzeitig oder wird sie nicht beschlagen, kommt es zu einer Nachrausche zu einem späteren Zeitpunkt. Unter günstigen Bedingungen (z. B. reiche Mast im Vorjahresherbst) kann es zu einer Zweitrausche und einem zweiten Frischen einzelner Bachen im selben Jahr kommen. Auch Frischlingsbachen mit 7–8 Monaten nehmen unter Umständen schon an der Rauschzeit teil und führen im Folgejahr selbst Frischlinge. Rauschen und frischen die Bachen eines Schwarzwildvorkommens zu ganz unterschiedlichen Zeiten, ist dies ein Hinweis auf eine gestörte Sozialstruktur und fehlende Leitbachen.

Hege: Das Fraßangebot kann waldbaulich durch das Belassen von Eichen- und Buchenüberhältern, die Pflege großkroniger Mastbäume und den Anbau Frucht tragender Baumarten (Esskastanie!) erhöht werden. Kleereiche Wildwiesen und Salzlecken nimmt das Schwarzwild gern an, für Suhlmöglichkeiten ist es dankbar.

Bejagung: Für Schwarzwild wird kein Abschussplan erstellt, wie er bei anderen Schalenwildarten erforderlich ist. Die enorme Reproduktionsfähigkeit des Schwarzwildes erfordert eine sehr scharfe Bejagung der Frischlinge. Ein weiterer Schwerpunkt liegt bei den Überläufern, v. a. den weiblichen – reine Überläuferrotten und einzeln ziehende Überläufer sind i. d. R. männliche Tiere! Zur Bestandsregulierung sind Eingriffe bei den Bachen als Reproduktionsträgern unverzichtbar. Dabei dürfen aber nur nachgeordnete Beibachen, deren Frischlinge mit 15–20 kg im Alter von etwa 6–8 Monaten unabhängig sind, erlegt werden, niemals aber Leitbachen! Mittelalte Keiler werden weitgehend geschont, einzelne reife Bassen dann geerntet.

Jagdarten: Da bejagte Schwarzwildvorkommen tagsüber meist in der Deckung liegen, sind der Ansitz, seltener die Pirsch, in der Dämmerung und v. a. zur Nachtzeit bei Mondschein oder Schnee verbreitet. V. a. die Jagd an der (maßvoll und sachkundig betriebenen!) Kirrung ist effektiv. Saisonal ist in vielen Revieren der Nachtansitz auf zu Schaden gehende Sauen in der Feldflur unverzichtbar. Steht Schwarzwild inmitten eines Mais- oder Getreideschlages im Gebräch, kann es mit Geschick und Glück erfolgreich darin angepirscht werden.
Eine qualitative Auslese mit der Büchse, v. a. die Ansprache und der Abschuss rangniedriger Bachen mit ausreichend alten Frischlingen in größeren Rotten, ist Aufgabe der ruhigen Einzeljagd.
Bewegungsjagden sind ein wichtiges Instrument der Schwarzwildbejagung und gelten v. a. den relativ leicht anzusprechenden Frischlingen und Überläufern. Sind Keiler frei, ist vor dem Schuss auf einzelne starke Stücke sorgfältige Ansprache nötig: Erfahrene Bachen ziehen jagende Hunde oft gezielt auf sich, um sie von den Frischlingen wegzuleiten. Auch sie tauchen dann allein vor dem Jäger auf!

Schäden: In der Feldflur sind Kartoffeln, Mais, Milchhafer und -weizen besonders fraßgefährdet. Gravierende Grünlandschäden können Sauen beim Brechen nach tierischem Eiweiß (Mäusen, Larven, Puppen etc.) anrichten.

Ansprechmerkmale: *Geschlechter*: Figur und Haupt (bedingt), Stärke, Gewichtsverteilung, Verfärbezeitpunkt, Sozialverhalten; Waffen (Wurfaufwölbung) und Pinsel des Keilers, sofern sichtbar; Gesäuge führender Bachen, sofern sichtbar; *Alter*: Farbe, Stärke bzw. Gewicht (bedingt, da große regionale und individuelle Unterschiede möglich!), Pürzelquaste

Alterschätzung am erlegten Stück: Zahnwechsel und -entwicklung (v. a. der Schneidezähne) erlaubt sichere Bestimmung bis zum Alter von 2 Jahren, später Backenzahnabnutzung (regionale Unterschiede!), Zementzonenverfahren, Nomogrammmethode nach Stubbe; nur Anhaltspunkte zur groben Unterscheidung junger von alten Stücken liefern die Brandt'sche Formzahl, der Gewehr-Abschliff beim Keiler und die Formveränderung der Bachenhaken.

Trophäen: Keilerwaffen (Gewehre und Haderer), Bachenhaken, Schwarte, Saubart

Malbaum des Schwarzwilds

Feldhase

BIOLOGIE

Art: Feldhase (*Lepus europaeus*)

KRL, Gewicht: ♂ 55–70 cm, 3–6 kg, ♀ 50–65 cm, 3–5,5 kg

Balg: Oberseite und Seiten rötlich bis gelblich braun mit schwarzen Haarspitzen, Bauchseite, Brust und Kehle weiß; schwarze Löffelspitzen und Blumenoberseite

Fortpflanzung: Geschlechtsreif mit ca. 9 Mon.; *Rammelzeit* Jan.–Aug./Sept.; *Tragzeit*: ca. 43 Tage; *Jungenanzahl*: 3(–4) Sätze mit je (1)2–4 Jungen

Zahnformel: $\frac{2\,0\,3\,3}{1\,0\,2\,3} = 28$

Laute: Klagen („Quäken“: Angst- und Schmerzlaut)

Fressfeinde: alle größeren Raubsäuger, Habicht, Roter Milan, slt. Mäusebussard, Eulen, Rabenkrähe, Kolkrabe

Parasiten: Kokzidiose, Magen-, Darm- und Lungenwürmer, Leberegel – **Infektionen**: Brucellose, European Brown Hare Syndrom (EBHS), Pasteurellose, Pseudotuberkulose, Tularämie

„Hochzeitsgesellschaft“ in der Rammelzeit

Vorkommen und Lebensraum: Der Feldhase kommt mit Ausnahme der nördlichen Teile Skandinaviens und Russlands sowie weiter Teile der Iberischen Halbinsel in ganz Europa vor. In Irland wurde er eingebürgert, ebenso auf den meisten Nord- und Ostseeinseln, wo z. T. sehr hohe Besätze existieren. In Hochgebirgslagen fehlt er, dort tritt der Schneehase an seine Stelle, auf der Iberischen Halbinsel ist es der Kaphase.
Der ursprüngliche Steppenbewohner hat sich an die Kulturlandschaft angepasst und lebt bevorzugt in weitgehend baum- und strauchlosen Acker-, Feld- und Marschlandschaften. In waldreicheren Gebieten kommt er meist in geringeren Dichten vor und hält sich auch dort vorwiegend auf oder in der Nähe offener Partien wie Lichtungen, Rückewegen und Kahlschlägen auf.
Für die Lebensraumeignung sind grundsätzlich Niederschlagsarmut und v. a. Sommertrockenheit wichtig.

Äußere Merkmale: Der Feldhase ist ein Fluchttier, seine Hinterläufe sind deutlich länger und kräftiger als die Vorderläufe. Neben der Größe unterscheiden ihn die langen Löffel mit schwarzer Spitze unterscheiden ihn ebenso vom Wildkaninchen wie die oberseits schwarze Blume. Die gelblich orangenen Seher sind seitwärts gerichtet. An der Oberlippe sitzen beiderseits lange weiße Tasthaare (Hasenbart). Die Geschlechter lassen sich nur am erlegten Tier sicher unterscheiden: Nach Aufstülpen der Geschlechtsteilöffnung erscheint beim Rammler die schlauchförmige Rute, bei der Häsin ein Spalt.
Ernährung: Das Nahrungsspektrum des Feldhasen ist sehr breit. Es umfasst zahlreiche Kultur- und Wildpflanzen, zu denen auch einige Heilkräuter zählen („Hasenapotheke“). Weiter äst er Gräser, Kohlpflanzen, Knollenfrüchte, Getreidekörner, im Winter auch die Knospen, Triebe und Rinde von Weichhölzern und Obstgehölzen.

Feldhase

Lebensweise: Der Feldhase ist ein standorttreuer Einzelgänger. Gesellschaften treten nur während der Rammelzeit und auf attraktiven Äsungsplätzen auf. Er ist tagsüber und nachts aktiv. Ruhephasen verbringt er gern im freien Feld in einer mit den Vorderläufen gescharrten Mulde, der *Sasse*, in der er sich bei Gefahr oft lange drückt, bevor er im letzten Moment katapultartig herausfährt. Die Sasse liegt meist windgeschützt in einer Ackerfurche, an einem Feldrain, einer Böschung o. Ä. Häsinnen sollen weniger Spurwitterung hinterlassen als Rammler.

Fortpflanzung: Der Höhepunkt der Rammelzeit liegt im April/Mai. Mehrere Hasen finden sich dabei in größeren „Hochzeitsgesellschaften" zusammen, die später in Paare oder kleinere Gruppen zerfallen. Während der Werbung kommt es zwischen rivalisierenden Rammlern zu Auseinandersetzungen, bei denen sie sich gegenseitig mit den Vorderpfoten schlagen, sodass häufig Haarbüschel, die *Rammelwolle*, am Platz bleiben. Auch die noch paarungsunwillige Häsin wehrt den Rammler durch Schläge ab. Beim Feldhasen ist Superfötation, d. h. die nächste Befruchtung der Häsin während der Trächtigkeit, möglich. Die Jungen werden an geschützten Stellen sehend und behaart geboren und können schon nach wenigen Stunden laufen (*Laufjunge*). Gesäugt werden sie etwa 4–5 Wochen.

Die Verluste unter den neu gesetzten Junghasen sind sehr hoch. Meist überleben nur 20–30 % bis zum Herbst.

Gefahren und Hege: Für das Überleben der Junghasen ist die Witterung im Frühjahr und Sommer entscheidend. Nasskaltes Wetter führt zu hohen Verlusten durch Unterkühlung und erhöhte Krankheitsanfälligkeit.

Neben Fressfeinden und Krankheiten birgt auch die Intensivlandwirtschaft Gefahren für den Hasen: Zu nennen sind hier Verluste durch den Einsatz von Maschinen, direkte und indirekte Verluste durch Biozideinsatz, die Verarmung des Äsungsangebotes und die Beseitigung von Deckungsstrukturen.

Im Vordergrund der Hege steht die Lebensraumverbesserung. Hierzu zählt die Anlage und Pflege von Äsungsflächen und -streifen sowie von geeigneten Deckungsstrukturen in ausgeräumten Agrarlandschaften, wo immer sich dazu bei Flächenstillegungen und im Rahmen von Extensivierungs- und Biotopschutzprogrammen die Möglichkeit bietet. Äsungs- und Deckungsflächen werden sinnvollerweise nicht voneinander isoliert angelegt, sondern räumlich vernetzt.

Eine weitere wichtige Hegemaßnahme ist die gezielte Bejagung von Raubwild und, soweit möglich, anderer Fressfeinde.

Jagd: Angesichts rückläufiger Hasenbesätze wird in einigen Revieren auf eine Bejagung des Feldhasen verzichtet. Eine jagdliche Nutzung darf nur bei ausreichendem Besatz (ab etwa 25 Hasen/100 ha), der durch Scheinwerferzählung ermittelt werden kann, erfolgen. Entnommen werden dürfen nur etwa 50 % des Besatzes, wovon mindestens die Hälfte Junghasen sein sollten. Andernfalls ist auf Jagd zu verzichten. Grundsätzlich sollte der Hase nicht länger als bis etwa Mitte Dezember bejagt und nur eine Treibjagd jährlich durchgeführt werden. Zu häufige Suchjagden sind ebenfalls nachteilig. Bei der Hasenjagd sind auf jeden Fall brauchbare Jagdhunde und v. a. sichere Verlorenbringer mitzuführen.

Einzelne „Küchenhasen" werden auf dem Ansitz am Haseneinlauf bzw. -auslauf erlegt. Die Jagd vor dem brackierenden Hund (nur in Revieren über 1.000 ha erlaubt) spielt in Deutschland nur noch eine geringe Rolle.

IM REVIER

Losung: 1. Normallosung: Pillenförmige, feste, verstreut liegende Kotkugeln von max. 1,5 cm Durchmesser, dunkelbraun bis schwarz, 2. Blinddarmlosung: Unregelmäßig geformt, wird zum Großteil erneut aufgenommen (Coecotrophie)

Spur: Unverwechselbar: Abdrücke der Hinterläufe nebeneinander und vor hintereinander stehenden Vorderlaufabdrücken; flüchtige Abdrücke der Hinterlaufpfoten kürzer, da nur deren vorderer Teil aufgesetzt wird.

Sonstige Revierzeichen: Sassen, Sandbadestellen, Hasenwolle, Hasenpässe

Geschlechts- und Altersbestimmung: Geschlecht nur anhand der Geschlechtsorgane möglich; Alter anhand Größe in den ersten Lebensmonaten, bis ca. 8 Monate: Strohsches Zeichen (Knoten über dem Fußwurzelgelenk der Vorderläufe)

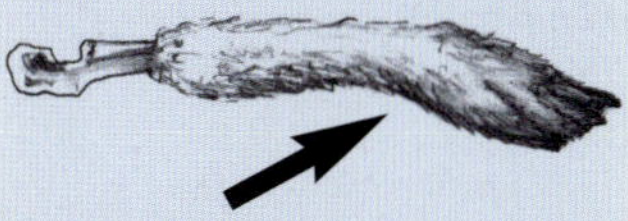

Sitz des Strohschen Zeichens

Jagdarten: Ansitz, Suchjagd (mit Vorstehhund), div. Formen der Treib- und Streifjagd, slt. Brackieren (wenn erlaubt)

Schneehase

BIOLOGIE – IM REVIER

Art: Schneehase (*Lepus timidus*)

Länge, Gewicht: 50–65 cm (gesamt), 2–4,5 kg

Balg: *Sommer*: Oberseite und Seiten rötlich grau-braun, Unterseite und Blume weißlich grau; *Winter*: weiß; in manchen Gebieten auch ganzjährig weiß oder weiß-braun gescheckt; Löffelspitzen immer schwarz

Laute, Zahnformel: wie Feldhase

Fortpflanzung und Zuwachs: *Rammelzeit*: Feb.–Juni; *Tragzeit*: 45–52 Tage; *Anzahl Würfe*: meist 2 Sätze mit je 2–4 Jungen

Fressfeinde: Adler, Uhu und Feinde des Feldhasen, soweit im Lebensraum vorkommend

Spur: ähnlich Feldhase, v. a. Abdrücke der Hinterpfoten infolge stärkerer Zehenspreizung und längerer Behaarung breiter

Losung, Geschlechts- und Altersbestimmung: wie Feldhase

Jagd: Nach BJG ganzjährig geschont; in A Jagdzeit in manchen Bundesländern, in der CH jagdbar nach JSG

Vorkommen: Der Schneehase wurde mit der nacheiszeitlichen Klimaerwärmung in seine heutigen Verbreitungsgebiete zurückgedrängt. Er kommt in den Alpen (Alpenschneehase), im Kaukasus und in den Pyrenäen zwischen 1.200 und 3.500 m vor, außerdem in Schottland, Irland, Skandinavien, im Nordosten Polens und im Norden Russlands.

Äußere Merkmale: Markantestes Kennzeichen des Schneehasen ist sein phasenweise weißer Balg. Dauer und Ausprägung der Weißfärbung hängen von der Temperatur ab. In den Alpen trägt der Schneehase im Winter einen rein weißen Balg, in den arktischen Lebensräumen während des ganzen Jahres, in den wärmeren Regionen Schottlands und Irlands ist er dagegen immer braun-weiß gescheckt (vgl. Foto rechts).

Ernährung und Lebensweise: Der Schneehase ist stärker waldgebunden als der Feldhase und äst Gräser, Kräuter, Knospen, Triebe, Rinde und Flechten. Er lebt geselliger als sein Vetter, v. a. in den arktischen Regionen treten oft Ansammlungen von mitunter mehreren Dutzend Tieren auf.

Fortpflanzung: Die grau-braun behaarten Jungen werden sehend geboren und nur etwa 3 Wochen lang gesäugt.

Hege und Jagd: Die Hege besteht v. a. in der Reduktion der Feinde. Wo der Schneehase bejagt wird, geschieht dies vorwiegend auf der Suchjagd und mit dem brackierenden Hund.

Wildkaninchen

Vorkommen und Lebensraum: Die ursprüngliche Heimat des Wildkaninchens sind die Mittelmeerländer, v. a. Spanien und Nordwestafrika. Von dort wurde es zunächst nach Frankreich und auf die britischen Inseln verbracht und im 18. und 19. Jahrhundert auch in Deutschland ausgewildert. Heute besiedelt es ganz Europa mit Ausnahme der nördlichen und östlichen Teile. Ausgewildert wurde es u. a. auch in Australien und Neuseeland. Lebensraum sind trockene und sandige Gebiete, in deren Böden das Wildkaninchen seine Baue graben kann. Steinige und staunasse Böden werden gemieden. Das Wildkaninchen siedelt sich gern an Hängen, Waldrändern, in lichten Baumbeständen (Kiefer) und auf Heideflächen an, bewohnt aber auch weitgehend baum- und strauchfreie Landschaften wie z. B. die Nordseeinseln. Als Kulturfolger lebt es auch in Städten auf Friedhöfen, in Gartenanlagen und Parks etc.

Äußere Merkmale: Das Wildkaninchen ist kleiner als der Feldhase und erscheint aufgrund seiner relativ kürzeren Hinterläufe gedrungener als jener. Daneben ist es durch die eher graue Färbung, die relativ kürzeren Löffel (kürzer als Kopf) ohne schwarze Spitze und die von hinten weiß erscheinende Blume vom Hasen zu unterscheiden. Die Gaumenspalte des Kaninchens ist verhältnismäßig enger als die des Feldhasen.
Ernährung: Das Nahrungsspektrum des Wildkaninchens ist dem des Feldhasen vergleichbar. Durch i. d. R. massenweises Auftreten kann es beträchtliche Schäden in verschiedenen landwirtschaftlichen Nutzflächen (Getreidefelder, Rebflächen, Obstgärten), aber auch in Forstkulturen verursachen. Die Schäden sind als Wildschäden ersatzpflichtig.
Die Äsungsflächen liegen meist in der Umgebung der Baue und werden systematisch abgeäst.

BIOLOGIE

Art: Wildkaninchen (*Oryctolagus cuniculus*)

KRL, Gewicht: 35–45 cm, 1,5–2,5 kg

Balg: Oberseite und Seiten grau-braun, Bauchseite weißgrau, Blume unterseits weiß; Farbvariationen kommen vor

Zahnformel: $\frac{2033}{1023} = 28$

Fortpflanzung und Zuwachs: Geschlechtsreif mit 5–8 Mon.; *Rammelzeit:* Feb./März–Juli/Aug.; *Tragzeit*: 28–31 Tage; *Jungenanzahl*: 3–5 Sätze mit je 3–7 (>10) Jungen

Laute: Klagen (schriller Angst- und Schmerzlaut); bei Gefahr Trommeln mit den Hinterläufen

Fressfeinde: Fast alle Beutegreifer, v. a. Fuchs, Marder, Iltis, Wiesel, div. Greifvögel, Eulen und Rabenvögel

Parasiten: Kokzidiose, Magen-, Darm- und Lungenwürmer, Bandwürmer, Leberegel

Infektionen: Myxomatose, Pseudotuberkulose, RHD (*Rabbit Haemorrhagic Disease* = Chinaseuche)

Wildkaninchen

IM REVIER

Losung: 1. Normallosung: 7–10 mm große, leicht ovale Kotperlen, die in Haufen („Latrinen“) abgesetzt werden; 2. Blinddarmlosung: Wird wie beim Feldhasen erneut aufgenommen (Coecotrophie)

Spur: Ähnlich Feldhase, aber kleiner. Vorderläufe werden i. d. R. nicht hintereinander, sondern eher nebeneinander gesetzt.

Sonstige Revierzeichen: Bauanlagen, Kratzstellen

Geschlechts- und Altersbestimmung: Geschlechts- und Altersbestimmung nach den gleichen Merkmalen wie beim Feldhasen (Strohsches Zeichen bis etwa 4 Monate)

Jagdarten: Ansitz, Pirsch, Suchjagd, Buschieren, Treibjagd, Frettieren, Beizjagd

Lebensweise: Anders als der Feldhase lebt das Wildkaninchen gesellig in Familiensippen (Kolonien), in denen eine strenge Rangordnung herrscht. Zentrum des Sippenlebens ist der Wohnbau, der aus ein oder zwei ausgepolsterten Kesseln und zahlreichen Röhren bestehen kann. Das überwiegend dämmerungs- und nachtaktive Wildkaninchen liegt am Tage häufig vor dem Bau in der Sonne oder in deckungsreichen Flächen. Bei Regen, Schnee oder starkem Wind ziehen sich die Tiere in die Baue zurück.
Auf der Flucht beschleunigt das Wildkaninchen anfangs deutlich schneller als der Hase und beherrscht das Hakenschlagen ebenso gut wie jener.
Fortpflanzung: Der Rammler umwirbt die Häsin mit auffälligem Imponiergehabe, zu dem auch das Überspringen der Häsin und ihr Bespritzen mit Harn gehört. Vor dem Setzen gräbt die Häsin eine bis zu 3 m lange Setzröhre, die blind in einem Kessel endet. Letzteren polstert sie mit Gras und Wolle, die sie sich aus Brust, Bauch und Flanken zupft. Die Setzröhren liegen abseits in bis zu 200 m Entfernung vom Wohnbau.
Die Jungen kommen blind und nackt zur Welt. Sie werden etwa 4 Wochen gesäugt und verlassen dann die Setzröhre.

Gefahren und Hege: Wie beim Feldhasen sind die Verluste unter den Jungkaninchen im ersten Lebensjahr hoch. Die durchschnittliche Lebenserwartung eines Wildkaninchens beträgt 2 Jahre.
Nachdem das ursprünglich zur Bekämpfung von Kaninchenplagen in Australien eingesetzte Myxomatose-Virus vor Jahrzehnten die Wildkaninchen verheerend dezimierte – mittlerweile sind sie vielfach resistent gegen dieses Virus –, bedroht heute die 1988 nach Europa gelangte „Chinaseuche“ (RHD) die Existenz zahlreicher Vorkommen.
Jagd: Nach der Bundesjagdzeitenverordnung genießt das Wildkaninchen keine Schonzeit, nur zur Aufzucht notwendige Tiere sind bis zum Selbstständigwerden der Jungen zu schonen. Einige Bundesländer haben von ihrer Befugnis Gebrauch gemacht und mittlerweile für ausgewachsene Kaninchen Schonzeiten festgesetzt. Treibjagd, Suchjagd und Buschieren auf Kaninchen sind besonders an sonnigen, windstillen Tagen erfolgreich, wenn die Tiere außerhalb des Baues liegen. Wildkaninchen suchen bei Bedrohung sofort den Bau auf, entsprechend kleinflächig müssen die Jagden abgestellt sein.
Reizvoll ist die Baujagd mit dem Frettchen, das in eine Röhre einschlieft und die Kaninchen zum Springen bringt. Hier sind disziplinierte und gute Schützen gefragt: Die Tiere flüchten nach dem Springen aus einer Röhre nicht selten sofort wieder in die nächste hinein, sodass sie nur bei ausreichendem Abstand zum Bau beschossen werden dürfen und sauber erlegt werden müssen.
Das Wildkaninchen ist auch eine beliebte Wildart für die Jagd mit dem Beizvogel. Die Beizjagd wird auch am Bau mit Unterstützung von Frettchen ausgeübt.

Bauanlage des Wildkaninchens

Alpenmurmeltier

Vorkommen und Lebensraum: Ursprünglich nur in den West- und Zentralalpen vorkommend, besiedelt das Alpenmurmeltier nach Einbürgerungen heute den gesamten Alpenraum. Kolonien gibt es auch in den Pyrenäen, der Hohen Tatra und den Karpaten. In den Alpen lebt das Murmeltier von Almen auf ca. 800 m Höhe bis in die Felsregionen auf etwa 3.000 m Höhe, in Letzteren v. a. in Südlagen.
Äußere Merkmale: Im Herbst sind Murmeltiere schwerer als im Frühjahr (Fettreserven). Sie haben einen flachen Schädel, kleine Gehöre, dunkle Seher und Zehen sowie lange, braun-rote Schneidezähne. Katzen sind schwächer als Bären, ansonsten sind die Geschlechter äußerlich kaum zu unterscheiden.
Ernährung und Lebensweise: Murmel leben von Gräsern, Kräutern, Wurzeln, Samen und Früchten. Die überwiegend tagaktiven Tiere leben in Kolonien aus Eltern und Jungtieren mehrerer Generationen. Sie markieren das Wohngebiet mit dem Sekret ihrer Wangendrüsen und verteidigen es gegen koloniefremde Tiere. Sie bewohnen im Sommer Baue in gut 2 m Tiefe und verbringen den etwa sechsmonatigen Winterschlaf in der dick ausgepolsterten Schlafkammer weit verzweigter Winterbaue, in der bis zu 10 Tiere mit stark herabgesetzter Herzschlagfrequenz eng beieinander liegen. Die Eingänge der Winterbaue werden mit Erdreich, Gras und Steinen abgedichtet. Während winterlicher Wachphasen wird keine Nahrung aufgenommen.
Fortpflanzung: Murmeltiere leben in Einehe. Die Katze trägt nicht in jedem Jahr. Während der Bärzeit sind typische Paarungsrituale zwischen Bär und Katze zu beobachten („Boxen“, „Kopfstöße“). Die Bären liefern sich untereinander Scheinkämpfe. Die zunächst blinden und nackten Jungen (Affen) verlassen nach etwa 6 Wochen Säugezeit den Bau.
Jagd: Beim Ansitz am Bau müssen sofort tödliche Schüsse angebracht werden, weil verletzte Tiere sofort einfahren und dann verloren sind.

BIOLOGIE – IM REVIER

Art: Alpenmurmeltier (*Marmota marmota*)

KRL, Gewicht: 45–60 cm, 3,5–7 kg

Balg: Oberseite gelblich braun bis grau- braun, Unterseite rötlich gelb; Kopf dunkler und mit schiefergrauer Stirn, letztes Rutendrittel schwarz

Zahnformel: $\frac{1\,0\,2\,3}{1\,0\,1\,3} = 22$

Fortpflanzung: *Bärzeit:* April/Mai; *Tragzeit:* ca. 34 Tage; *Jungenanzahl:* 2–4 (6) Affen.

Laute: durchdringendes Pfeifen (Warnlaut), Klagen ähnlich Wildkaninchen; *Katze in der Bärzeit:* Miauen (katzenähnlich)

Fressfeinde: Steinadler, Habicht, Uhu, Kolkrabe, slt. Fuchs

Parasiten: Bandwürmer, Magen-, Darm-, Lungenwürmer, Kokzidiose – **Infektionen:** Pseudotuberkulose

Jagd: Nach BJG geschont; in A und der CH haben Murmel länder- bzw. kantonsweise Jagdzeit.

Trophäen: Balg, Ganzpräparat

Biber

BIOLOGIE – IM REVIER

Art: Europäischer Biber (*Castor fiber*)

KRL, Gewicht: 80–100 cm, 15–30 kg

Balg: Dunkelbraun mit dichter Unterwolle und steifen Grannenhaaren; Kelle (Schwanz) unbehaart

Zahnformel: $\frac{1013}{1013} = 20$

Fortpflanzung: Geschlechtsreif mit 2–3 Jahren; *Paarungszeit*: Dez.–April; *Tragzeit*: 105–107 Tage; *Jungenanzahl*: (1)2–3(5).

Losung: 2–2,5 cm lang, ca. 2 cm dick, kugelig mit Pflanzen- und Holzresten, wird immer im Wasser abgesetzt

Tritt und Spur: Meist vier Zehenabdrücke; Krallen der Vorderpfoten fast immer erkennbar, auf weichem Boden zudem Schwimmhautumrisse der Hinterpfoten; Schleifspur der Kelle in der Spurmitte

Sonstige Revierzeichen: Biberburgen, Staudämme, Nagespuren, Biberkanäle

Jagd: Der Biber ist in der BRD und der CH kein jagdbares Wild; in A unterliegt er länderweise dem Jagdrecht (keine Jagdzeit)

BIEBER

Vorkommen und Lebensraum: Bis ins Mittelalter war der Biber noch von Skandinavien bis Südfrankreich und vom Atlantik bis nach Sibirien verbreitet. Nach unerbittlicher Verfolgung und zunehmendem Lebensraumsverlust verschwand er in weiten Teilen seines Verbreitungsgebietes. In Deutschland erloschen die letzten Bibervorkommen etwa Mitte des 19. Jahrhunderts. Nach Einbürgerung, aber auch durch natürliche Wiederausbreitung haben sich die Bibervorkommen vielerorts erholt. In Deutschland kommt die Art heute wieder in weiten Teilen der neuen Bundesländer und Bayerns vor, außerdem in Spessart, Rhön und Eifel, im Emsland und im Saarland. Am Rhein greifen die grenznahen Vorkommen in Frankreich und der Schweiz sowie am Niederrhein nach Deutschland über. Auch in Österreich und der Schweiz lebt der Biber wieder. Lebensraum des Bibers sind stehende und träge fließende Gewässer mit auwaldähnlicher Ufervegetation aus Aspe, Weide, Esche, Birke, Erle etc.

Äußere Merkmale: Das größte Nagetier Europas ist mit seiner breiten, horizontal abgeflachten und schuppenbesetzten Kelle nicht zu verwechseln. Der plumpe Körper ist hinten deutlich dicker als vorn und steht auf kurzen Läufen. Die kleinen Vorderpfoten dienen dem Greifen, die Hinterzehen sind durch Schwimmhäute verbunden. Die großen orange-gelben Nagezähne ragen weit hervor.

Ernährung: Der Biber frisst Wasserpflanzen und deren Wurzeln sowie fast alle Uferpflanzen seines Lebensraumes. Neben Schilfstängeln, Krautpflanzen und Gräsern nimmt er auch die Triebe, Rinde und das geschrotete Holz von Weichhölzern wie Erlen, Weiden und Pappeln, das sein Magen aufzuschließen vermag. Sträucher und schwächere Bäume fällt er mit seinen Nagezähnen. In der Nähe land-

Biber/Nutria

wirtschaftlicher Nutzflächen frisst er auch Klee, Mais, Rüben, Getreide oder Fallobst. Für den Winter legt er unter Wasser Nahrungsvorräte aus armdicken Weichholzzweigen an.
Lebensweise: Biber sind überwiegend dämmerungs- und nachtaktiv und auch im Winter aktiv. Sie leben in Familienverbänden aus Eltern und Jungtieren der beiden letzten Jahre. In steilen Uferpartien stehender Gewässer gräbt der Biber Baue, deren Kessel er mit Pflanzenteilen und Spänen auspolstert. In flachem Wasser baut er aber auch mächtige Burgen von beeindruckender Größe aus Ästen, Zweigen und Reisig. Bau- und Burgeneingänge liegen unterhalb der Wasseroberfläche. Zudem errichten Biber Staudämme, mittels derer sie den Wasserstand regulieren und die Bau- und Burgenzugänge auch bei niedrigem Wasserstand unter der Wasseroberfläche halten. Ausgetretene Biberkanäle entstehen bei häufiger Nutzung bestimmter Wasserausstiege.
Biber sind hervorragende Schwimmer und Taucher.
Fortpflanzung: Biber leben in monogamer Dauerehe. Die Paarung findet zwischen Dezember und April, meist im Wasser, statt. Die Jungen werden zwischen Anfang April und Mitte Juli behaart und sehend geboren und bis zu 3 Monate gesäugt. Sie können nach wenigen Tagen schwimmen, aber noch nicht tauchen.
Sonstiges: 1976 wurde der Biber dem Naturschutzrecht unterstellt. In den neu besiedelten Lebensräumen werden zum Teil Biberschäden durch das Fällen von Bäumen, den Fraß von Feldfrüchten und Gehölzen sowie das Untergraben von Ufern, Teichen und Dämmen beklagt und Forderungen nach einer jagdlichen Regulierung laut.

NUTRIA

Vorkommen und Lebensraum: Die Nutria, auch Biberratte, Sumpfbiber oder Schweifbiber, war ursprünglich an Flüssen, Stillgewässern und Sümpfen Südamerikas von Brasilien bis nach Feuerland beheimatet. Zur Pelzgewinnung nach Europa verbracht, haben entkommene und ausgesetzte Tiere dort zahlreiche Freilandvorkommen begründet, deren Ausbreitung anhält. Die Nutria lebt an pflanzen- und schilfreichen Stillgewässern im Flach- und Hügelland, auch an Brack- und Seewasserlagunen bzw. -bodden. Harte Winter führen zu Ausfällen unter den kälteempfindlichen Tieren.

BIOLOGIE

Art: Biberratte *(Myocastor coypus* L.)

KRL, Gewicht: 45–65 cm (zzgl. ca. 30 cm langem Schwanz), 8–10 kg

Balg: Gelb- bis dunkelbraun, lange Grannen mit dichter Unterwolle; Farbvariationen möglich; runder, kaum behaarter Schwanz, Schwimmhäute zwischen den ersten 4 Zehen der Hinterpfoten

Zahnformel: $\frac{1013}{1013} = 20$

Fortpflanzung: *Paarungszeit:* ganzjährig; *Tragzeit*: 128–132 Tage; *Jungenanzahl*: 4–7(12) Junge; 2 (–3) Würfe jährlich

Biberburg

Nutria

IM REVIER

Losung: 2–3 cm lange, walzenförmige Kotpillen mit feinen Längsrillen

Tritt und Spur: Vorder- und Hintertritte mit 5 Zehenabdrücken; 5., nicht durch Schwimmhaut verbundene Zehe des hinteren Tritts etwas abgespreizt. Hintere Tritte greifen meist in vordere; Schleifspur des Schwanzes in Spurmitte

Sonstige Revierzeichen: Baueingänge, Erdbaue an Gewässerufern

Jagd: Die Nutria zählt in einigen Bundesländern der BRD zum Wild und darf vorbehaltlich § 22 (4) BJG ganzjährig bejagt werden. In A unterliegt sie manchen Landesjagdgesetzen, in der CH zählt sie nicht zu den jagdbaren Arten.

Äußere Merkmale: Das plump wirkende Tier hat kurze Läufe, einen kurzen, dicken Hals und kleine, runde Gehöre. Vom ähnlichen Biber ist es v. a. durch die geringere Größe und die runde, etwa körperlange Rute zu unterscheiden. Wie er besitzt sie auffällig große orange-gelbe Schneidezähne.

Ernährung: Im und am Wasser nimmt die Nutria verschiedene Wasser- und Sumpfpflanzen, darunter die Sprossen von Schilf und Glanzgras, seltener Amphibien, Fische und Süßwassermuscheln. An Land frisst sie aber auch Kräuter, Feld- und Gartenfrüchte und kann bemerkenswerte Schäden an Hackfrüchten, v. a. Zuckerrüben, verursachen.

Lebensweise: Die Nutria ist tag- und dämmerungsaktiv, aber auch nachts. Sie lebt monogam und in Gruppen aus 12 bis 15 Tieren, i. d. R. Eltern mit ihren Nachkommen. In ihrer ursprünglichen Heimat Südamerika bilden sie auch kleinere Kolonien. Bewohnt werden Nestkammern oder selbstgegrabene Erdbaue im Uferbereich, deren Eingänge i. d. R. über dem Wasserspiegel liegen, aber auch selbstgebaute Schilfburgen.

Fortpflanzung: Die Nutria wird mit etwa 5 Monaten geschlechtsreif. Das Weibchen wirft nach rund 19 Wochen Tragzeit 6 bis 8 Junge. Diese sehende und voll behaare Junge. Zwei bis drei Würfe pro Jahr können vorkommen.

Jagd: Die Bejagung der Nutria geschieht dies mit Falle und Flinte.

Bisam

BIOLOGIE – IM REVIER

Art: Bisam (*Ondatra zibethicus*)

KRL, Gewicht: 30–36 cm, 0,6–1,5 (> 2) kg

Balg: Oberseits rost- bis graubraun, Bauchseite heller

Zahnformel: $\frac{1\,0\,0\,3}{1\,0\,0\,3} = 16$

Fortpflanzung: *Paarungszeit:* März–Sept.; *Tragzeit:* 28–29 Tage; *Jungenanzahl:* 2–4 mal 4–8 (> 10) Junge

Losung: 1–1,5 cm lang, 1 cm dick; wird meist im Wasser abgesetzt

Tritt und Spur: Ca. 3,5 cm lange vordere Tritte mit 4 Zehenabdrücken, ca. 7 cm lange hintere mit 5 Zehenabdrücken; Grabkrallen deutlich abgedrückt. Hinterer Tritt steht hinter oder z. T. in vorderem. Auf weichem Boden Schleifspur des Schwanzes in Spurmitte erkennbar

Sonstige Revierzeichen: Abgebissene Pflanzenteile im Wasser, Burgen, Bisampfade

Jagd: Der Bisam unterliegt nicht dem Jagdrecht, wird aber zur Schadensreduzierung von amtlich bestellten Bisamfängern und Jägern bekämpft; in A ist er länderweise, nach Schweizer JSG nicht jagdbar

Vorkommen und Lebensraum: Der aus Nordamerika stammende Bisam wurde 1905 erstmalig in Europa ausgesetzt und danach mehrfach zur Pelzgewinnung eingebürgert. Heute ist die Art in freier Wildbahn weit verbreitet. Sie lebt in Gewässern aller Kategorien, so auch in Deutschland.

Äußere Merkmale: Der Bisam ähnelt dem Nutria, wird jedoch nur knapp wildkaninchengroß und hat einen vertikal abgeflachten Ruderschwanz. Die Vorderfüße sind kurz, die hinteren groß und schaufelartig. Der Pelz des Bisam ist sehr wertvoll.

Ernährung und Lebensweise: Wasser- und Uferpflanzen aller Art zählen zur Nahrung des Bisam, zu geringen Teilen aber auch tierische Kost (Muscheln, Krebse, Insekten).

Vorwiegend dämmerungs- und nachtaktiv, lebt der Bisam einzeln oder in Familien. Er bewohnt Erdbaue mit mehreren Röhren und Kesseln in der Uferböschung, deren Zugänge unter Wasser liegen. Die Kessel sind mit Pflanzenteilen ausgepolstert. Bei sinkendem Wasserspiegel werden trocken gefallene Zugänge verstopft und in größerer Tiefe neue gegraben. In Gewässern mit sehr flachen Uferbereichen errichtet der Bisam auch auffällige Burgen aus Schilf und Pflanzenmaterial, deren Eingänge ebenfalls unter Wasser liegen.

Fortpflanzung: Der Höhepunkt der Paarungszeit liegt im April/Mai. Die zunächst blinden Jungen verlassen nach 2 bis 3 Wochen den Bau. Früh geworfene Jungtiere können sich noch im selben Jahr selbst fortpflanzen.

Schäden und Bekämpfung: Die wasserwirtschaftlichen und ökologischen Schäden durch den Bisam sind gefürchtet. Er unterwühlt Ufer, Dämme und Deichanlagen und kann durch den Fraß ganzer Pflanzenbestände Ufer-Ökosysteme nachhaltig verändern. Er gilt als Hauptfraßfeind der seltenen Flussperlmuschel.

Rotfuchs

BIOLOGIE

Art: Rotfuchs (*Vulpes vulpes*)

KRL, Gewicht: ♂ 65–90 cm, 5–10 kg, ♀ 60–75 cm, 4–8 kg

Balg: Im Regelfall rostrot („fuchsrot") mit Weiß an Lefzen, Kehle, Brust, Bauch und Luntenspitze (Blume); Vorderseite der Vorderläufe und Außenseite der Gehöre schwarz; zahlreiche Farbvariationen („Birkfuchs", „Kohlfuchs", „Kreuzfuchs")

Zahnformel: $\frac{3142}{3143} = 42$

(Gebissentwicklung mit ca. 6 Mon. abgeschlossen)

Fortpflanzung: Geschlechtsreif mit 9–10 Mon.; *Ranz*: Jan. – Feb.; *Tragzeit*: ca. 51–54 Tage; *Jungenanzahl*: (1)3–6 (>10) Welpen

Laute: Keckern und Knurren (Angst- bzw. Drohlaute), heiseres Bellen (Ranzlaute und Kontaktlaut der Welpen), lang gezogenes Bellen (Warnlaut)

Parasiten: Räude, Bandwürmer (Kleiner Fuchsbandwurm!), Spulwürmer – **Infektionen**: Tollwut, Staupe

Vorkommen und Lebensraum: Das große Verbreitungsgebiet des Fuchses umfasst Europa, die gemäßigten und subtropischen Bereiche Asiens, Afrika nördlich der Sahara und Nordamerika. In der Mitte des 19. Jahrhunderts wurde er auch in Australien eingeführt, wo er sich zu einem Problem entwickelte.
Im Alpenraum lebt er bis auf 3.000 m Höhe, unter wärmeren Klimabedingungen anderer Verbreitungsgebiete bis auf 5.000 m. Deutschland ist flächig vom Fuchs besiedelt.
Der Fuchs lebt bevorzugt in Gebieten mit größeren Wäldern und angrenzenden Wiesen und Feldern, besiedelt aber auch weitgehend waldfreie Gebiete. Sofern vorhanden, nutzt er den Wald als Wohnraum und jagt im Offenland. In den letzten Jahren hat sich die Art aber zunehmend zum Kulturfolger entwickelt und ist unter steigendem Populationsdruck bereits in Großstädte eingewandert.

Äußere Merkmale: Der grundsätzlich hundeähnliche Fuchskörper selbst ist gedrungen, insgesamt erscheint das Tier aufgrund der langen, auffällig buschig behaarten Lunte (auch Standarte) sehr lang. Seine Seher sind schmal und schräg gestellt, die Gehöre stehen aufrecht. Häufigste Farbvariante ist der Birk- oder Goldfuchs, der oberseits stärker ins Gelb gefärbt ist, eine weiße Kehle und eine große weiße Blume hat. Der seltene Kohl-, Brand- oder Moorfuchs ist dunkel braun-rot, Bauchseite, Kinn, Kehle und Blume sind grau bis fast schwarz. Kreuzen sich zwei längs der Wirbelsäule und quer über die Schulter verlaufenden Streifen dunkler Haare, spricht man vom Kreuzfuchs. Jungfüchse tragen im ersten Lebensmonat einen schiefergrauen Balg, dessen Farbe dann in ein Grau-Braun wechselt.
Auf der Lunte, unterhalb der Luntenwurzel, besitzt der Fuchs eine Talgdrüse, die

Rotfuchs

so genannte Viole. Ihre Funktion ist nicht eindeutig geklärt, steht jedoch sicher in Beziehung zur Ranz, da sie in dieser Zeit den starken typischen Fuchsgeruch absondert.

Ernährung: Der Fuchs ist ein Allesfresser, lebt aber überwiegend von tierischer Kost. Einen großen Anteil daran stellen Mäuse, vor allem in mäusereichen Jahren, die insbesondere Jungfüchsen als Hauptnahrung dienen. Daneben erbeutet er Säuger und Vögel, soweit er sie bewältigen kann (u. U. auch Rehkitze), die Gelege bodenbrütender Vogelarten, Aas, Insekten und Amphibien. Der Fuchs ist der bedeutendste Fressfeind der heimischen Niederwildarten. Zu seinem Nahrungsspektrum zählt aber auch pflanzliche Kost wie Obst und Beeren. In seiner Losung finden sich häufig unverdauliche Nahrungsteile: Haare und Knochenteile von Kleinnagern oder Vögeln, Chitinreste von Insektenpanzern oder auch Reste von Beeren und Obst.

Lebensweise: Der Rotfuchs lebt außerhalb der Ranz und der Jungenaufzucht als Einzelgänger. Er ist vorwiegend in der Dämmerung und nachts aktiv, doch auch bei Tage und v. a. im Winter kann man ihn mitunter bis in den späten Vormittag hinein auf der Nahrungssuche beobachten. Auf seinen Wegen ins Jagdrevier und zurück benutzt er meist dieselben Pässe. Seine Losung setzt er häufig auf erhöhten Stellen wie Steinen, Baumstümpfen, Maulwurfhaufen oder auf Wegen ab. Wo der Fuchs am Tage ruht, hängt vom Wetter ab. Bei schönem Wetter liegt er gelegentlich frei in der Sonne, meist jedoch steckt er sich in Verjüngungsflächen und Dickungen im Wald, in Hecken oder Feldgehölzen, oder auch in trockenen Durchlassrohren. Im Herbst liegt er auch gern in deckungsreichen Feldschlägen wie z. B. Rübenäckern. Bei Regen- und Schneefall oder starkem Wind steckt er gern im Bau, aber durchaus nicht immer. Mit bereits nassem Balg scheint er nie einzufahren, sondern sich erst außerhalb des Baus zu trocknen. Während der Ranz und der Welpenaufzucht ist der Bau dagegen sehr häufig befahren.

Bau: Seinen Bau legt der Fuchs in Dickungen, Stangenhölzern oder dichtem Unterholz im Wald und nach Möglichkeit in leicht hügeligem Terrain an. Fuchsbaue findet man aber auch in deckungsreichen Feldgehölzen und unter breiten Hecken. Nicht selten nutzt der Fuchs auch große Bauanlagen des Dachses, in denen er auch gemeinsam mit dem Dachs wohnt. Zu unterscheiden sind Hauptbaue (Mutterbaue) und Nebenbaue (Notbaue). Während erstere nach mehrjähriger Nutzung und Erweiterung weit verzweigt sein können, sind letztere meist nur klein

Jungfüchse verlassen ab etwa drei Wochen gelegentlich den Bau, bleiben aber zunächst immer in dessen unmittelbarer Nähe.

Rotfuchs

IM REVIER

Losung: 8–10 cm lange, ca. 2 cm dicke Walze mit langer, gedrehter Spitze, Farbe nahrungsabhängig

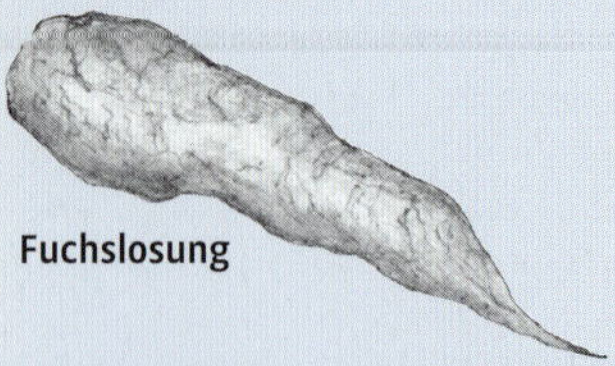

Fuchslosung

Tritt und Spur: Länglich ovaler Brantenabdruck aus Haupt- und 4 Zehenballen mit Krallenabdrücken, ca. 5 cm lang, 4–4,5 cm breit; Spitzen der Außenzehenballen auf Höhe der Hinterenden der Mittelzehenballen oder dahinter (beim Hund darüber hinausgehend); „Schnüren": Hintere Tritte fassen in vordere, wg. minimaler Schränkung Tritte in einer Linie; langsame Flucht: je zwei Tritte leicht versetzt nebeneinander; hochflüchtig: hintere Tritte vor den vorderen („Hasentritt")

Brantenabdrücke von Fuchs (li.) und Hund im Vergleich; Foto oben: Farbvariation Kreuzfuchs

und werden vielfach nur als Fluchtweg genutzt. Die Kessel seiner Baue polstert der Fuchs im Gegensatz zum Dachs niemals aus. Ähnlich Letzterem hält er aber in der näheren Umgebung des Baus einen „Burgfrieden", d. h. er lässt Beutetiere dort unbehelligt.

Ranz und Fortpflanzung: Die Ranz erreicht im Januar ihren Höhepunkt. Manche Fuchsrüden zeigen ein monogames, andere ein polygames Verhalten. Im ersten Fall verteidigt der Rüde die Fähe gegenüber Rivalen und beteiligt sich später auch an der Welpenaufzucht. Im anderen Fall kann eine Fähe von mehreren Rüden begattet werden und sogar, wie eine Hündin, mit Welpen verschiedener Väter dick gehen.

Die Fähe ist etwa 2 bis 3 Tage paarungsbereit, die Paarung selbst findet meist im Freien, selten auch im Bau statt. Rüde und Fähe „hängen" anschließend wie alle Caniden (Hundeartigen) bis zu 20 Minuten und länger.

Die Welpen kommen blind, aber behaart zur Welt. Nach 2 bis 3 Wochen Säugezeit erbricht die Fähe vorverdaute Nahrung, bis die Welpen selbst größere Beutestücke verzehren können. Mit etwa 3 Wochen erscheinen die Welpen das erste Mal vor dem Bau, bleiben meist anfangs jedoch in unmittelbarer Nähe der Baueinfahrt. Bei massiven Störungen transportiert die Fähe ihre Welpen aus dem Bau und siedelt sie in einen anderen um oder gräbt einen Notbau. Die früh geschlechtsreifen Jungfüchse können bereits selbst an der auf ihre Geburt folgenden Ranz teilnehmen.

Bejagung: Die Bejagung des Fuchses ist eine wichtige Maßnahme der Niederwildhege. Anders als Beutegreifer mit starker

Rotfuchs

Spezialisierung auf bestimmte Beutetiere (z. B. Schneeeule und Lemming) übersteht der Nahrungsgeneralist die zyklischen Einbrüche seiner Hauptbeute Maus recht problemlos, in dem er auf andere Nahrung ausweicht. Der Fuchs erschließt sich „ohne Berührungsängste" auch künstliche Nahrungsquellen, in Großstädten werden z. T. sogar Mülltonnen regelmäßig inspiziert. Nach flächendeckender und erfolgreicher Tollwutimpfung hat der Fuchs in den letzten Jahrzehnten zu Lasten des Niederwilds rapide zugenommen.

Jagdarten: Verbreitet ist der Fang des Fuchses mit der Kastenfalle oder Totschlagfallen (z. B. Schwanenhals), sofern deren Einsatz nach Landesrecht erlaubt ist. Zu den Einzeljagdarten auf den Fuchs zählen der Nachtansitz am Luderschacht oder an der Mäuseburg und die Reizjagd. Der Jäger sitzt nachts in der Nähe des ausgebrachten Luders (im Wald anfallende Aufbrüche und Fallwild!) oder dem eigens errichteten Mäusequartier – meist auf Schrotschussentfernung – auf den Nahrung suchenden Fuchs an. Guter Wind und absolut geräuschloses Verhalten sind Voraussetzungen für den Erfolg.

Auf der Pirsch wird der aufmerksame Räuber meist nur mit Glück und eher zufällig erlegt.

Spannungsreich ist auch die Reizjagd, bei der der Jäger den Fuchs durch Imitation des klagenden Hasen oder des Mäusezwitschern anlockt. Je nach Fertigkeit werden die Laute mit dem Mund oder aber mit Lockinstrumenten (Hasenquäke, Mauspfeifchen) nachgeahmt.

Bei der Treibjagd wird der Fuchs ebenso erlegt wie bei der Drückjagd im Wald. Bei Bewegungsjagden verlässt er oft schon frühzeitig, kurz nach dem Anstellen, die Deckung. Erfolgreich ist auch die spätsommerliche und herbstliche Suche mit dem Vorstehhund oder dem buschierenden Hund im Feld, v. a. in Rübenschlägen. Beim selten ausgeübten Fuchsriegeln drückt ein erfahrener Treiber den außerhalb des Baus ruhenden Fuchs dem Jäger zu, der am bekannten Fuchspass ansteht. Weit verbreitet und effektiv ist die Baujagd mit den Erdhundrassen Terrier und Teckel, die den Fuchs aus seinem Bau sprengen. In der Ranzzeit kann man dabei oft Fähe und Rüde erlegen. Der Bau muss äußerst ruhig und mit gutem Wind angegangen und abgestellt werden: Hat der Fuchs erst die oberirdische Gefahr bemerkt, springt er selbst vor scharfen Hunden nicht mehr. Lebensgefährlich kann es für die eingesetzten Hunde werden, wenn der Bau vom Dachs befahren ist, ohne dass dies vorher von den Jägern erkannt wurde.

Hat der Fuchs den am Bau wartenden Jäger einmal wahrgenommen, lässt er sich i.d.R. nicht mehr zum Springen bewegen.

Sonstige Revierzeichen: Baue, erhöhte Plätze mit Losung, meist Pässe

Geschlechts- und Alterskennzeichen: ♂ hebt beim Nässen das Bein, ♂ und ♀ sonst nur über Geschlechtsorgane bestimmbar; Jungfüchse sind an geringer Größe, sehr alte Füchse oft an stark abgenutzten Haken (Fangzähne) zu erkennen

Jagdarten: Fallenfang, Ansitz (an Luder oder Mäuseburg), Reizjagd, Treibjagd (Fuchsriegeln), Drückjagd, Suche, Baujagd

Trophäen: Winterbalg, Haken, Ganzpräparat

Wolf

BIOLOGIE – IM REVIER

Art: Wolf (*Canis lupus*)

KRL, Gewicht: 110–160 cm, ♂ 35–50 kg, ♀ 30–40 kg

Balg: Oberseits variationsreich: Grau, grau-gelb bis gelblich grau- braun mit schwarzem Anflug, unterseits heller gelblich bis grau-weiß

Zahnformel: $\frac{3142}{3143} = 42$

(Gebissentwicklung mit ca. 6 Mon. abgeschlossen)

Fortpflanzung: Geschlechtsreif mit 2–3 Jahren; *Ranz:* Mitte Dez.– Mitte März.; *Tragzeit*: 60–64 Tage; *Jungenanzahl*: 3–7 Welpen

Laute: Heulen (Kontakt- und Ranzlaut)

Parasiten: Räude, Band- und Spulwürmer – **Infektionen**: Staupe, Tollwut

Losung: Grau-braun, ähnlich großem Hund, mit Haaren (Beute) durchsetzt

Tritt und Spur: Tritte 9–11 cm lang, 6,5–8 cm breit (hintere etwas kleiner), ähnlich sehr großem Hund; in schnellem Lauf stehen hintere Tritte vor den vorderen

Sonstige Revierzeichen: Risse

Jagd: Der Wolf zählt nur in A in den meisten Bundesländern zum Jagdwild (keine Jagdzeit)

Vorkommen und Lebensraum: Größere Wolfspopulationen existieren noch in Osteuropa, auf dem Balkan, in Kanada, Sibirien, der Mongolei, in geringer Zahl kommt die Art noch in Skandinavien, Spanien, Italien, Polen und Slowakien vor. Aus Polen tauchen sporadisch Wölfe in Ostdeutschland auf, in SN wurden Gehecke nachgewiesen. Der Wolf bewohnt einsame Wälder, im Süden und Osten Europas auch Steppen und Tundren.
Äußere Merkmale: Der Wolf ähnelt dem Schäferhund, kann von diesem jedoch durch den breiten Kopf mit gestrecktem, spitzem Fang, den schmaleren Brustkorb, die schräg stehenden Seher, die relativ kleineren Gehöre und die buschigere Rute unterschieden werden.
Ernährung und Lebensweise: Der Wolf reißt vor allem Huftiere und war in unseren Breiten einer der Hauptfeinde des Schalenwilds. Er frisst aber auch zahlreiche kleinere Säuger, Schnecken, Kerbtiere und nimmt auch Aas und pflanzliche Kost wie verschiedene Beeren. Er ist am Tage und in der Nacht aktiv und legt auf seinen Beutezüge Distanzen von über hundert Kilometern zurück. Der typische Hetzjäger jagt in der Rudelgemeinschaft. Obwohl man im Sommer auch auf einzelne Wölfe trifft, leben sie normalerweise, v. a. im Winter, in Rudeln mit einer strengen Rangordnung, die von so genannten Alpha-Tieren dominiert werden. Bei Auseinandersetzungen innerhalb des Rudels kommt eine breite Palette an Droh- und Demutsgebärden zum Einsatz.
Fortpflanzung: An der Fortpflanzung nehmen oft nur die Alpha-Tiere teil, zwischen Rüden kann es aber zu Auseinandersetzungen kommen. Die versteckt gewölften Welpen werden ca. 6 Wochen gesäugt. An der Welpenaufzucht beteiligen sich auch der Rüde und andere Rudelmitglieder.
Jagd: In den Ländern, in denen der Wolf bejagt wird, geschieht dies v. a. beim Ansitz am Luder und auf Treibjagden.

Marderhund

Vorkommen und Lebensraum: Die Urheimat des Marderhunds oder Enok sind das östliche Sibirien, das nordöstliche China und Japan. Zur Pelzzucht nach Westrussland eingeführt, hat er sich nach Ost-, Nord- und Mitteleuropa verbreitet. In Deutschland ist er vor allem MV und BB häufig, wo in 2002 allein 62 % bzw. 34 % der bundesdeutschen Gesamtstrecke erlegt wurden. Er lebt bevorzugt in gewässer- und unterholzreichen Waldgebieten.
Äußere Merkmale: Auf den ersten Blick ist der Enok – v. a. wegen der Gesichtsmaske – leicht mit dem Waschbären zu verwechseln, zählt aber zu den Hunden (*Canidae*). Er ist hinten weniger stark überbaut, sein Haar ist länger, seine Rute nicht gebändert. Außerdem kann er nicht klettern.
Ernährung und Lebensweise: Der Allesfresser erbeutet Kleinsäuger, Wasservögel, die Eier bodenbrütender Vogelarten, Amphibien und Fische und nimmt auch vegetarische Kost sowie Aas. Der Enok ist heimlich und v. a. nachts aktiv. Seine Beute stöbert er ähnlich Fuchs und Dachs am Waldboden oder im Uferbewuchs auf. Tagsüber werden selbst gegrabene Baue oder die Baue von Fuchs oder Dachs bezogen. Die Latrinen (Kotplätze) dienen u. a. der Markierung des Territoriums.
Als einziger Vertreter aus der Familie der Hunde hält der Enok eine Winter*ruhe*.
Fortpflanzung: Marderhunde leben in Dauerehe, der Rüde beteiligt sich an der Welpenaufzucht. Die Welpen sind bereits mit etwa einem halben Jahr ausgewachsen. Das Geheck bleibt bis zum Winterende zusammen.
Sonstiges: Die ökologischen Auswirkungen der Enok-Zuwanderung sind noch unklar. In Finnland hat er den Rotfuchs teilweise verdrängt. Er wird mit der Falle, aber auch auf dem (Nacht-)Ansitz bejagt.

BIOLOGIE – IM REVIER

Art: Marderhund (*Nyctereutes procyonoides*),
Familie: Hunde (*Canidae*)

KRL, Gewicht: 52–60 cm, 5–10 kg

Balg: Langes Haar mit dichter Unterwolle, dunkelbraun bis -grau, helle Gesichtspartien

Laute: Miauen, Knurren, Winseln (wenig lautfreudig)

Zahnformel: $\frac{3142}{3143} = 42$

Fortpflanzung: *Ranz*: Feb./März; *Tragzeit*: 60–64 Tage; *Jungenanzahl*: 5–8 (12) Welpen

Parasiten: Würmer, Räude, Trichinen – **Infektionen**: Tollwut

Losung: Ca. 4–6 cm lang, 2–3 cm dick, 2- bis 3-gliedrig, mit Pflanzen- und Beuteresten

Tritt und Spur: Tritte aus Sohlenballen mit 4 fächerförmig vorgelagerten Zehen- nebst Krallenabdrücken, ca. 4–5 × 5–6 cm (L × B); in langsameren Gangarten je 2–3 Tritte beidseits der Mittelachse, bei Flucht „Hasentritt"; auf Schnee Lunten-schleifspur erkennbar

Sonstige Zeichen: „Latrinen"

Trophäen: Balg, Ganzpräparat

Jagd: vgl. Waschbär

Tritt des Enok mit fächerförmig angeordneten Zehenabdrücken

Dachs

BIOLOGIE

Art: Europäischer (Eurasischer) Dachs (*Meles meles*)

KRL, Gewicht: 60–80 cm, 10–18 (20) kg

Schwarte: Rücken und Flanken silber-grau, Bauchseite und Läufe fast schwarz; Gesicht weiß mit zwei schwarzen Streifen von den Gehören über die Seher bis zum Fang

Zahnformel: $\frac{3141}{3142} = 38$

Fortpflanzung: Geschlechtsreif mit 1,5–2 Jahren; *Ranz*: Jan.–Okt., jüngere Fähen Juli/Aug.; *Tragzeit*: abh. von Begattungstermin: Eiruhe bis Dez., Welpen im Feb./Anf. März

Laute: Grunzen (Kontaktlaut), Schnauben, Brummen (Drohlaut), Schreien (Ranzlaut)

Parasiten: Haarwürmer, Bandwürmer, Trichinen

Infektionen: Tollwut

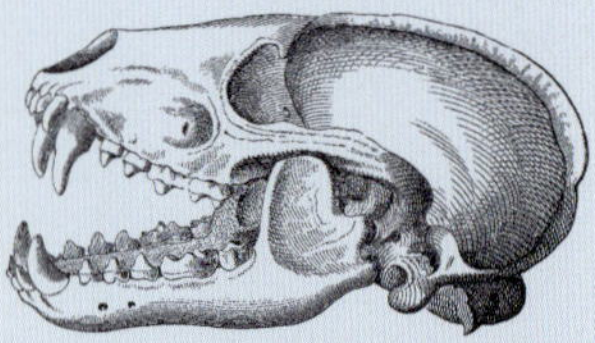

Dachsschädel mit Knochenkamm

Vorkommen und Lebensraum: Der zur Familie der Marder (*Mustelidae*) und Unterfamilie der Dachse (*Melinae*) zählende Dachs bewohnt fast ganz Europa südlich des Polarkreises und die gemäßigte Breiten Asiens. Er steigt bis 2.000 m Höhe auf. Er bevorzugt Laubmischwälder der Ebene und Mittelgebirgslagen, kommt aber auch in waldarmen Regionen vor. Wichtig sind grabfähige Böden, Sümpfe, Moore, staunasse und grundwassernahe Standorte meidet er. Nachdem der Dachs vor allem unter dem Einfluss der Fuchsbaubegasung (Tollwutbekämpfung) stark zurückgegangen war, hat sich die Art wieder gut erholt.

Äußere Merkmale: Der füllige Körper des Dachses wirkt plump, er steht auf kurzen Läufen. Am keilförmigen Schädel sitzen zwei kleine, an den Spitzen weiße Gehöre. Der Bürzel ist kurz, die Vorderbranten sind mit kräftigen Grabkrallen ausgestattet. Bei langsamer Gangart wirkt er behäbig. Auf dem Schädel sitzt ein deutlich ausgeprägter, in Längsrichtung verlaufender Knochenkamm, der den Schädelknochen von Hund und Fuchs fehlt. Mit den bauchseitig gelegenen Prägenitaldrüsen markiert der Dachs sein Territorium (er „stempelt").

Ernährung: Der Dachs ist ein Allesfresser und nimmt sowohl tierische als auch pflanzliche Kost. Seine Nahrung wird unterteilt in Obermast, d. h. auf der Erdoberfläche verfügbare Nahrung, und in Untermast, nach der der Dachs im Boden *sticht*. Er *weidet* Mäuse, Engerlinge, Larven, Würmer, Schnecken, Jungwild und die Eier von Bodenbrütern, aber auch Obst, Pilze, Mais und Hafer in der Milchreife. Der Dachs geht auch in Weinbergen zur Weide.

Lebensweise und Bau: Dachse leben in Familienverbänden, die ihr Territorium gegenüber anderen Familien durch Geruchsmarken deutlich abgrenzen. Sie

Dachs

sind dämmerungs- und nachtaktiv, den Tag verbringen sie ruhend im Bau.
Die teilweise uralten, oft mehrstöckigen Baue liegen an gedeckten Plätzen im Wald. Anders als der Fuchs polstert der Dachs deren Kessel aus und räumt Polstermaterial im Frühjahr wieder aus dem Bau. Den Dachsbau kann man anhand der tiefen Rinnen (Geschleife) in den Einfahrten, die weiter entfernt in die Dachspfade übergehen, und anhand der Dachsabtritte in Baunähe, in denen Losung abgesetzt wird, vom Fuchsbau unterscheiden. I. d. R. deutlich größer als diese, gehen Dachsbaue oft auch stärker in die Tiefe. Sie werden häufig zeitgleich von Fuchs und Dachs bewohnt.
In länger anhaltenden Kälteperioden hält der Dachs eine Winterruhe, die in Abhängigkeit von Temperaturwechseln mehrfach unterbrochen wird.
Ranz: Entgegen früherer Meinung ranzen vorwiegend junge Fähen im Juli/August, ältere werden vielfach unmittelbar nach dem Werfen der Jungen im Februar/März erneut begattet. Die Ranz wird von gellenden Schreien begleitet. In Abhängigkeit vom Begattungszeitpunkt ist die bis Dezember dauernde Vortragezeit der Fähen unterschiedlich lang. Die Welpen werden regelmäßig im Februar/Anfang März geworfen. Sie kommen schwach behaart und blind zur Welt und werden etwa 16 Wochen gesäugt. Den Bau verlassen sie erstmalig etwa Mitte/Ende April.
Sonstiges: Der Dachs kann in Niederwildrevieren spürbaren Schaden anrichten. Schäden verursacht er auch in Mais und Hafer, aber auch in Weinbergen und auf Wiesen und Weiden, in denen er nach Untermast sticht. Seine Fraßstellen sind an der trichterförmigen Gestalt zu erkennen. Nicht zuletzt der Schäden wegen wird der Dachs bejagt.
Jagdarten: Der Ansitz am befahrenen Bau bei gutem Wind ist i .d. R. sehr erfolgreich. Die Baujagd, bei der der Dachs vom Hund im Bau gebunden und dann ausgegraben wird, ist heute nicht mehr üblich. Da der Dachs selten springt, birgt sie große Gefahren für den eingesetzten Erdhund, der dem sehr wehrhaften Gegner im Bau körperlich unterlegen ist.

IM REVIER

Losung: Wurstförmig ohne Spitze, grob strukturiert, da mit Nahrungsresten (Knochen, Haare, Chitin, Obstreste, Beerenkeime) durchsetzt; wird in Baunähe in „Abtritten“ abgesetzt

Tritt und Spur: Brantenabdrücke aus Hauptballen und 5 oder auf harten Boden nur 4 Zehenballen; Vorderbranten stärker als hintere und mit deutlich längeren Krallenabdrücken (Dachse „nageln“); Hinterbrantenstehen bei langsamer Gangart ganz oder tlw. in Vorderbrantenabdrücken

Sonstige Revierzeichen: Baue, Geschleife und Pfade, Dachsabtritte, Trichter

Geschlechts- und Alterskennzeichen: Geschlechtsbestimmung am lebenden Stück anhand äußerlicher Merkmale nicht möglich; Jungdachse sind an geringer Größe zu erkennen

Jagdarten: Ansitz am Bau, slt. Baujagd (Dachsgraben)

Trophäen: Schwarte, Dachsbart, Dachsfett, Ganzpräparat

Baueinfahrt des Dachses mit „Geschleife“

Baummarder

BIOLOGIE

Art: Baummarder (*Martes martes*),
Familie: Marder (*Mustelidae*)
Unterfamilie: Wieselartige (*Mustelinae*),
Gattung: Eigentliche Marder (*Martes*)

KRL, Gewicht: ♂ 48–53 cm, 1–1,9 kg, ♀ 40–45 cm, 1–1,3 kg

Balg: Rücken und Rute dunkelbraun mit gelblicher Unterwolle, Bauch und Laufinnenseiten heller braun; Kehle gelblich, unten meist abgerundet

Zahnformel: $\frac{3141}{3142} = 38$

Fortpflanzung: *Ranz:* Juli/Aug.; *Tragzeit*: ca. 9 Mon. (inkl. Vortragezeit); *Jungenanzahl*: 3–4

Laute: Keckern (bei Erregung oder Streit), Muckern (Kontaktlaut), Zischen, Fauchen (Ranz), Schreien (Drohlaut)

Parasiten: Haarwürmer, Bandwürmer, Trichinen

Infektionen: Tollwut

Vorkommen und Lebensraum: Der Baummarder ist in unterschiedlicher Häufigkeit über nahezu ganz Europa und Teile Asiens verbreitet. In manchen Gebieten ist er ausgesprochen selten und auch in Deutschland galt er lange als gefährdet. Er ist wesentlich scheuer als der Steinmarder und weitgehend an größere, störungsarme Wälder gebunden. Neueren Untersuchungen zufolge besiedelt er heute gelegentlich aber auch kleinere Wälder und Feldgehölze und dringt bei seinen Streifzügen auch in menschliche Siedlungsbereiche vor.

Äußere Merkmale: Der Baummarder ist etwas hochläufiger und länger als der Steinmarder, im Durchschnitt aber unwesentlich leichter. Sein Balg ist langhaarig, dicht, weich und glänzend. Als Jagdtrophäe ist der Balg besonders begehrt. Der Nasenschwamm des Baummarders ist schwarz im Gegensatz zu dem eher fleischfarbenen des Steinmarders. Der gelbliche, unten meist ungeteilte Kehlfleck ist kein sicheres Unterscheidungsmerkmal zwischen beiden Marderarten. Die Brantensohlen des Baummarders sind im Gegensatz zu den nackten Sohlen des Steinmarders meist behaart und lassen seinen Tritt etwas „verwaschen“ und seine Krallen kürzer erscheinen. Doch auch bezüglich dieses Merkmals weisen Baum- und Steinmarder individuelle Unterschiede auf, sodass es ebenfalls nicht völlig sicher ist. Eine klare Unterscheidungsmöglichkeit bietet – freilich erst am erlegten Tier – der letzte obere Backenzahn (siehe S. 55). Sein Außenrand weist beim Steinmarder eine Einkerbung auf, die beim Baummarder grundsätzlich fehlt.

Ernährung: Der Baummarder erbeutet Säugetiere von der Maus bis zum Kaninchen und Vögel, soweit er sie überwältigen kann. Er frisst außerdem Eier, Amphibien und Insekten, aber auch pflanzliche Kost wie Obst und verschiedene Beeren.

Lebensweise: Mit Ausnahme der Ranzzeit leben Rüde und Fähe getrennt. Als

Baummarder

ausgesprochener Baumbewohner und meisterhafter Kletterer bewegt sich der Baummarder vorwiegend in den oberen Baumregionen, er *holzt* darin *fort*, und verfolgt seine Beute, z. B. Eichhörnchen, gewandt. Er jagt auch am Tage, vorwiegend aber nachts.
Größere Beute tötet er durch einen Nackenbiss, kleinere beißt er auch direkt in den Kopf. Findet man an einem Marderriss noch ein Beutetier, fehlt häufig der sauber abgetrennte Kopf. Vom Baummarder ausgeleckte Eier erkennt man an den meist in Querrichtung hineingebissenen rechteckigen Öffnungen.
Seinen Unterschlupf wählt der Baummarder überwiegend in Baumhöhlen (z. B. vom Schwarzspecht), Greifvogelhorsten, Eichhörnchenkobeln oder in Reisighaufen.
Ranz: Bei den Paarungsritualen jagen Rüde und Fähe unter lautem Kreischen und Fauchen in den Baumkronen hintereinander her. Die Jungen sind in den ersten etwa 5 Lebenswochen blind und werden 6 bis 8 Wochen gesäugt, ehe sie erstmalig das von der Fähe weich ausgepolsterte Versteck verlassen. Bei Störungen siedelt die Fähe ihr Geheck in einen anderen Unterschlupf um.
Jagd: Aufgrund seines vielerorts nur geringen Vorkommens hat der Baummarder als Jagdwild nur geringe Bedeutung. Grundsätzlich gilt für seine Bejagung das Gleiche wie für den Steinmarder.

Würstchenförmige Marderlosung

IM REVIER

Losung: Einseitig spitz ausgezogene Würste von ca. 1,5 cm Durchmesser

Tritt und Spur: Brantenabdrücke aus 4–5 Zehenballen mit Krallenabdrücken, drei- bis vierlappigem Hauptballen, vordere zusätzlich mit Fersenballen; Spurbilder: 1. Gehen: Gruppen aus vier Abdrücken in größeren Abständen, 2: Paartritt: Hinterbranten treten in Vorderbranten und je zwei Tritte stehen seitlich versetzt hintereinander, 3. Dreisprung: Trittgruppen aus drei Abdrücken, da eine Hinterbrante in die vordere, die andere seitlich daneben tritt, 4. Flucht: hintere Tritte vor vorderen („Hasentritt“)

Geschlechts- und Altersbestimmung: Äußerlich kaum möglich, allenfalls anhand geringerer Größe von Jungtieren und Fähen

Jagdarten: Fallenfang, Ansitz am Pass, Auspochen und Ausneuen, Reizjagd

Trophäen: Balg, Ganzpräparat

Steinmarder

BIOLOGIE

Art: Steinmarder *(Martes foina)*
Unterfamilie: Wieselartige (*Mustelinae*),
Familie: Marder (*Mustelidae*)
Gattung: Eigentliche Marder (*Martes*)

KRL, Gewicht: ♂ 40–50 cm, 1,2–2,2 kg, ♀ 38–45 cm, 1,1–1,7 kg

Balg: Mittel- bis dunkelbraun mit weißer Unterwolle; weißer Kehlfleck, unten oft gegabelt und in Vorderläufe auslaufend

Zahnformel: $\frac{3141}{3142} = 38$

Fortpflanzung: *Ranz*: Juli/Aug.; *Tragzeit*: ca. 9 Mon. (inkl. Vortragezeit); *Jungenanzahl*: 3–4

Laute: wie Baummarder

Parasiten: Haarwürmer, Bandwürmer, Trichininen

Infektionen: Tollwut

Vorkommen und Lebensraum: Der Steinmarder ist ein enger Verwandter des Baummarders, jedoch ein typischer Kulturfolger und wesentlich häufiger als jener. Er kommt in weiten Teilen Europas, West- und Zentralasiens vor, fehlt jedoch auf den Britischen Inseln und zahlreichen Mittelmeerinseln. In Skandinavien ist er schwächer vertreten.
Er lebt in Wald und Feld, sucht aber gern die Nähe menschlicher Siedlungen und lebt auch in Dörfern und Städten.
Äußere Merkmale: Der Balg des Steinmarders ist etwas kürzer und nicht ganz so dicht und weich im Haar wie der des Baummarders, aber dennoch begehrt. Der Kehlfleck ist i. d. R. größer und deutlich weißer („Weißkehlchen") als der des Baummarders („Gelbkehlchen"), am Unterrand ist er gegabelt und reicht oft bis auf die Vorderläufe. Ein zweifelsfreies Unterscheidungsmerkmal ist er nicht. Seine Gehöre erscheinen etwas spitzer als die eher rundlichen des Baummarders.
Ernährung: Das Nahrungsspektrum entspricht grundsätzlich dem des Baummarders. Da der Steinmarder aber bevorzugt in Siedlungsnähe lebt, erbeutet er auch Hausgeflügel und Eier. In Kaninchen- und Hühnerställen oder Taubenschlägen kann er verheerende Schäden anrichten.
Lebensweise: Mit Vorliebe quartiert sich der Marder in Holzstößen und Steinhaufen, in Scheunen, Ställen und Gartenhäusern, aber auch auf den Dachböden bewohnter Häuser ein. Im Wald wählt er wie der Baummarder gern Baumhöhlen als Unterschlupf. Der Steinmarder jagt vorwiegend in der Nacht. Steinmarder leben ebenfalls als Einzelgänger und territorial. Auf ihren Streifzügen halten sie regelmäßig feste Pässe ein.
Ranz: Die Fortpflanzung des Steinmarders entspricht der des Baummarders. Hat er sich auf einem Dachboden angesiedelt, ist es zur Ranzzeit für die Haus-

Steinmarder

IM REVIER

Losung: Die Losung ist wie die des Baummarders, aber von unangenehmerem Geruch

Tritt und Spur: Spurbilder wie beim Baummarder, Ballen oft deutlicher abgedrückt, da Brantenunterseite unbehaart

Geschlechts- und Altersbestimmung: Äußerlich kaum möglich, allenfalls anhand Größenunterschieden zwischen Jungtieren und ausgewachsenen sowie zwischen Rüden und Fähen

Jagdarten: Fallenfang, Auspochen und Ausneuen, Reizjagd

Trophäen: Balg, Ganzpräparat

bewohner meist um die wohl verdiente Nachtruhe geschehen.

Jagd: Eine wichtige Rolle bei der Marderbejagung spielt die Fangjagd, vor allem in der Nähe menschlicher Siedlungen. Häufiger als Lebendfallen werden mit einem Ei beköderte Totschlagfallen (ggf. im Fangbunker) eingesetzt, soweit dies nach Landesrecht gestattet ist.

Beim Nachtansitz auf den Fuchs kann auch der Marder mit der Flinte erlegt werden. Auch er findet sich mitunter an Luderschacht oder Mäuseburg ein und lässt sich mit der Hasenquäke heranreizen. Eine typische, heute nur noch selten beherrschte Jagdart ist das Ausneuen und Sprengen bzw. Auspochen des Steinmarders. Dabei wird der Marderspur auf einer Neuschneedecke bis zu seinem Unterschlupf gefolgt, aus dem er dann durch Hunde oder lautstarkes Klopfen (z. B. an Holzstößen und Steinhaufen) zum Springen gebracht wird.

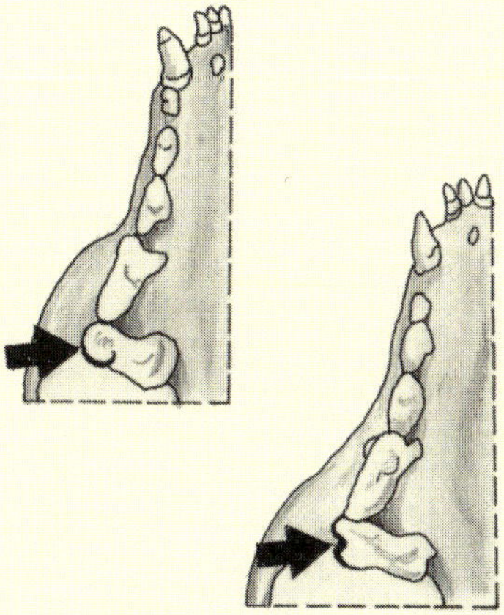

Unterscheidungsmerkmal letzter Backenzahn: Er ist beim Steinmarder (re.) außen eingekerbt, beim Baummarder nicht.

Iltis

BIOLOGIE

Art: Europäischer Iltis, Waldiltis (*Mustela putorius*), **Familie:** Marder (*Mustelidae*); **Unterfamilie**: Wieselartige (*Mustelinae*), **Gattung**: Wiesel, Iltisse und Nerze (*Mustela*)

KRL, Gewicht: ♂ 40–50 cm, 1,5–2,0 kg, ♀ 35–41 cm, 600–900 g

Balg: „Verkehrt gezeichnet": oberseits dunkelbraun mit gelblich oder fast weißer, durchschimmernder Unterwolle, Bauchseite, Kehle und Branten dunkler, fast schwarz; Gesicht durch weißen Streifen über Sehern und Wangen und weißer Fangspitze lebhaft gezeichnet (Maske)

Zahnformel: $\frac{3131}{3132} = 34$

Fortpflanzung: *Ranz* März–Anf. Juni; *Tragzeit*: 41–43 Tage; *Jungenanzahl*: 3–8 (12)

Laute: Keckern (Wohlbefinden), Zischen, schriller Schrecklaut, Schreie (Ranz)

Parasiten: Haarwürmer, Bandwürmer, Trichinen, Räude – **Infektionen**: Tollwut

IM REVIER

Losung: Wurstförmig, 6–8 cm lang, meist schwarz, gedreht, einseitig spitz ausgezogen, stark riechend, wird regelmäßig an *Latrinenplätzen* abgesetzt.

ILTIS

Vorkommen und Lebensraum: Der Iltis zählt zu den Erd- oder Stinkmardern und kommt in weiten Teilen Mitteleuropas vor, in Südschweden und lokal auch in England und Schottland. Er besiedelt ganz Italien, fehlt aber in Irland und auf einigen Mittelmeerinseln. Er lebt im Wald und in der freien Landschaft, auch in der Nähe menschlicher Siedlungen und sucht gern die Nähe von Wasser.

Äußere Merkmale: Iltisrüden sind deutlich stärker als -fähen. Die Zuchtursprungsform des Frettchens hat weiß gesäumte, halbrund erscheinende Gehöre. Die Rute des Iltis ist kürzer und weniger buschig als die des Marders. Am Weidloch besitzt der Iltis zwei Analdrüsen (Stinkdrüsen) mit einem übel riechenden Sekret, die er bei Erregung und zur Feindabwehr entleert. Das Gebiss des Iltis unterscheidet sich deutlich von dem des Marders, da er in jedem Kieferast einen Prämolaren weniger besitzt.

Ernährung: Der Iltis erbeutet bevorzugt Mäuse und Ratten, an Gewässern und in Feuchtzonen mit Vorliebe auch Frösche, außerdem Hamster, Kaninchen, Lurche, Reptilien und Insekten. Bei Gelegenheit erbeutet er auch Jungwild (Hase, Fasan, Rebhuhn) und Eier.

Lebensweise: Iltisse sind fast ausschließlich nachtaktiv und stecken tagsüber in Reisig-, Stein- und Strohhaufen, Holzstößen und Kaninchenbauen, v. a. im Winter beziehen sie wie ihre Hauptbeute, Mäuse und Ratten, auch Scheunen, Ställe oder alte Gemäuer.

Ähnlich dem Steinmarder hält der Iltis in seinem Aktionsraum feste Pässe ein. Seine Beute jagt er u. a. gern entlang von Fließ- und Stillgewässern. Er ist ein gewandter Schwimmer und Taucher.

Ranz: Zur Ranzzeit gehen die Rüden oft weite Wege. Die Kopulation dauert oft über eine Stunde, dabei hält der Rüde die Fähe mit einem Nackenbiss fest. Die Jungen werden in einem Erdbau (z. B. Kaninchenbau) oder einem anderen sicheren Versteck geworfen. Sie sind gut 4 Wochen blind und werden etwa 5 Wochen lang gesäugt. Im folgenden Herbst sind sie

Iltis/Nerz/Mink

selbstständig und mit etwa 9 Monaten geschlechtsreif.
Jagd: Der Iltis wird vorwiegend mit zugelassenen Totfangfallen bejagt. Kastenfallen bringen selten, meist auf Zwangspässen, Erfolg. Wie der Marder erscheint der Iltis gelegentlich aber auch an Luderplatz und Mäuseburg oder auf die Mauspfeife und Kaninchen- bzw. Hasenklage.

EUROPÄISCHER NERZ UND MINK
Vorkommen und Lebensraum: Der ursprünglich auf der Nordhalbkugel weit verbreitete Europäische Nerz ist bis auf kleine Restbestände in Russland, Frankreich, Finnland und Spanien nahezu aus Europa verschwunden. Der Amerikanische Nerz oder Mink (im Foto oben) stammt aus Nordamerika. Anfang des 20. Jahrhundert zur Pelzgewinnung nach Europa verbracht, gelangten immer wieder Farmtiere in die freie Wildbahn – nicht zuletzt nach „Befreiungsaktionen" durch „Tierschützer" –, sodass zahlreiche Freilandvorkommen entstanden. Verbreitungsschwerpunkte in Deutschland liegen in MV, BB und SH.
Merkmale: Der Europäische Nerz und der Mink sehen sich zum Verwechseln ähnlich, ersterer weist neben dem weißen Kinnfleck oft noch eine Weißfärbung der Oberlippe beidseits der Nase auf. Vom Iltis unterscheiden sie sich neben dem etwas kürzeren Körper und der Färbung durch schwach entwickelte Schwimmhäute zwischen den Zehen der Hinterbranten. Die Losung gleicht der des Iltis , enthält aber häufiger Fischreste (Gräten und Schuppen).
Sonstiges: Die Ursachen für den dramatischen Rückgang des Europäischen Nerzes sind weitgehend ungeklärt. Dessen Rückkehr in seine ursprünglichen Verbreitungsgebiete dient der von Experten prophezeite weitere Vormarsch des Mink ebenso wenig wie der Fauna, die durch den Amerikanischen Nerz einschneidende Veränderungen erfahren kann.

Der Neubürger (Neozoe) Mink (Foto oben) ist in Europa auf dem Vormarsch.

Tritt und Spur: „Marderpfote" aus 4–5 Zehenballen mit Krallenabdrücken, unterteiltem Hauptballen und nur in Vordertritten Fersenballen; Spurbilder wie Baum- und Steinmarder bei etwas kürzeren Sprungweiten; bei Flucht Abdrücke der Hinterbranten auch paarweise vor denen der Vorderbranten

Geschlechts- und Alterbestimmung: Äußerlich kaum möglich, allenfalls anhand Größenunterschieden zwischen Jungtieren und ausgewachsenen sowie zwischen Rüden und Fähen

Jagdarten: Fallenfang

Trophäen: Ganzpräparat

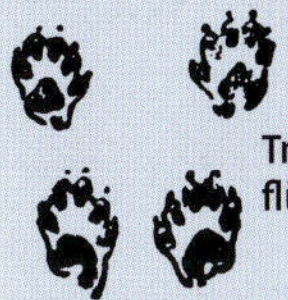

Trittgruppe des flüchtigen Iltis.

VERWANDTE ARTEN

Arten: Europäischer Nerz (*Mustela lutreola*) und Amerikanischer Nerz, Mink (*Mustela vison*)

KRL, Gewicht: ca. 35–45 cm, 500–900 g

Balg: Glänzend mit sehr dichter Unterwolle, einfarbig mittel- bis schwarz-braun, oft mit weißem Kinnfleck, Europäischer Nerz zusätzlich mit weißer Oberlippe

Jagd: Beide Arten unterliegen nicht dem BJG, der Mink aber einigen Landsjagdgesetzen, in A und der CH kein Wild

Hermelin

BIOLOGIE – IM REVIER

Art: Hermelin (*Mustela erminea*)

KRL, Gewicht: ♂ 22–30 cm, 150–340 g, ♀ 22–27 cm, 110–230 g

Balg: *Sommer*: Mittelbraun, Bauch, Brust, Kehle und Laufinnenseiten weiß; *Winter*: Einfarbig weiß, (Farbwechsel nur in kälteren Klimaten); Rutenende immer schwarz

Zahnformel: $\frac{3131}{3132} = 34$

Fortpflanzung: *Ranz:* (Feb.) März–Juni/Juli; *Tragzeit:* 8–9 Wochen bzw. 8–9 Monate (inkl. Vortragezeit); *Jungenanzahl:* 4–6 (8)

Laute: Keckern, Zirpen, Pfeifen (kaum zu hören), hochfrequentes Schreien (Drohlaut)

Losung: 4–6 mm dicke, gedrehte Röllchen mit Beuteresten, manchmal breiig; oft an erhöhten Stellen abgesetzt

Tritt und Spur: Brantenabdrücke und Spurbilder entsprechen denen von Baum-, Steinmarder und Iltis, sind aber deutlich kleiner.

Jagd: In der BRD länderweise geschont; in A in Tirol und nach Schweizer JSG nicht jagdbar

Jagdarten: Überwiegend Fang mit Wippbrettfalle

Trophäen: Winterbalg, Ganzpräparat

Vorkommen und Lebensraum: Das Hermelin oder Große Wiesel kommt nördlich der Pyrenäen, Alpen und Karpaten in ganz Europa vor, in Nord- und Zentralasien (auch Japan), in Teilen Grönlands, Kanada und im Norden der USA.
Es ist bis in 3.400 m Höhe anzutreffen und lebt in Wäldern, Wiesen und Feldern, an Ufern und seltener am Rande von Siedlungen. Bevorzugter Lebensraum ist strukturreiche Feldflur mit Hecken, Feldgehölzen und Streuobstwiesen. Das Hermelin schätzt die Nähe von Feuchtbereichen, Gewässern und Wasserläufen.
Äußere Merkmale: Der lange, geschmeidige Körper des wendigen Hermelins steht auf recht kurzen Läufen. In den mit Ausnahme des letzten schwarzen Rutendrittels weißen Winterbalg (kleines Foto) färbt es nur in kälteren Lebensräumen um, in wärmeren ist es ganzjährig braunweiß. Sein Balg ist sehr wertvoll, Hermelinmäntel waren früher ein Vorrecht des Adels.
Ernährung: Hauptbeute des Hermelins sind Kleinsäuger, v. a. Mäuse, aber auch Ratten und Spitzmäuse. Es erbeutet daneben Reptilien und Amphibien, Würmer, Insekten, Fische und gelegentlich Vögel samt deren Gelegen, Junghasen und -kaninchen. Allein aufgrund der geringen Größe des Hermelins ist ein wirklich großer Niederwildanteil am Beutespektrum unwahrscheinlich.
Lebensweise und Ranz: Hermeline sind wohl überwiegend tagaktiv. Sie leben allein, nur Fähe und Jungtiere in ersten Lebenswochen im Verband. Als Unterschlupf wählen sie ähnliche Verstecke wie der Iltis und auch Maulwurfs- oder Hamsterröhren.
Das sichernde Hermelin stellt sich in typischer Pfahlhaltung senkrecht auf seine Hinterpfoten.
Die blinden Jungen werden mit weißen Härchen in einem gepolsterten Wurfnest geworfen und etwa 6 Wochen gesäugt. Ab der 4. bis 5. Woche bis zum ersten Winter tragen sie ein stumpf braunes Haarkleid.
Jagd: Der Fang mit der Wippbrettfalle ist die Regel. In manchen Bundesländern ist das Hermelin ganzjährig geschont.

Mauswiesel

Vorkommen und Lebensraum: Das Mauswiesel ist das kleinste Raubtier (*Carnivora*) der Erde und in der heimischen Wildbahn eines der häufigsten. In seinem Verhalten und seinen Gewohnheiten ist es in vielen Punkten dem Hermelin ähnlich. Mit Ausnahme Irlands, Islands und Zyperns kommt das Mauswiesel in ganz Europa und bis auf 3.000 m Höhe im Gebirge vor.
Es ist ein Tier der offenen Landschaft und bevorzugt sandige, trockene Bereiche wie Hecken, Brachen und trocken gefallene Gräben und Böschungen.
Äußere Merkmale: Vom Hermelin ist das Mauswiesel durch seine i. d. R. geringere Größe zu unterscheiden – schwächere Hermelinfähen und starke Mauswieselrüden können jedoch etwa gleich groß sein –, ferner durch die schwarze Rutenspitze des Hermelins und den braunen Wangenfleck des Mauswiesels, dessen Rute zudem auch proportional kürzer und weniger buschig ist. Mauswiesel und Hermelin kreuzen sich weder in freier Wildbahn noch in Gefangenschaft.

Ernährung: Hauptnahrung des Mauswiesels sind Mäuse, ferner erbeutet es andere Kleinsäuger (z. B. Bilche), Reptilien, Amphibien, Insekten, aber auch Klein- und Jungvögel sowie Eier. Aufgrund seiner geringen Größe stößt es bei anderen Tieren schnell an seine Grenzen.
Lebensweise und Ranz: Quartierwahl und sonstige Lebensweise des Mauswiesels entsprechen weitgehend denen des Großen Wiesels. Das kleine Mauswiesel kriecht auch in die Gänge von Mäusen. Die Jungen verlassen den Familienverband mit 2 bis 3 Monaten.
Jagd: Wie das Hermelin wird das Mauswiesel v. a. mit der Wippbrettfalle gefangen, genießt aber in einigen Bundesländern ganzjährige Schonzeit. Hat das Hermelin Jagdzeit, das Mauswiesel aber nicht (z. B. Sachsen, Niedersachsen und Sachsen-Anhalt) müssen die Fallen so konstruiert sein (z. B. mit entsprechend dimensionierter Fluchtöffnungen versehen), dass der Fang des Mauswiesels ausgeschlossen ist.

BIOLOGIE – IM REVIER

Art: Mauswiesel (*Mustela nivalis*)

KRL, Gewicht: ♂ 16–22 cm, 60–120 g, ♀ 12–17 cm, 30–60 g

Balg: Wie Hermelin im Sommer, aber ohne schwarzes Rutenende und mit braunem Wangenfleck

Zahnformel: $\frac{3131}{3132} = 34$

Fortpflanzung: *Ranz:* vermutlich ganzjährig, Schwerpunkt im Frühjahr; *Tragzeit:* 33–37; *Jungenanzahl:* bis zu 3-mal (?) (3)4–7(9)

Losung: Wie Hermelin, aber nur 2–3 mm dick

Tritt und Spur: Wie Hermelin, Tritte aber kleiner, Spurbilder mit geringeren Sprungweiten

Jagd: Fast ausschließlich Fallenfang mit Wippbrettfalle, sofern erlaubt

Fischotter

BIOLOGIE – IM REVIER

Art: Fischotter *(Lutra lutra)*

KRL, Gewicht: 65–90 cm, 7–15 kg

Balg: Dunkelbraun, Bauch und Brust heller grau-braun; dichtes, kurzes Haar

Zahnformel: $\frac{3141}{3132} = 36$

Fortpflanzung: Geschlechtsreif mit 1,5–2 Jahren; *Ranz:* Ganzjährig; *Tragzeit:* ca. 60–63 Tage; *Jungenanzahl:* 2–4 (slt. bis 6)

Laute: Keckern, Murren (Kontaktlaute), Pfeifen (Ranz), Kreischen (Abwehr- und Drohlaut)

Losung: Dunkelbraun bis grünlich schwarz, fast immer mit Fischschuppen und -gräten durchsetzt, traniger Geruch; meist erhöht am Ufer abgesetzt

Tritt und Spur: Tritt aus Haupt- und 5 Zehenballen mit kurzen Krallenabdrücken, Hinterbrante mit Fersenballen; vordere Tritte ca. 6 cm, hintere ca. 9 cm lang; Schwimmhäute nur in Weichboden und Schnee sichtbar; viele Spurbilder: 1. Gehen: Hintere Tritte hinter vorderen, wellenförmig geschürt, 2. Trab: Hinterbranten schließen auf oder überlappen vordere etwas, 3. Flucht: Paartritt, Dreitritt, „Hasenspur" oder vier Tritte diagonal hintereinander

Jagd: In der BRD und in A ohne Jagdzeit (in Tirol kein Wild), nach Schweizer JSG nicht jagdbar

Vorkommen und Lebensraum: Der Fischotter ist nach dem Dachs der zweitgrößte heimische Vertreter der Marder (*Mustelidae*). Sein Verbreitungsgebiet erstreckt sich auf ganz Europa und Asien bis etwas über den nördlichen Polarkreis hinaus, sowie auf Marokko und Algerien. Im Gebirge lebt er bis 2.500 m Höhe. In Europa ist er vielerorts verschwunden. Nach intensiven Schutzbemühungen existieren in Deutschland wieder stabile Vorkommen in MV, BB und SN, kleinere auch in BY, NI und SH. Auch in Österreich kommt die Art wieder vor.
Lebensraum sind klare Seen, naturnahe, mäandrierende Fließgewässer mit reicher Ufervegetation und saubere Küstengewässer.

Auf weichem Untergrund drücken sich die Schwimmhautränder des Fischotters ab.

Äußere Merkmale: Der schlanke Körper des Fischotters steht auf kurzen, stämmigen Läufen. Der abgerundete Fang ist mit vielen Tasthaaren besetzt. Die jeweils fünf Zehen der Vorder- und Hinterbranten sind durch Schwimmhäute verbunden. Die 35 bis 50 cm lange Rute verjüngt sich zur Spitze hin.
Ernährung: Hauptbeute sind Fische, die vom Kopf her verzehrt werden, daneben erbeutet der Otter Krebse, Frösche und Lurche, aber auch Wasservögel (Blässhühner, Enten) und Kleinsäuger (Bisam, Schermaus, Wasserspitzmaus). Die Beute wird meist an Land gefressen.
Lebensweise und Ranz: Ältere Fischotter leben oft einzelgängerisch, jüngere gesellig bzw. in Familienverbänden. Überwiegend nachtaktiv, unternehmen sie ausgedehnte Beutezüge in ihrem kilometerlangen Revier, die z. T. auch über Land führen. Rüden und führende Fähen leben territorial. Als Unterschlupf wählen sie Höhlen, von denen sie mehrere im Revier anlegen. Die zunächst blinden Jungen werden in hochwassersicheren Verstecken geworfen und bleiben bis zu 14 Monaten bei der Fähe.

Seehund

BIOLOGIE – IM REVIER

Art: Gemeiner Seehund (*Phoca vitulinae*)

KRL, Gewicht: 130–180 cm, 75–120 kg, Hündinnen schwächer als Rüden

Decke: Kurzhaarig, oberseits dunkle Flecke auf weiß- bis gelblich-grauem Grund, Bauchseite heller

Laute: Heiseres Bellen, Grunzen, Knurren (Drohlaut)

Zahnformel: $\frac{3141}{2141} = 34$

Fortpflanzung und Zuwachs: Geschlechtsreif mit 3 Jahren; *Ranz*: Juli – Aug. (Anf. Sept.).; *Tragzeit*: 11 Monate (inkl. 3 Mon. Vortragzeit); *Jungenanzahl*: 1, slt. 2

Parasiten: div. Würmer und Hauterkrankungen – **Infektionen**: Seehund-Staupe (PDV = *Phocine Distemper Virus*)

Jagd: Der Seehund hat in der BRD keine Jagdzeit und zählt in A und der CH nicht zum Wild.

Art: Ringelrobbe *(Phoca hispida)*

KRL, Gewicht: ca.100–170 cm, 30–70(110) kg

Decke: Kurzhaarig, helle Kringel auf bräunlichem Grund

Fortpflanzung: Geschlechtsreif mit 6–7 Jahren; *Ranz*: Juni–Aug.; *Tragzeit*: ca. 10–11 Mon., *Jungenanzahl*: 1(–2)

Jagd: Die Ringelrobbe unterliegt dem Naturschutzrecht.

Vorkommen und Lebensraum: Der Seehund ist in der Nordhalbkugel an den Küsten von Atlantik und Pazifik weit verbreitet. Er bevorzugt Küsten mit trocken fallenden Sandbänken, die Schutz vor Feinden bieten, lebt aber auch an geschützten Felsküsten. Die echten Polarregionen meidet er. Große Vorkommen leben im Wattenmeer und in der Deutschen Bucht, auch in der Ostsee kommen Seehunde vor.
Äußere Merkmale: Seehunde besitzen einen spindelförmige Körper, der mit Vorderflossen und Hinterflossen an den Lebensraum Wasser angepasst ist. Äußere Gehöre fehlen, die Nasenlöcher werden beim Tauchen verschlossen. Charakteristisches Kennzeichen des Gemeinen Seehunds sind die großen „Kinderaugen“ an dem relativ kleinen Kopf.
Alle Backenzähne des Seehunds sind spitz und annähernd gleich geformt.
Ernährung: Die Nahrung des Seehunds besteht aus Krebsen, Weichtieren und Fischen, die er geschickt selbst aus Fischernetzen erbeuten kann. Kleinere Beute wird unzerkaut verschlungen, die größeren Fische werden mithilfe der Vorderflossen und des Fangs zerrissen.

Lebensweise: Der standorttreue Seehund hält sich in Gruppen ohne feste Zusammensetzung und Sozialgefüge auf. Diese Gruppen ruhen v. a. im Sommer oft mehrere Stunden auf Sandbänken oder auch Felsen. Seehunde können bis über eine halbe Stunde tauchen.
Fortpflanzung: Seehunde paaren sich im Wasser. Das befruchtete Ei durchläuft vor der Entwicklung des Embryos eine dreimonatige Eiruhe. Die Hündin sondert sich zum Werfen von den Artgenossen ab und wirft ihr Junges an geschützten Klippen oder auf Sandbänken. Der Geburtsvorgang dauert nur kurz, da er bis zum nächsten Hochwasser beendet sein muss. Das Junge kommt mit einem wasserdichten Haarkleid zur Welt und folgt der Mutter nach kurzer Zeit ins Wasser. Jungtiere werden 5 bis 6 Wochen jeweils bei Niedrigwasser gesäugt und verdoppeln innerhalb des ersten Lebensmonats ihr Geburtsgewicht. Nach einer anschließenden kurzen Übergangszeit ernähren sie sich selbst.
Heuler sind von der Mutter verlassene Jungtiere. Ursache dafür können Störungen oder eine Zwillingsgeburt sein, bei

Seehund

Art: Kegelrobbe *(Halichoerus grypus* Fabr.)

KRL, Gewicht: ♂ ca.230–330 cm, 200–310 kg, ♀ 160–250 cm, 100–200 kg

Decke: Grau mit ovalen bis rundlichen Flecken, Bauchseite heller als Rücken

Fortpflanzung: ♂ geschlechtsreif mit 5–6, ♀ mit 6–10 Jahren; *Ranz*: Sept.–März, je nach Verbreitungsgebiet, *Tragzeit*: ca. 11–12 Mon., *Jungenanzahl*: 1

Jagd: Die Kegelrobbe unterliegt dem Naturschutzrecht

der die Hündin ein Jungtier aufgegeben hat. Verschiedene norddeutsche Aufzuchtstationen ziehen solche Heuler auf und wildern sie später wieder aus.
Gefahren: In den letzten Jahren wurden die Seehundbestände durch Seehundstaupe-Epidemien deutlich dezimiert (1988 ca. 18.000 tote Seehunde und 2002 ca. 22.000). Im Wattenmeer brachen die Bestände jeweils um mehr als die Hälfte ein. Eine Ursache für das Auftreten des Staupe-Virus sehen Fachleute in Überpopulationen des Seehundes, die sich trotz der Degradierung des Lebensraums durch Industrieabwässer, Ölverschmutzung und kommerzielle Überfischung der Nahrungsgründe entwickeln.
Jagd: Der Seehund muss nach BJG im Rahmen eines Abschussplans bejagt werden, hat in Deutschland aber nach der Bundesjagdzeitenverordnung und in den Ländern keine Jagdzeit mehr. Nur einzelne, erkennbar kranke Tiere werden von lizenzierten Seehundjägern abgeschossen. Bei der traditionellen Seehund-Jagd robbte der Jäger, einen Artgenossen vortäuschend, bis auf Schussentfernung an den an Land liegenden Seehund heran.

RINGELROBBE

Die Ringelrobbe besiedelt als weltweit häufigste Robbenart in 4 Unterarten unterschiedliche Lebensräume in der polaren und subpolaren Region und kommt in den kälteren Zonen der nordöstlichen Ostsee vor.
Die Jungtiere der Ringelrobbe verbringen die ersten Lebenswochen außerhalb des Wassers und tragen in dieser Zeit ein wolliges Fell, das sie wechseln, kurz bevor sie ins Wasser gehen. Die typische Ringelzeichnung ist bei ihnen oft noch nicht erkennbar, sodass sie zum Teil schwer von den Jungen des Seehunds zu unterscheiden sind.
Die Ringelrobbe kann mehrere hundert Meter tief nach Nahrung tauchen.

KEGELROBBE

Die Kegelrobbe lebt vorwiegend an den Küsten Islands, Großbritanniens, Irlands und der Faröer. In der Nordsee ist sie selten, kleine Kolonien bestehen bei der westfriesischen Insel Terschelling und westlich der Insel Amrum.
Neben ihrer Größe sind ihr länglicher Kopf und der kegelförmige Fang charakteristisch. Ihre Jungen tragen wie die der Ringelrobbe in den ersten Wochen ein wollig wirkendes Jugendfell.

Ringelrobbe (oben) und Kegelrobben

Wildkatze

Vorkommen und Lebensraum: Die Europäische Wildkatze ist mit Ausnahme der Alpen in ganz Zentraleuropa verbreitet. In Deutschland vor rund 50 Jahren vielerorts ausgerottet, werden in den Mittelgebirgen heute wieder über 2.000 Tiere geschätzt. Am häufigsten ist sie in der Eifel. Die Wildkatze ist ein typischer Waldbewohner („Waldkatze"). Sie bevorzugt nicht zu hoch gelegene Südlagen mit viel Unterholz und Felspartien, die ihr Verstecke bieten, und offenen Flächen als Nahrungsgründen.
Äußere Merkmale: Die Tritte der Wildkatze taugen nicht zur Unterscheidung von der Hauskatze, da kräftige Hauskatzen oder Vertreter größerer Katzenrassen ähnliche Tritte hinterlassen. Die Gefahr ihrer Verwechslung mit wildfarbenen Hauskatzen ist sehr groß. Auch der schwarze Fleck auf den Sohlen der Hinterbranten ist zu ihrer sicheren Bestimmung ungeeignet. Nicht zuletzt treten auch Blendlinge aus Wild- und Hauskatze auf.
Ernährung: Die Wildkatze erbeutet vorwiegend Kleinnager, bei Gelegenheit aber auch Vögel, Säuger bis zum Hasen, Insekten und Amphibien. Aas nimmt sie nur in ausgesprochenen Notzeiten.
Lebensweise: Der heimliche Einzelgänger hält sich fast nur am Boden auf und ist vorwiegend nachtaktiv. Wildkatzen leben territorial. Das Streifgebiet der Katze kann bis 3.500 ha, das des Kuders bis 5.500 ha groß sein.
Fortpflanzung: Die Jungen werden in Reisighaufen, Erdbauen, Felsnischen und ähnlichen Verstecken geworfen und ca. 4 Monate gesäugt, erhalten aber ab etwa 6 Wochen auch fleischliche Zusatzkost. Im Herbst sind sie selbstständig.
Sonstiges: In den Verbreitungsgebieten der Wildkatze ist bei der Entnahme wildernder Hauskatzen trotz des Risikos unerwünschter Bastardisierung Zurückhaltung geboten.

Größenrelation der Vorderbranten einer durchschnittlich großen Hauskatze (li.) und der Wildkatze

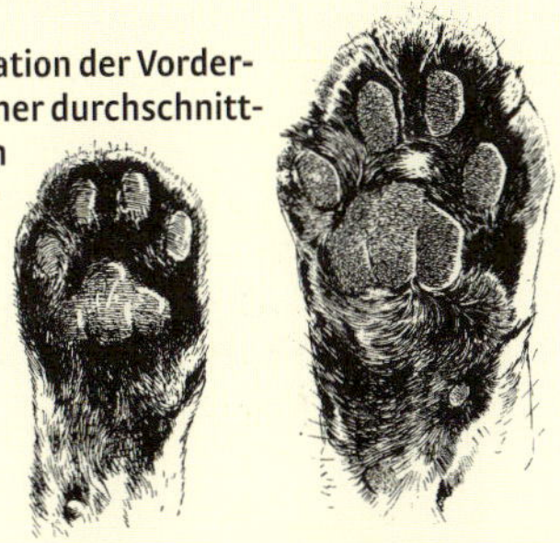

BIOLOGIE – IM REVIER

Art: Europäische Wildkatze (*Felis silvestris* SCHREBER)

KRL, Gewicht: ♂ 53–68 cm, 3,0–8,0 kg, ♀ 47–65 cm, 2,4–5,0 kg

Balg: Dicht behaart, Oberseite gelb-grau bis grau, mit 4–6 schwarzen, vorn meist unterbrochenen Längsstreifen auf Kopf und Nacken und unterbrochenen Querbinden auf Rücken und Flanken; Bauchseite oft heller gelblich; buschige Rute mit 3–4 schwarzen Ringen und schwarzem Ende

Zahnformel: $\frac{3131}{3121} = 30$

Fortpflanzung: *Ranz*: Feb./März.; *Tragzeit*: 63–69 Tage; *Jungenanzahl*: 2–4 (6)

Laute: Miauen, Schnurren, Knurren (Drohlaut), heiseres Schreien (Ranzlaut), Fauchen

Parasiten: Haarwürmer, Räude, Trichinen

Infektionen: Tollwut

Losung: Würste von gut 5 cm Länge und 1–1,5 cm Dicke, manchmal auch weich oder breiig; wird meist verscharrt

Tritt und Spur: Tritte wie Hauskatze, aber ca. 1 cm länger und breiter; Zehenballenabdrücke ohne Krallenabdrücke, Hauptballen am Hinterrand dreigelappt; Spurbilder wie Hauskatze

Jagd: In BRD und A ganzjährig geschont, in der CH nicht jagdbar

Luchs

BIOLOGIE

Art: Luchs (*Lynx lynx*)

KRL, Gewicht: ♂ 85–120 cm, 18–38 kg, ♀ 80–110 cm, 17–24 kg

Balg: Rücken und Seiten im *Sommer* gelblich grau bis rötlich, im *Winter* eher grau, mit schwarz-braunen, z. T. unscharf abgegrenzten Flecken, Bauchseite, Brust und Laufinnenseiten weiß; Ende der Stummelrute schwarz, pinselartige dunkle Haarbüschel an den Gehörspitzen.

Zahnformel: $\frac{3121}{3121} = 28$

Fortpflanzung: ♂ geschlechtsreif mit ca. 32, ♀ mit 21 Mon.; *Ranz*: (Januar) Feb.– März.; *Tragzeit*: 9–11 Wochen; *Jungenanzahl*: 2–3

Laute: Katzenartiges Schnurren , Fauchen (Drohlaut, Ranzlaut Katze), tiefes Jaulen (Ranzlaut Kuder)

Parasiten: Haarwürmer, Räude, Trichinen

Infektionen: Tollwut

Vorkommen und Lebensraum: Ursprünglich war der Luchs in einer breiten Zone von den Pyrenäen in einem breiten Gürtel bis nach Sibirien verbreitet, in Nordwesteuropa (Großbritannien, Niederlande, Norddeutschland, Dänemark) und in Nordskandinavien fehlte er. In Deutschland wurden die letzten Luchse Mitte des 19. Jahrhunderts getötet. In der ersten Hälfte des 20. Jahrhunderts war die Art in Westeuropa vollständig ausgerottet, konnte sich aber in großen Teilen Nord-, Ost- und Südosteuropas sowie in der sibirischen Taiga halten. Nach zahlreichen Einbürgerungen existieren heute wieder Vorkommen in den Alpen, im Jura, in den Vogesen und im Böhmerwald. In Deutschland kommt der Luchs wieder im Pfälzer Wald und infolge Einwanderung aus Tschechien in einzelnen Exemplaren im Bayerischen Wald vor. Ein Auswilderungsprojekt läuft im Nationalpark Harz, wo 2002 ein in freier Wildbahn geworfenes Geheck bestätigt werden konnte. Einzelne Luchse wurden in den letzten Jahren auch im Schwarzwald gesichtet.
Lebensraum des Luchses sind zusammenhängende, ruhige Waldgebiete, in denen seine Streifgebiete geschlechtspezifisch und in Abhängigkeit vom Beuteangebot 200–300 km² groß sein können.
Äußere Merkmale: Der Luchs besitzt einen kräftigen Körper, der auch relativ kompakter als der der Hauskatze ist, mächtige Pranken mit kräftigen Krallen, und eine nur etwa 30 cm lange, dicke Stummelrute. Charakteristisch sind sein mähnenartiger Wangenbart und die Haar-„Pinsel" an den Spitzen der Gehöre.
Ernährung: Der Luchs erbeutet Säugetiere von Mäusen und Nagern bis hin zu Rotwildkälbern, aber auch Vögel, wobei sich die Schwerpunkte je nach Verbreitungsgebiet variieren. In der Taiga stellen Schneehasen und Raufußhühner einen großen Anteil, im Alpenraum werden v. a.

Luchs

Reh- und Gamswild erbeutet und im Bayerischen Wald sind Rotwildkälber und auch Hasen von Bedeutung. In Siedlungsnähe reißt er gelegentlich auch Hausschafe. Aas nimmt er nur in Notzeiten.

Lebensweise: Der Luchs ist ein Einzelgänger, der in der Dämmerung und nachts jagt. Als Pirsch- und Lauerjäger schleicht er sich nach Katzenart an seine Beute heran oder lauert ihr auf, um sie, ggf. nach kurzem Spurt, anzuspringen und mit einem Biss in den Hals oder das Genick zu töten. Er hetzt seine Beute nie über längere Distanz.

Der Luchs frisst meist zuerst die Keulen seiner Beutetiere. Er bevorzugt offensichtlich Muskelfleisch, denn Innereien verschmäht er eher. Den Kadaver seiner Beute bedeckt er nach dem Mahl oft mit Erde oder Laub, um später zu ihm zurückzukehren. Wie weit er ein Beutetier verwertet, hängt von der Höhe des Beuteangebotes im Lebensraum und eventuellen Störungen am Riss ab. Bei voller Ausnutzung bleiben von der Beute nur Skelett, Verdauungstrakt, Haupt und Decke zurück. Seine streng riechende Losung verscharrt der Luchs oft nach Katzenmanier.

Ranz: Tendenziell findet die Ranz in den südlichen Verbreitungsgebieten früher statt als in den nördlichen. Der Kuder kontrolliert die Paarungsbereitschaft der Luchsin (Katze), beide bleiben über mehrere Tage zusammen. Die Luchsin wirft ihre Jungen in einem sicheren und schwer zugänglichen Versteck, einer Höhle, einer Felsnische o. Ä. Die Jungen werden bis zu 4 Monate gesäugt, schon nach wenigen Wochen trägt ihnen die Luchsin aber auch kleinere Beutetiere zu. Die Jungluchse bleiben bis zum nächsten Frühjahr bei der Luchsin.

Sonstiges: Die Wiedereinwanderung und -ansiedlung des Luchses wird kontrovers diskutiert. Landwirte befürchten Verluste unter dem Nutzvieh, Teile der Jägerschaft sehen eine ernste Gefahr für ihr Schalenwild, v. a. Rehwild. Belegt wird dies häufig mit einem Nahrungsbedarf von etwa 60 bis 70 Rehen je Luchs und Jahr, ohne freilich dessen Streifgebiet von 20.000 bis 30.000 ha zu berücksichtigen. Rein rechnerisch erbeutet der Luchs mit 0,2 bis 0,35 Rehe je 100 ha nur einen Bruchteil der jährlichen Jagdstrecken. Lokal mögliche, weit höhere Verluste werden immer nur zeitlich begrenzt auftreten, da der Luchs bei naturgemäß rasch nachlassendem Jagderfolg in Gebiete mit höherem Beuteangebot abwandert. Verluste unter Nutztieren sprechen bei klaren Entschädigungsregelungen auch nicht gegen die Wiederkehr des Luchses. Gleichwohl ist zu bezweifeln, ob sich dem größten europäischen Vertreter der Katzen (*Felidae*) in der heimischen Kulturlandschaft ausreichend ungestörte Lebensräume für eine nennenswerte Besiedlung der Wildbahn bieten.

IM REVIER

Losung: Ca. 1,5–2 cm dicke, dunkle Würste, gelegentlich auch weich bzw. breiig, i. d. R. mit reichlich Beutetierresten (Schalenwildhaare, Federn, Knochenteile) durchsetzt

Tritt und Spur: Tritte katzenartig rund, aber größer (7–9 cm Durchmesser, hintere etwas kleiner als vordere), *keine* Krallenabdrücke. Normalerweise tritt die Hinterbrante in Abdruck der Vorderbrante (Schlosstritt), sodass ein linienartiges Spurbild entsteht. In Schleich- und Fluchtspur sind Abdrücke aller Branten zu sehen, bei Flucht in getrennten Trittgruppen

Jagd: Der Luchs ist in der BRD und in A geschont, in der CH nicht jagdbar nach JSG

Braunbär

BIOLOGIE – IM REVIER

Art: Braunbär (*Ursus arctos*)

Familie: Bären (*Ursidae*)

KRL, Gewicht: 100–280 cm, 70–300 kg (♂ größer und schwerer als ♀)

Fell: Meist dunkelbraun, Variationen von gelbbraun über gräulich bis fast schwarz möglich

Zahnformel: $\frac{3142}{3143} = 42$

Fortpflanzung: *Bärzeit* Mai–Juli; *Tragzeit*: 7–8 Monate (inkl. mehrmonat. Eiruhe); *Jungenanzahl*: (1)2–3(4)

Laute: Spärliches Lautspektrum: Brumm-, Knurrlaute, Brüllen (Aggressions- und Drohlaut), Heulen, Quieken (Jungbären)

Fressfeinde: keine

Parasiten: Trichinen, Fadenwürmer, Flöhe, Zecken

Jagd: Wird in BRD, A und CH nicht bejagt; andernorts sind Jagd mit Hunden (Bärenhatz) und Ansitz am Luder verbreitet.

Trophäen: Fell, Kopf- oder Glanzpräparat

Vorkommen und Lebensraum: Ursprünglich mit verschiedenen Unterarten über die ganze Nordhalbkugel verbreitet, ist der Braunbär in West- und Mitteleuropa bis auf kleine Restvorkommen in Italien, den französischen Pyrenäen (Auswilderung) und Spanien ausgerottet. Die Populationen in Italien und den Südostalpen zeigen Ausbreitungstendenz. In Europa werden vor allem Hochlagenwälder mit offenen Landschaftspartien bewohnt.
Äußere Merkmale: Der Braunbär ist ein Sohlengänger. Sein Körper ist kräftig und gedrungen, der Kopf massig, der Schwanz mit unter 20 cm kurz. Das Fell aus sehr dichtem Unterhaar und langem Deckhaar erscheint vor allem im Winter zottelig und kann variantenreich gefärbt sein. Einer infolge grau-weißer Sprenkelung gräulichen (engl. „grizzled") Fellfarbe verdankt die Unterart in den Rocky Mountains den Namen „Grizzly". Die messerscharfen Krallen sind an Vorderbranten deutlich länger und kräftiger als an den Hinterbranten und können nicht wie bei Katzen eingezogen werden.

Ernährung und Lebensweise: Der Braunbär ist ein Allesfresser, der sich überwiegend von vegetarischer Kost (Gräser, Kräuter, Beeren, Obst) ernährt. Er kann Tiere bis Elchgröße überwältigen, reißt aber nur selten aktiv Beute. Tierische Kost nimmt er vor allem als Insekten und Aas auf. Sie sind ausgeprägte Einzelgänger, Bär und Bärin kommen nur zur Bärzeit zusammen. Im Winter halten sie in natürlichen oder selbst gegrabenen Höhlen Winterruhe. Sie sind sehr gute Schwimmer, vor allem Jungtiere klettern auch gut.
Fortpflanzung: Bären sind polygam. Die Bärzeit findet im Sommer statt. Nach 7 bis 8 Monaten Tragzeit inkl. Eiruhe werden in der Winterhöhle die Jungen, die mitunter von verschiedenen Vätern stammen, geworfen. Sie bleiben 2 Jahre bei der Mutter, bevor sie meist weit abwandern. Erst dann wird die Bärin wieder paarungsbereit. Gefahr droht den Jungbären deshalb vor allem von paarungswilligen Bären.
Jagd: Der Braunbär fällt nur in A länderweise unter das Jagdrecht (ganzjährig geschont).

Waschbär

Vorkommen und Lebensraum: Aus Nordamerika stammend, wurde der Waschbär zwischen 1927 und 1934 gezielt in Deutschland ausgesetzt, u. a. am hessischen Edersee. Unterstützt durch entflohene Zoo- und Pelzfarmtiere, hat er sich rasant ausgebreitet und ist heute in ganz Deutschland und weiten Teilen Mitteleuropas vertreten. Er meidet auch Dörfer und Städte nicht. Sein bevorzugter natürlicher Lebensraum sind altersgestaffelte Laub- und Mischwälder, möglichst mit Gewässer.
Äußere Merkmale: Der Kleinbär ist hinten stark überbaut und wirkt plump, seine Fortbewegung schwerfällig. Der Fang ist mit langen Tasthaaren besetzt. Auffälliges Kennzeichen ist die etwa 40 cm lange, schwarz quergebänderte Rute.
Ernährung: Zur Kost des typischen Allesfressers zählen Mäuse und andere Kleinnager, Vögel samt Gelege, gelegentlich wohl auch Junghasen oder -kaninchen, Würmer, Insekten und Fische, Getreide, Maiskolben, süße Beeren und Obst. Er besucht auch Mülldeponien und inspiziert Abfalleimer.

Lebensweise: Der fast ausschließlich nachtaktive Waschbär verbringt den Tag in Baumhöhlen, Fuchs- oder Dachsbauen, Holzpoltern oder auch in Scheunen und auf Hochsitzen. Bei dauerhaften Minustemperaturen hält er eine Winter*ruhe*. Das „Waschen" der Nahrung vor dem Verzehr (Name!) wurde bisher nur in Gefangenschaft beobachtet.
Fortpflanzung: Die Jungen werden in Verstecken, gern in Baumhöhlen, geworfen. Mit ca. 4 Monaten entwöhnt, verlassen sie kurz darauf den Familienverband.
Jagd: Der Waschbär wird als mutmaßlich großer Niederwildschädling von Jägern nicht gern gesehen. Die Jagd erfolgt v. a. mit Kastenfalle und Abzugseisen, üblich ist auch der Ansitz an Kirrplätzen.

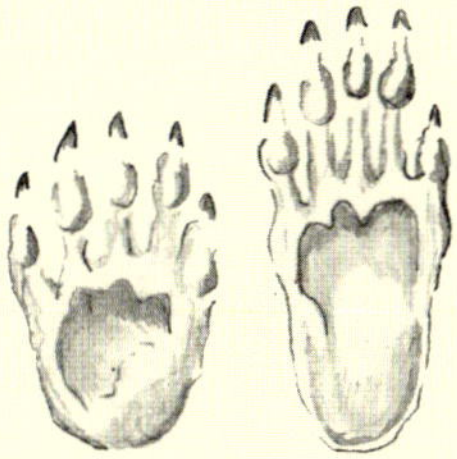

Waschbärtritte: Vorderbrante (li.) und Hinterbrante („Kinderfuß")

BIOLOGIE – IM REVIER

Art: Nordamerikanischer Waschbär (*Procyon lotor*), **Familie**: Kleinbären (*Procyonidae*)

Länge, Gewicht: 40–65 cm, 5–9 kg

Balg: Silber- bis braun-grau; Gesichtsmaske mit weiß abgesetztem schwarzem Querstreifen über den Sehern; schwarzbraun geringelte Rute

Zahnformel: $\frac{3142}{3142} = 40$

Fortpflanzung: *Ranz*: Feb./März.; *Tragzeit*: 63–64 Tage; *Jungenanzahl*: 2–7

Laute: Keckern, Knurren, Trillern

Parasiten: Magen-, Darm-, Lungenwürmer, Bandwürmer, Räude, Trichinen – **Infektionen**: Tollwut

Losung: Wechselnde Konsistenz, im Sommer und Herbst mit Obst- und Beerenresten

Tritt und Spur: 5 Zehen- nebst Krallenabdrücken, vordere Tritte ca. 7 x 5,5 cm (LxB), hintere 9 x 5 cm (kinderfußähnlich); Spurbilder: Passgang, Dreitritt, Fluchtspur mit allen 4 Tritten

Sonstige Zeichen: „Latrinen", Kratzspuren an Schlafbäumen

Trophäen: Balg, Ganzpräparat

Jagd: Hat in den meisten Bundesländern der BRD vorbehaltlich 22 (4) BJG, in A (Ausnahme Vorarlberg) und nach Schweizer JSG ganzjährig Jagdzeit.

Das Federwild

- **Hühnervögel** (*Galliformes*)
  - **Fasanenartige** (*Phasianidae*)
    - **Glattfußhühner** (*Phasianinae*): Fasan
    - **Feldhühner** (*Perdicinae*): Rebhuhn, Wachtel
    - **Raufußhühner** (*Tetraoninae*): Auer-, Birk-, Rackel- u. Haselwild, Alpenschneehuhn
    - **Truthühner** (*Meleagridinae*): Wildtruthuhn
- **Gänsevögel** (*Anseriformes*)
  - **Entenvögel** (*Anatidae*)
    - **Gänse** (*Anserinae*)
      - **Echte Gänse** (Tribus *Anserini*) – Feldgänse: Grau-, Saat- u. Blässgans/ Meergänse: Ringel-, Weißwangen- u. Kanadagans
      - **Schwäne** (*Cygnini*): Höcker-, Sing- u. Zwergschwan
    - **Halbgänse** (*Tadorninae*): Brandente, Nil- und Rostgans
    - **Enten** (*Anatinae*)
      - **Schwimmenten** (*Anatini*): Stock-, Krick-, Spieß-, Pfeif-, Schnatter- u. Löffelente
      - **Tauchenten** (*Aythyini*): Reiher-, Berg-, Kolben- u. Tafelente
      - **Meeresenten und Säger** (*Mergini*): Schell- u. Eiderente, Gänse-, Mittel- u. Zwergsäger
- **Lappentaucher** (*Podicipediformes*): Hauben, Rothals-, Zwergtaucher
- **Ruderfüßer** (*Pelecaniformes*): Kormoran

Unter dem Begriff Federwild werden alle Vogelarten zusammengefasst, die dem Jagdgesetz unterliegen, also – vorbehaltlich einer Jagdzeit – bejagt werden dürfen. Doch gerade beim Federwild sind die Besätze einiger Arten so stark zurückgegangen, dass sie in Deutschland schon lange keine Jagdzeit nach der Bundesjagdzeitenverordnung bzw. den Bestimmungen der Bundesländer mehr haben. Ist dies der Fall, wie zum Beispiel beim Auer- und Birkwild, spricht man von ganzjährig *geschonten* Arten im Gegensatz zu *geschützten* Tieren, die nicht dem Jagdrecht, sondern dem Naturschutzrecht unterliegen.
Von den Arten, die zumindest in Deutschland kein „Wild" im Sinne der Jagdgesetze sind, werden im folgenden zweiten Teil des Buches auch einige beschrieben. Viele kommen nämlich in manchen unserer Jagdreviere und gelegentlich auch in der Jägerprüfung vor. Ihre Merkmale und Besonderheiten sollte der interessierte Jäger deshalb kennen.

So vielfältig, wie das große Spektrum des Federwilds mit dem schillernden Fasan, den mächtigen „Urhahn", den bunten Entenarten, den majestätischen Adlern und vielen anderen Vögeln ist, so unterschiedlich sind die Entwicklungen und Bestandssituationen der Arten. Das wird an zwei Gruppen besonders deutlich.

› Sorgenkinder Hühnervögel

Zu den „Verlierern" einer vorwiegend wirtschaftlich orientierten Landnutzung und Landschaftsgestaltung zählen zweifelsohne die Hühnervögel, deren Besätze in Deutschland und nicht nur hier in den letzten Jahrzehnten dramatisch zurückgegangen sind. Auer-, Birk- und Haselwild sind seit vielen Jahren auf kleine Restvorkommen beschränkt, die heutigen Rebhuhnvorkommen sind nur noch ein blasser Abglanz früherer Zeiten. Selbst der Fasan kann vielerorts nur durch kontinuierliche Auswilderung nachgezogener Vögel gehalten werden. Diese Arten unterliegen überdies einem zunehmend stärkeren Druck durch stark angestiegene Besätze ihrer Fressfeinde. Zu nennen ist hier erneut vor allem der Fuchs, der als Nahrungsopportunist den Rückgang bestimmter Beutetiere vergleichsweise einfach verkraftet, indem er auf andere und nicht zuletzt das vielfältige Nahrungsangebot unserer Zivilisationsgesellschaft ausweicht. Zu erwähnen sind aber auch der Dachs, die seit einigen Jahren nur noch beschränkt bejagbaren Rabenvögel und zuletzt wohl auch einzelne der voll geschonten Greifvogelarten.

› Jäger tun etwas

Die Jägerschaft engagiert sich in vielfältiger Weise für den Schutz und Erhalt bedrohter Federwildarten, sei es durch Maßnahmen der Lebensraumverbesserung wie die Anlage äsung- und deckungspendender Biotopstrukturen in ausgeräumten Feldlandschaften, sei es durch die Mitarbeit in Schutzprojekten (z. B. in der Arbeitsgruppe Raufußhühner in Baden-Württemberg) oder den fallweisen Verzicht auf Bejagung, sofern sie wie beim Rebhuhn noch möglich ist. Ob es gelingt, den Belangen der Hühnervogelarten auch bei anderen Interessensgruppen und in der weiteren Landschaftsentwicklung Gehör zu verschaffen und sie wieder stärker und dauerhaft in der heimischen Wildbahn zu etablieren, wird die Zukunft zeigen.

› Im Aufwind: Wildenten …

Die größte Gruppe innerhalb des Federwilds bilden die Wasservögel, die zusammen mit den im und am Wasser lebenden Haarwildarten Fischotter, Seehund und (in manchen Bundesländern) Nutria zum *Wasserwild* gezählt werden. Ihre jagdlich wichtigsten Vertreter sind die Wildenten und Wildgänse, die fast ausnahmslos zu den „Siegern" der letzten Jahrzehnte gehören. Die weltweiten Bestandszahlen der meisten Wildenten- und Wildgänsearten sind seit etwa Mitte des letzten Jahrhunderts kontinuierlich angestiegen. Die Stockente ist an nahezu allen Gewässern vertreten und vielerorts zum zahmen Großstadtvogel geworden. Aber auch andere Entenarten wie z. B. die Reiher- und die Tafelente haben eine rasante Aufwärtsentwicklung erfahren.

… und Wildgänse

Die meisten Gänsearten waren vor noch gar nicht langer Zeit so scheu, dass sie im Wattenmeer nur weit außerhalb der Deiche im Vorland rasteten und ästen. Infolge gestiegener Bestandszahlen mit entsprechend erhöhtem Äsungsbedarf und nicht zuletzt auch der Eindeichung großer Vorlandflächen an der Nordsee lassen sich heute vielfach große Gänsescharen binnendeichs nieder und verursachen dort nicht unerhebliche Schäden auf landwirtschaftlichen Flächen. Hier werden immer wieder Forderungen nach einer Ausweitung der jagdlichen Regulierungsmöglichkeiten laut.

- › **Wat- und Möwenvögel** (*Charadriiformes*)
  - **Schnepfenvögel** (*Scolopacidae*): Waldschnepfe, Bekassine, Großer Brachvogel
  - **Möwen** (*Laridae*): Lach-, Silber-, Sturm-, Herings-, Mantelmöwe
- › **Taubenvögel** (*Columbiformes*): Ringel, Türken-, Hohl-, Turteltaube
- › **Schreitvögel** (*Ciconiiformes*): Graureiher, Weiß- u. Schwarzstorch
- › **Kranichvögel** (*Gruiformes*)
  - **Rallen** (*Rallidae*): Blässhuhn, Grünf. Teichhuhn
  - **Trappen** (*Otididae*): Großtrappe
  - **Kraniche** (*Gruidae*): Kranich
- › **Greifvögel und Altweltgeier** (*Accipitriformes*)
  - **Habichtartige** (*Accipitridae*): Stein-, See- u. Fischadler, Habicht, Sperber, Mäuse-, Raufuß- u. Wespenbussard, Roter und Schwarzer Milan, Rohr-, Korn- u. Wiesenweihe
  - **Falken** (*Falconidae*): Wander-, Turm- u. Baumfalke, Merlin
- › **Eulen** (*Strigiformes*)
  - **Eigentliche Eulen** (*Strigidae*): Uhu, Wald-, Stein-, Raufuß- u. Sperlingskauz, Wald- u. Sumpfohreule
  - **Schleiereulen** (*Tytonidae*): Schleiereule
- › **Sperlingsvögel** (*Passeriformes*)
  - **Rabenvögel** (*Corvidae*): Kolkrabe, Raben, Nebel- u. Saatkrähe, Dohle, Elster, Eichel- u. Tannenhäher

Rebhuhn

BIOLOGIE

Art: Rebhuhn (*Perdix perdix*)

Maße, Gewicht: GL 29–31 cm, SW 45–48 cm, 350–450 g

Aussehen: Kopf und Kehle rotbraun, Hals, Brust und Bauch grau mit gebogenen braunem Bauchfleck (Hennen manchmal), Seiten braun gebändert, untere Stoßfedern rotbraun, Flügeldeckfedern mit hellem Schaftstrich, Schnabel und Ständer grau; ♂ klarer gezeichnet, Bauchfleck groß und auffällig; im Frühjahr rote Hautlappen hinter den Augen, ♀ mit zusätzlichen *hellen Querbinden* auf Flügeldeckfedern, ausgeprägtem hellen Überaugenstreif, Bauchfleck ggf. nur reduziert

Fortpflanzung: *Balz:* März/Apr.; *Brutdauer*: 24–26 Tage, *Gelegegröße*: 10–25

Laute: Kontakt- und Sammelrufe der Altvögel, schnarrender Revierruf des Hahns

Parasiten: Rotwurm, Haarwürmer – **Infektionen**: Geflügelpest, Geflügelpocken, Pasteurellosen (Geflügelcholera)

Fressfeinde: Alles Haarraubwild, Greifvögel (Habicht, Bussard, Rohr- und Kornweihe), wildernde Katzen; *Gelege*: Bisam, Wanderratte, Igel, Möwen, Rabenvögel

Vorkommen und Lebensraum: Innerhalb der Ordnung Hühnervögel (*Galliformes*) zählt das Rebhuhn zur Familie der Fasanenartigen (*Phasianidae*) und zur Unterfamilie der Feldhühner (*Perdicinae*). Sein Verbreitungsgebiet umfasst alle Flachlagen Europas mit Ausnahme Islands, weiter Teile Skandinaviens und der Iberischen Halbinsel, Griechenlands und der Mittelmeerinseln. Die Besätze sind jedoch in den meisten Gebieten seit langem ständig rückläufig.
Das Rebhuhn lebt in Kulturlandschaften mit Deckung bietenden Hecken, Rainen und Gebüschen, in Heiden und in Steppenlandschaften.
Ernährung: Rebhühner sind in hohem Maße auf Wildkräuter angewiesen. Sie äsen v. a. deren Samen, aber auch Knospen, Blüten und Blätter. Sie nehmen auch Getreidekörner und, v. a. im Winter, die Blattspitzen von Gräsern und Saaten. Die tierische Kost des Rebhuhns umfasst Insekten aller Art und ist lebenswichtige Nahrung für die Küken in ihren ersten Lebenswochen.

Lebensweise: Rebhühner leben im Frühjahr paarweise („Paarhühner"). Nach dem Schlüpfen bilden das Paar und ihre Küken Familienverbände, so genannte *Ketten*, die sich v. a. in Herbst und Winter zu einem *Volk* zusammenschließen können. Der Hahn wacht über die brütende Henne und beteiligt sich später auch an der Führung der Küken.
Rebhühner sind tag- und dämmerungsaktiv und leben nur am Boden. Auch nachts baumen sie nie auf. Gefahren versuchen sie sich i. d. R. zunächst laufend und in Deckung zu entziehen. Ihr Flug ist schwerfällig, aber schnell, verläuft immer geradeaus und im Wechsel aus raschen Flügelschlägen und kurzen Gleitphasen, die dabei zurückgelegten Distanzen sind nur kurz.
Zur Gefiederpflege nehmen Rebhühner gern Sandbäder – sie *hudern* –, bei denen sie charakteristische *Huderpfannen* hinterlassen.
Fortpflanzung: Rebhühner leben monogam. Ausgangs des Winters finden sich die Paare, die anschließend ein Revier

Rebhuhn

besetzen und gegenüber Artgenossen verteidigen. Die Brutpaardichte eines Gebiets schwankt in Anhängigkeit von dessen Deckungsangebot stark. Die Balz dauert nur wenige Tage. Bei frühzeitigem Gelegeverlust wird meist ein Nachgelege mit deutlich weniger Eiern gelegt.
Die Eier legt die Henne in eine Mulde, die sie nach oben sichtgeschützt unter Hecken, in trockenen Gräben oder Wegrainen scharrt.
Alle Küken schlüpfen in nur wenigen Stunden und folgen den Eltern sofort nach (Nestflüchter). Die Kette bleibt bis zur nächsten Paarbildung zusammen.
Hege: Die Hege des Rebhuhns beinhaltet v. a. Maßnahmen der Lebensraumverbesserung wie die Schaffung Deckung und Äsung bietender Acker- und Wegrandstreifen – das Rebhuhn braucht Grenzlinien –, das Belassen von Brachen, die Anlage von rebhuhntauglichen Niederwildäckern u. Ä. Hohe Strukturen wie z. B. Feldgehölze sind, da potenzielle Anwartplätze für Greifvögel, eher ungeeignet. Rebhuhnschütten mit Sämereien, Hirse, Getreide u. a. erhöhen das Äsungsangebot, sind aber auch magischer Anziehungspunkt für Fressfeinde. Ein weitgehender Verzicht auf Pestizide und Herbizide in der Landwirtschaft sichert dem Rebhuhn ein vielfältiges Insekten- und Wildpflanzenangebot. Die Bejagung der Fressfeinde, soweit möglich, ist ein wichtiger Hegebeitrag des Jägers.
Jagd: Auf die Bejagung des Rebhuhns wird in manchen Revieren verzichtet. Ggf. erfolgt die Jagd v. a. auf der Suche mit dem Vorstehhund. Nur schwache Ketten sollten bejagt werden, da sie ohnehin höhere Winterverluste erleiden als starke.

Flügeldeckfedern von Rebhahn und -henne: Letztere zeigen feine, helle Querbinden.

IM REVIER

Gestüber: Normalgestüber 1–2 cm, walzen- bis keulenförmig, gedreht, Farbe grün-braun, braun, grau oder schwarz; stumpfe Enden, eines mit weißem Harnsäureüberzug; Brutgestüber der Henne klumpig; Blinddarmgestüber schwärzlich und breiig

Tritt und Geläuf: 4–5 cm lang; „Hühnerfuß" aus drei Vorderzehen (Mittelzehe länger) und Krallenabdruck der leicht abgewinkelten Hinterzehe; Geläuf aus linienartigen hintereinander stehenden Tritten

Einzeltritt des Rebhuhns

Sonstige Zeichen: Huderpfannen (Sandbadestellen)

Jagdarten: Suchjagd, Treibjagd

Altersmerkmale: Junghühner im 1. Jahr mit grau-braunem Kopf, gelblichen Ständern, schwarzem Schnabel und spitzen äußeren Handschwingenfedern

Fasan

BIOLOGIE

Art: Fasan (*Phasianus colchicus*)

Maße, Gewicht: GL 53–89 cm, SW 70–90 cm, 900–1.400 g (♂ größer und schwerer als ♀)

Aussehen: ♂ sehr bunt: Federohren, Nacken und Hals metallisch schwarz-grün, Hals fallweise durch weißen Ring unten begrenzt, rote Rosen und Hautlappen über bzw. unter den Augen; Brust schwarz und kupferrot gemustert, Rücken und Schwingen braun gemustert; langer, rot-braun gebänderter Stoß; Ständer mit Sporn; ♀ kleiner, unscheinbarer hell und dunkelbraun gemustert, kürzerer Stoß, alte Hennen mit kurzem, stumpfem Sporn

Fortpflanzung: *Balz*: Ende März/Anf. Apr.–Mai/Juni; *Brutdauer*: 24–25 Tage, *Gelegegröße*: 10–15

Laute: Lauter Revierruf des Hahns („Gocken"), leises Pfeifen der Henne

Parasiten: Rotwurm, Haarwürmer

Infektionen: Geflügelpest, Pasteurellosen (Geflügelcholera)

Fressfeinde: Alles Haarraubwild, Habicht; *Gelege*: Fuchs, Waschbär, Dachs, Schwarzwild, Igel, Wanderratte, Rabenvögel

Unterarten, Vorkommen und Lebensraum: Der Fasan gehört der Unterfamilie Fasane oder Glattfußhühner (*Phasianinae*) innerhalb der Familie der Fasanenartigen (*Phasianidae*) an. Schon in antiker Zeit wurde die Unterart des Böhmischen oder Westkaukasischen Jagdfasans (*Ph. c. colchicus*) aus ihrer Urheimat Zentralasien nach Mitteleuropa und England verbracht. Im Verlauf des 19. Jahrhunderts gelangten der Chinesische Ringfasan (*Ph. c. torquatus*), aus Japan der Bunt- oder Schillerfasan (*Ph. c. versicolor*) und aus Kaschastan und Kirgisistan der Mongolische Fasan (*Ph. c. mongolicus*) in unsere heimische Wildbahn. Nach dem äußeren Erscheinungsbild haben sich hier v. a. der Böhmische Jagdfasan (ohne Halsring) und der Chinesische Ringfasan (mit Halsring) durchgesetzt.
Der klassische Kulturfolger besiedelt in seinen unterschiedlichen Variationen fast alle Landschaftstypen der Ebene und tieferen Mittelgebirgslagen, bevorzugt aber parkähnliche Offenlandschaften in der Ebene mit Wiesen, Feldern, Hecken, Feldgehölzen und Gewässern, aueähnliche oder auch Weinbaulandschaften. Reine Waldgebiete, schneereiche Lagen und Höhenlagen über 500 m sind ungeeignet.
Ernährung: Der Fasan äst wie das Rebhuhn pflanzliche und tierische Kost. Letztere dominiert im Sommer und ist Nahrungsgrundlage der frisch geschlüpften Küken. Sie besteht aus zahlreichen Insekten und deren unterschiedlichen Entwicklungsstadien, Würmern, Schnecken aber auch Jungmäusen. V. a. ab Herbst werden verstärkt Getreidekörner, Samen, Früchte, aber auch Eicheln und Bucheckern, verschiedene Beeren, Kräuter und Knospen geäst. In den Muskelmagen werden mit der Nahrung kleine Steinchen zu deren Zerkleinerung aufgenommen.
Lebensweise: Außerhalb der Balz lebt der Fasan eher gesellig. Wie das Rebhuhn

Fasan

ist er ein Bodenvogel, der sich vor allem – mit erstaunlicher Geschwindigkeit – laufend fortbewegt und sich auch bei Gefahr sehr lange in der Bodendeckung drückt. In der Nacht baumt er auf Bäumen und Büschen auf. Sein Flug ist schnell und geradlinig, er steigt geräuschvoll und steil auf.

Balz und Fortpflanzung: Fasane leben polygam, ein Hahn tritt mehrere Hennen und beteiligt sich nicht an der Kükenaufzucht. Das auffällige Balzverhalten des Fasanenhahns ist von den lauten Balzrufen, Gefiedersträuben und hartem Flügelschlagen gekennzeichnet, mit dem er seinen Balzplatz gegen andere Hähne verteidigt. Harte Auseinandersetzungen zwischen Hähnen sind durchaus üblich.

Die Henne legt ihre Eier in eine selbst gescharrte flache Mulde in dichte Deckung. Nachgelege bei Gelegeverlust sind möglich.

Die Nestflüchter-Küken sind mit etwa 8 Wochen weitgehend selbstständig und baumen dann schon auf, die *Gesperre* (Henne und Küken) bleiben aber bis zum Herbst zusammen.

Hege: Die Bausteine der Fasanenhege entsprechen grundsätzlich denen der Rebhuhnhege, umfassen also v. a. Biotoppflegemaßnahmen zur Verbesserung des Äsungs- und Deckungsangebotes, aber auch die Bejagung natürlicher Feinde. Die Auswilderung in Volieren nachgezogener Tiere – beim Fasan üblicher als beim Rebhuhn – kann nur bei geeigneten Voraussetzungen im Revier zu einer nachhaltigen Besatzverbesserung führen.

Jagd: Beim polygam lebenden Fasan wird ein Geschlechterverhältnis von 1 Hahn auf 3 bis 4 Hennen angestrebt. Neben der Suchjagd ist auch die Treibjagd im Feld oder im Wald üblich. Der Schuss auf laufende („Infantristen") oder aufgebaumte Fasane gilt als nicht waidgerecht.

Sporn eines älteren Fasanenhahns

IM REVIER

Gestüber: Normallosung wie Rebhuhn, mit weißem Harnsäureüberzug an einem Ende, aber 3–3,5 cm lang; klumpiges Brutgestüber der Henne; schwärzliche und breiige Blinddarmlosung

Tritt und Geläuf: Wie Rebhuhn, aber mit 6–8 cm Länge × 5–7 cm Breite deutlich größer, Krallenabdrücke relativ kräftiger

Sonstige Zeichen: Schlafbäume, Huderpfannen

Jagdarten: Suchjagd, Treibjagd

Altersmerkmale: Sporn (ungenau: bei Hähnen desselben Jahrs meist unter 1 cm Länge und stumpfer als bei mehrjährigen); alte Hennen bilden ebenfalls kurze, stumpfe Sporne

Böhmischer Jagdfasan (gr. Foto S. 72), Ringfasan (li. Foto) und Fasanenhenne

Wachtel

BIOLOGIE – IM REVIER

Art: Wachtel (*Coturnix coturnix*)

Maße, Gewicht: GL 16–18 cm, SW 32–35 cm, 70–135 g

Aussehen: Rebhuhnähnlich, aber deutlich kleiner; Rücken und Schwingen gelblich braun gefleckt mit schwarzen und hellen Streifenmustern, Unterseite weißlich grau mit rötlich braunem Anflug auf der Brust; ♂ mit schwarz-brauner Kehle

Fortpflanzung: *Balz:* Apr./Mai; *Brutdauer*: 18–19 Tage, *Gelegegröße*: 7–12 (15)

Tritt und Geläuf: Wie Rebhuhn, Einzeltritt aber nur 2–2,5 cm lang

Laute: Revierruf des Hahns („Wachtelschlag")

Parasiten: Rotwurm, Haarwürmer

Infektionen: Geflügelpest, Pasteurellosen (Geflügelcholera)

Gestüber: Wie Rebhuhn, aber kleiner

Jagd: Die Wachtel ist in der BRD jagdbar, aber ganzjährig geschont. In A ist sie in den meisten Bundesländern jagdbar, hat aber keine Jagdzeit, in der CH ist sie nicht jagdbar nach JSG.

Vorkommen und Lebensraum: Die Wachtel gehört wie das Rebhuhn zur Unterfamilie der Feldhühner (*Perdicinae*) und ist als Brutvogel in fast ganz Europa beheimatet. Sie fehlt in Skandinavien, Island, großen Teile Irlands und im Nordosten Europas. In Mitteleuropa schwankten ihre Zahlen – wahrscheinlich in Korrelation zu großräumigen Klimaveränderungen – immer stark, in Deutschland kommt sie bei mutmaßlich steigender Tendenz derzeit weiterhin nur in geringen Zahlen vor.
Die Wachtel lebt in Ackergebieten mit hohem Getreideanteil, wildkräuterreichen Brachflächen und feuchten Wiesen der Ebene. Ihre Überwinterungsquartiere liegen in Afrika (südlich der Sahara).

Ernährung: Wie Rebhuhn und Fasan nimmt die etwa starengroße Wachtel pflanzliche und tierische Kost, die Küken ernähren sich in den ersten Lebenswochen hauptsächlich von weichen Kerbtieren. Das Nahrungsspektrum gleicht dem des Rebhuhns.

Lebensweise: Die Wachtel ist der einzige Zugvogel unter den heimischenHühnervögeln. Der Zug in die Winterquartiere erfolgt ab August/September bis etwa November. Die Vögel ziehen in der Nacht und in Gruppen. Im April/Mai kehren sie in die heimischen Brutgebiete zurück.
Wie das Rebhuhn lebt die Wachtel nahezu ausschließlich am Boden und bewegt sich vorwiegend laufend. Sie fliegt nur kurze Strecken, flach über dem Boden und mit raschen Flügelschlägen.

Fortpflanzung: Wachteln gelten als polygam. Unmittelbar nach der Rückkehr ins Brutgebiet beginnt die von den Revierrufen der Hähne begleitete Balz. Die Hähne verhalten sich stark territorial und scheuen keine Auseinandersetzung mit Rivalen. Die Eier werden in gedeckt angelegte flache Nestmulden gelegt, bei Gelegeverlusten kommt es zu Nachgelegen, meist im Juli. Die Küken sind wie alle Hühnervögel Nestflüchter, werden aber nach dem unmittelbaren Verlassen des Nests noch einige Wochen von der Henne geführt.

Haselwild

Vorkommen und Lebensraum: Das Haselwild ist das kleinste heimische Raufußhuhn. Wie die übrigen ist es sehr selten geworden. Europäische Vorkommen existieren noch in den Alpen, manchen Mittelgebirgen, Skandinavien und Osteuropa. In Deutschland kommt es im Bayerischen Wald und Schwarzwald, im Taunus, im Harz, in der Eifel und im Siegerland vor, in Österreich ist es noch häufiger. Es lebt in Laubwäldern und Laubmischwäldern mit Äsung spendendem Unterholz und Beersträuchern.
Mittel- und Niederwaldbetrieb kommt dem Haselwild entgegen. Der Rückgang des Haselwilds ist wie bei Auer- und Birkhuhn vorrangig dem Verlust geeigneter Lebensräume geschuldet.
Ernährung: Haselwild nimmt im Winter und Frühjahr bevorzugt die Kätzchen von Haselnuss, Birke, Erle, Weide und Pappel sowie aufbrechende Knospen, im Sommer vermehrt tierische Kost aus Insekten und gern auch Ameisenpuppen. Ferner äst es Sämereien und Gräser.

Lebensweise: Wie alle heimischen Raufußhühner lebt das Haselwild vorwiegend am Boden, meist in der Deckung von Sträuchern oder Unterholz. Es läuft schnell, fliegt aber auch sehr gut.
Vom Herbst bis zur Brutzeit lebt das Haselwild paarweise, während des restlichen Jahres findet es sich gelegentlich in kleineren Gruppen zusammen, die aber im Regelfall nur kurzzeitig bestehen.
Balz und Fortpflanzung: Die Paarbildung des Haselwilds findet bereits im September/Oktober statt, die eigentliche Balz im darauf folgenden Frühjahr. Haselwild lebt monogam. Traditionelle Balzplätze wie beim Auerwild sind vom Haselwild nicht bekannt. Seinen meisenähnlichen Ruf lässt der Haselhahn oft aus halber Höhe von Bäumen erklingen.
Die in einer versteckten Nestmulde erbrüteten Küken sind mit 2 bis 3 Wochen flugfähig. Der Hahn beteiligt sich an deren Führung, mit der Paarbildung im Herbst lösen sich die Gesperre auf.

BIOLOGIE – IM REVIER

Art: Haselhuhn (*Tetrastes* oder *Bonasa bonasia*)

Maße, Gewicht: GL 35–37 cm, SW 48–54 cm, 310–490 g

Aussehen: Oberseits rost-braun bis grau-braun mit weißen, schwarzen und braunen Flecken, Unterseite heller, weißlich braun gefleckt; braune Kopfhaube (Holle), grauer Stoß mit schwarzer Endbinde; Schmale rote Rosen über den Augen, ♂ Kehle schwarz, beidseits und unten weiß abgesetzt, ♀ weißliche Kehle, keine Holle

Fortpflanzung: *Balz*: März/April; *Brutdauer*: 21–25 Tage, *Gelegegröße*: 7–12

Laute: „Spissen" (Revierruf des Hahns), „Bisten" (Lockruf der Henne)

Fressfeinde: Alle im Lebensraum vorkommenden Beutegreifer und Gelegeräuber

Gestüber: Normalgestüber 1,5–2 cm lang, 6–7 mm breit; im Winter oft mit Resten von Blütenkätzchen

Sonstige Zeichen: Sandbadestellen (Huderpfannen)

Jagd: Das Haselwild hat in der BRD keine Jagdzeit. In A wird in machen Bundesländern der Hahn bejagt, in der CH ist es nicht jagdbar.

Auerwild

BIOLOGIE

Art: Auerhuhn (*Tetrao urogallus*)

Maße, Gewicht: ♂ GL 82–110 cm, SW 110–135 cm, 3,5–6 kg, ♀ GL 49–65 cm, SW 87–105, ca. 1,5–3 kg

Aussehen: Ausgeprägter Geschlechtsdimorphismus ♂ Kopf und Stingel (Hals) blauschwarz, schwarzer Kehlbart, metallisch grüne Schwingen braun mit weißem Bugfleck; leuchtend rote Rosen über den Augen; schwarzer Stoß abgerundet; kräftiger, leicht gebogener Schnabel, ♀ Kleiner und unscheinbarer gefärbt: rost- bis gelblich braun mit dunkelbraunen Querbändern und rostrotem Brustschild; im Winter Zehenränder beider Geschlechter mit hornigen Federn (irreführend „Balzstifte") besetzt

Fortpflanzung: *Balz:* (März) April/Mai; *Brutdauer*: 26–28 Tage, *Gelegegröße*: 5–12

Laute: Abwechslungsreiches Balzlied des Hahns, fasanenartiges Gocken der Henne

Fressfeinde: Größeres Haarraubwild (Fuchs, Marder, Waschbär), Steinadler, Habicht, Uhu; *Gelege*: Schwarzwild, Dachs und div. Nesträuber

Vorkommen und Lebensraum: Das etwa gänsegroße Auerwild ist der größte Vertreter aus der Unterfamilie der Raufußhühner (*Tetraoninae*) und zählt zum Hochwild. Ursprünglich in weiten Teilen Eurasiens beheimatet, kommt es in Europa in größeren Zahlen nur noch in Österreich, den Pyrenäen, Polen, Russland, Skandinavien und Schottland vor. In Deutschland existiert es noch bzw. wieder im Alpenraum, im Bayerischen Wald, Fichtelgebirge, Spessart, Schwarzwald, sowie im Hochsauerland, im Harz und im Thüringer Flachland. Die meisten Vorkommen sind nicht gesichert.

Eine Ursache für den Rückgang des Kulturflüchters ist ein weit reichender Verlust geeigneter Lebensräume. Dies sind naturnahe, störungsarme Nadel- und Nadelmischwäldern mit dichtem Unterholz und v. a. lichten, beerkrautreichen Flächen.

Ernährung: Das Auerwild äst im Sommer bevorzugt Beeren und Heidelbeerblätter, im Winter die Nadeln von Kiefer, Fichte und Tanne. Daneben nimmt es Sämereien, Knospen und Triebe sowie Gräser und Flechten. Zur tierischen Kost zählen Würmer, Schnecken, Insekten, deren Larven, Raupen und Puppen sowie Ameisen. Auch Auerwildküken leben v. a. von Kerbtieren und deren verschiedenen Entwicklungsstadien. Mit der Nahrung werden kleine (Magen)Steinchen aufgenommen, die die mechanische Nahrungszerkleinerung im Muskelmagen unterstützen.

Lebensweise: Auerwild ist tagaktiv und ausgesprochen standorttreu. Im Winter halten sie sich die Geschlechter voneinander getrennt. Territorial sind nur die Hähne während der Balz. Zum Schlafen baumt Auerwild auf. Ruhebäume sind an darunter liegenden Losungshaufen zu erkennen, Äsungsbäume an darunter liegenden so genannten Abbissen, den Triebenden von Nadelbäumen mit glatt abgeschnittenen Nadeln.

Auerwild

Balz: Die Balz des „Urhahns" ist zum seltenen Schauspiel geworden. Um die traditionellen Balzplätze führen die Hähne schon vor Beginn der Balz Auseinandersetzungen. Die Plätze liegen an lichten Orten wie Blößen, Schlagrändern oder in Bestandslücken. Die Morgenbalz beginnt der Hahn vor Sonnenaufgang auf einem Baum (Baumbalz). In der ersten Dämmerung reitet er ab und geht zur Boden- oder Sonnenbalz am Boden über. Die Balzstrophe des Hahns unterscheidet der Jäger in *Knappen*, *Triller*, *Hauptschlag* und *Schleifen* oder *Wetzen*. Sie wird mit hochgerecktem Kopf und Stingel, breit aufgefächertem Stoß sowie hängenden Schwingen vorgetragen. Beim Schleifen vernimmt der Hahn für 3 bis 4 Sekunden kaum etwas – diese Phase nutzt der Jäger, um ihn „anzuspringen". Die Hennen finden sich am Balzplatz ein und werden dort vom bodenbalzenden Hahn *getreten* (begattet).

Auerwild ist polygam. Die Hähne werden zwar im 2. Lebensjahr geschlechtsreif, zur Begattung kommen junge Hähne aber i. d. R. noch nicht.

Fortpflanzung: Die Auerhenne scharrt ihre Bodennestmulde in Hanglagen, meist am Fuße eines Nadelbaums, aber auch unter Beersträuchern oder Büschen, und polstert sie leicht mit Blättern und Nadeln aus. In der Anfangsphase der Brutzeit ist sie sehr störungsempfindlich und gibt den Brutplatz vergleichsweise rasch auf. Später hält sie Störungen besser aus und drückt sich ggf. lange auf dem Nest.

Hege und Schutz: Die Auerwildhege besteht v. a. im Erhalt und der Pflege geeigneter Waldbiotope wie beerstrauchreicher lichter Waldpartien, Sukzessionsflächen und Blößen und ist vorrangig Aufgabe der Forstwirtschaft. Die Ansiedlung und Förderung von Ameisenkolonien gilt als dem Auerwild förderlich. Nicht zuletzt dient auch die Senkung des Feinddruckes durch deren Bejagung der Auerwildhege. Schwarzwild wird in Auerwildgebieten nicht gern gesehen, da ihm hohe Gelegeverluste zugeschrieben werden.

Jagd: Im deutschsprachigem Raum hat das Auerwild nur in Österreich Jagdzeit. Traditionelle Jagdart ist das „Anspringen" des Hahnes bei der Morgenbalz, bei dem sich der Jäger während des *Wetzens* stückweise an den dann kaum etwas vernehmenden (aber gut äugenden!) Auerhahn heranpirscht.

IM REVIER

Losung: Formen wie Rebhuhn- und Fasanengestüber, aber mit 5–6 cm Walzenlänge und gut 1 cm Dicke deutlich größer; gehäuft unter Ruhebäumen (Blinddarmlosung wird irreführend auch „Balzpech" genannt)

Tritt und Fährte: Großer „Hühnerfuß", Sohle und Hinterzehe aber auch relativ größer als bei Fasan und Rebhuhn und deutlicher abgedrückt; im Winter auf Schnee oder Weichboden Hornstiftabdrücke zu erkennen

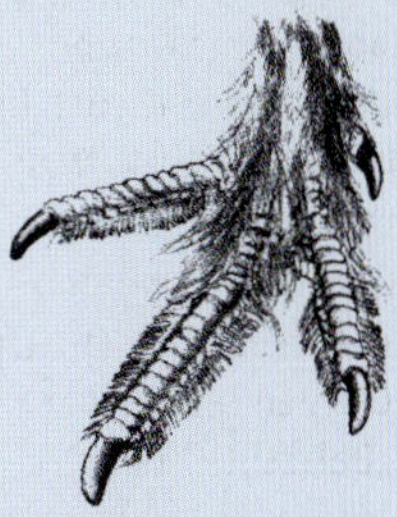

Hornfedern („Balzstifte") am Fuß des Auerwilds

Sonstige Zeichen: Schlafbäume, Abbisse

Jagd: Auerwild ist in der BRD ganzjährig geschont und in der CH geschützt. In Österreich hat der Hahn in manchen Ländern Jagdzeit.

Jagdarten: Pirsch („Anspringen")

Trophäen: Ganzpräparat, Malerfedern (Grandeln), Weidkörner (Magensteine)

Birkwild

BIOLOGIE – IM REVIER

Art: Birkhuhn (*Lyrurus o. Tetrao tetrix*)

Maße, Gewicht: ♂ GL 53–62 cm, SW 75–80 cm, 1–1,8 kg, ♀ GL 40–45 cm, SW 65–70, ca. 750–1.100 g

Aussehen: ♂ Metallisch blauschwarz mit leuchtend roten Augenrosen, schwarzem Kehlbart, schwarzen Stoßdecken und weißen Unterstoßfedern, lange äußere Federn des Spiels (Stoßes) sichelförmig nach außen gebogen; weißer Bugfleck und Spiegel auf den Schwingen; ♀ Ähnlich Auerhenne, aber kleiner und mit schwach gegabeltem Stoß

Fortpflanzung: *Balz:* April/Mai (Juni); *Brutdauer*: 24–28 Tage, *Gelegegröße*: 6–10

Laute: Kollern (Rodeln u. m.), Blasen (Fauchen u. m.)

Fressfeinde: Wie Auerwild

Gestüber: Formen wie beschriebene Hühnervögel und Auerwildlosung, aber mit gut 2 cm Länge und etwa 7 mm Dicke kleiner als Letztere

Tritt und Geläuf: Wie Auerwild, aber deutlich kleiner (7–8 cm lang) und mit weniger auffälligem Hinterzehenabdruck; im Winter hornige Zehenbefiederung auf weichem Untergrund zu erkennen

Vorkommen und Lebensraum: Das ursprünglich in weiten Teilen Mittel- und Nordeuropas verbreitete Birkwild ist auf wenige Vorkommen zurückgegangen, größere Bestände gibt es noch in Nord- und Osteuropa, Schottland und im Alpenraum. In Deutschland existiert es noch in den bayerischen Alpen, im Bayerischen Wald, in Niedersachsen, Schleswig-Holstein und in der Rhön. Nur in den Alpen muss es nicht als stark gefährdet eingestuft werden.
Lebensräume des Birkwilds sind Heiden und Moore sowie lichte Pionierwälder aus Birke, Aspe und Weide. Im Hochgebirge lebt es vorwiegend an der Waldgrenze, soweit lichte Bestände mit Lichtungen vorhanden sind, auch tiefer. Wie beim Auerwild ist die Degradierung und Zerstörung angestammter Birkwild-Lebensräume durch v. a. die Entwässerung und Abtorfung von Mooren und die Aufforstung von Heideflächen, aber auch steigender Feinddruck für den Rückgang der Art ursächlich.

Ernährung und Lebensweise: Die biotopabhängige Äsung des Birkwilds ist der des Auerwilds vergleichbar. Das tagaktive Birkwild lebt während Herbst und Winter, nach Geschlechtern getrennt, gesellig. Nachts baumt es auf, bei strengem Frost und ausreichender Schneelage verbringt es aber auch die Nacht und einen großen Teil des Tages in selbst gegrabenen Schneehöhlen.
Balz: Die beeindruckende Balz des polygamen Birkwilds findet als so genannte Arena- oder Gruppenbalz statt. Balzplätze sind im Gebirge baumfreie Partien oder auch Schneefelder, in der Ebene und im Hügelland kleinere Moor-, Wiesen- und Heideflächen. Am Morgen fallen mehre „Spielhähne" dort ein, stolzieren unter Kollern und Fauchen mit hängenden Schwingen, gefächertem Spiel und abgespreiztem Halsgefieder umher und vollführen hohe Luftsprünge. Zwischen gleich starken Hähnen finden erbitterte, aber verletzungsfreie Kämpfe statt. Bei Sonnenaufgang stellen die Hähne ihr Balz-

Birkwild/Rackelwild

gebaren ein („Morgengebet“ oder „Morgenandacht“), um später mit der Sonnenbalz, oft auf Bäumen oder anderen erhöhten Warten, fortzufahren. Die Hennen stellen sich auf den Balzarenen ein und wählen gezielt den stärksten Hahn zur Paarung. Junge Hähne pflanzen sich meist erst mit 2 oder mehr Jahren erfolgreich fort.

Fortpflanzung: Die Nestmulde befindet sich meist unter Sträuchern, im Gebirge z. T. auch oberhalb der Baumgrenze. Die Küken (Nestflüchter) werden anfangs von der Henne gehudert. Mit 4 Wochen sind sie selbstständig, bleiben jedoch bis in den Winter hinein bei der Henne.

Hege und Schutz: Birkwildschutz bedeutet, dessen bestehende Resthabitate zu erhalten und neue Lebensräume zu schaffen. Maßnahmen sind der Erhalt bestehender Hochmoore, die Renaturierung trocken gelegter Moorflächen (Grundwasseranhebung), die Bewahrung und Pflege von Heideflächen, die gezielte Beruhigung bestehender und besiedlungsfähiger Lebensräume (Lenkung der wirtschaftlichen Nutzung und des Erholungsverkehrs). Zum Birkwildschutz zählt auch die Senkung des Feinddrucks durch konsequente Bejagung der Birkwild-Prädatoren.

Jagd: In Österreich und in der Schweiz wird das Birkwild noch bejagt (nur Hähne). Auf den weithin einsehbaren Balzplätzen ist die Pirsch aussichtslos. Üblich ist daher die Jagd aus dem gut verblendeten Bodenschirm am Balzplatz.

RACKELWILD

Wo sich die Lebensräume von Auer- und Birkwild überschneiden, kann es zu Kreuzungen beider Arten kommen, deren Ergebnis das ebenfalls jagdbare Rackelwild ist. Nach dem starken Rückgang der Elternarten ist Rackelwild zur Ausnahmeerscheinung geworden. Unklarheit herrscht bezüglich seiner Fortpflanzungsfähigkeit. In der Literatur wird es teilweise als generell unfruchtbar, teilweise als mit Auer- oder Birkwild rückkreuzbar beschrieben.

Sonstige Zeichen: Huderpfannen, in höheren Lagen gestüberhaltige Schneehöhlen

Jagd: In der BRD keine Jagdzeit; in A und der CH (nur Hähne) wird der Hahn i. d. R. aus dem Bodenschirm bejagt.

Trophäen: Ganzpräparat, Spiel (Stoß), Weidkörner

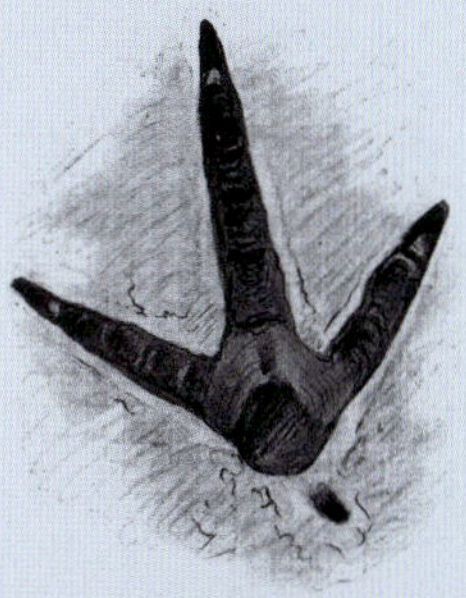

Einzeltritt des Birkwilds

Art: Rackelwild (*Lyrus tetris x Tetrao urogallus*) (Bastard)

Maße, Gewicht: Gesamtlänge, Spannweite und Gewichte liegen zwischen Auer- und Birkwild

Aussehen: ♂ tragen Gefiedermerkmale beider Arten, äußere Stoßfedern nicht oder schwach auch außen gebogen und ♀ kaum als Rackelhenne zu erkennen

Jagd: Rackelwild zählt in der BRD zum Wild, hat aber keine Jagdzeit. In A ist es in fast allen Bundesländern jagdbar und hat in manchen Ländern Jagdzeit, in der Schweiz ist es geschützt.

Alpenschneehuhn

BIOLOGIE – IM REVIER

Art: Alpenschneehuhn (*Lagopus mutus* MONTIN)

Maße, Gewicht: GL 34–36 cm, SW 54–60 cm, 350–600 g

Aussehen: *Sommer*: Oberseits grau-braun gesprenkelt (♀ eher gelblich braun), Bauch weiß, Schwingen überwiegend weiß, Schnabel schwarz; *Winter*: Körper ganz weiß mit kurzem, schwarzem Stoß, ♂ mit schwarzem Augenstreif; Ständer beider Geschlechter bis zu den Zehen befiedert

Fortpflanzung: *Balz*: Mitte April–Ende Juni; *Brutdauer*: 21–24 Tage, *Gelegegröße*: 6–9 (12)

Laute: Knarrender Laut des Hahns (Balz)

Gestüber: Walzenförmig

Fressfeinde: Alle im Lebensraum vorkommenden Beutegreifer und Gelegeräuber

Jagd: Das Alpenschneehuhn ist in der BRD ganzjährig geschont; in A ist es in den meisten Bundesländen jagdbar und hat in einzelnen Jagdzeit; jagdbar ist es auch nach schweizer JSG

Vorkommen und Lebensraum: Das Alpenschneehuhn kommt in der gesamten arktischen und subarktischen Zone, isoliert auch in Nordschottland und den Pyrenäen vor.
In den Alpen tritt es verstreut, aber nicht häufig auf. Dort lebt es als Standvogel ganzjährig zwischen 1.500 und 3.500 m Höhe oberhalb der Baumgrenze und bevorzugt mosaikartige Geländestrukturen aus Felsblöcken und Mulden, sonnigen und schattigen, aperen und schneebedeckten Flächen auf engem Raum. Wie die der übrigen Raufußhühner sind seine Bestände stark zurückgegangen.
Ernährung: Die Küken leben in den ersten Wochen hauptsächlich von Insekten und Spinnen, ausgewachsene Tiere äsen vorwiegend pflanzliche Nahrung, die im Winter aus Knospen, Zweigspitzen und Nadeln, im Sommer aus jungen Trieben, Blüten und Beeren sowie Kräutern und Gräsern besteht. Als Bewohner extremer Lebensräume ist das Alpenschneehuhn auf energiereiche Kost angewiesen.

Lebensweise: Alpenschneehühner leben außerhalb der Balz- und Brutzeit gesellig. Im Sommer kommen Flüge von 20 bis 50 Vögeln vor, im Winter zerfallen diese in kleinere Gruppen. Alpenschneehühner sind gute Flieger. Ihre nächtlichen Schlafplätze suchen sie in Mulden oder unter Felsvorsprüngen. Bei ausreichender Schneelage übernachten sie auch in selbst gegrabenen Schneehöhlen oder lassen sich einschneien.
Balz und Fortpflanzung: Der Hahn bezieht und verteidigt sein Balzrevier schon ab Ende März. Die Eier legt die Henne in eine Nestmulde unter Steinen oder Zwergsträuchern. Als Nestflüchter verlassen die Küken innerhalb des ersten Tages das Nest. Nach einigen Tagen schließen sich mehrere Familien zu Flügen zusammen.
Sonstiges: Das Alpenschneehuhn ist äußerlich dem Moorschneehuhn (*L. lagopus*) sehr ähnlich. In Teilen Schottlands kommt es gemeinsam mit dessen Unterart, dem Schottischen Moorschneehuhn (*L. l. scoticus* LATHAM), vor.

Trutwild

BIOLOGIE – IM REVIER

Art: Truthuhn (*Meleagris gallopavo*)

Länge, Gewicht: 90–125 cm, ♂ 10–12 kg, ♀ 7–8 kg

Aussehen: Gräulich schwarzes Gefieder mit Bronzeglanz; nackter warzenbesetzter Kopf und Hals mit bläulicher bis violetter Färbung und Hautlappen am Hals sowie fleischigem Stirnanhang am Grund des Oberschnabels; Letztere beim ♂ ausgeprägter als beim ♀; bronzebrauner, vom ♂ fächerförmig stellbarer Stoß mit feiner dunkler Querbänderung und breiter Endbinde

Fortpflanzung: *Balz:* Ende Jan.–Feb.; *Brutdauer*: 28–30 Tage, *Gelegegröße*: 8–14

Laute: Kollern des Hahns (wie Haustruthahn)

Jagd: Wildtruthühner sind in der BRD jagdbar und haben in einzelnen Bundesländern Jagdzeit. In A unterliegen sie einzelnen Landesjagdgesetzen (Jagdzeit nur im Burgenland), in der CH sind sie keine jagdbare Art.

Jagdarten: Ansitz

Vorkommen und Lebensraum: Das Wildtruthuhn stammt ursprünglich aus Nordamerika und Mexico. Erste, recht erfolglose Auswilderungsversuche in Westdeutschland datieren ins 19. Jahrhundert. Seit den 50er Jahren des vergangenen Jahrhunderts leben Wildtruthühner im Kottenforst bei Bonn. Der dortige Bestand ist aber rückläufig.
Erfolgreicher verliefen Auswilderungsversuche in Österreich, wo die Tiere Ende des 19. Jahrhunderts bei Grafenegg und in der Lobau ausgesetzt wurden und sich rasch vermehrten. Nach dem 2. Weltkrieg wurden diese Vorkommen von den damaligen Besatzungstruppen jedoch restlos ausgelöscht.
Das Wildtruthuhn lebt in geschlossenen Waldgebieten mit lichten Althölzern, Blößen und Lichtungen. Dichte Vegetation wie Dickungen meidet es.
Ernährung und Lebensweise: Wildtruthühner nehmen vegetarische Kost, darunter gern Weizen und Mais, aber auch verschiedene Insekten und deren verschiedenen Entwicklungsstadien.
Sie leben, nach Geschlechtern getrennt, gesellig, aber sehr heimlich. Hennen bilden mit ihren Jungen Familienverbände, Hähne eigene Trupps. Zur Nacht baumen Wildtruthühner wie Auer-, Birkwild und Fasan auf. Im Winter vergrößert sich ihr Streifgebiet deutlich.
Balz und Fortpflanzung: Bei günstiger Witterung kann die Balz des Trutwilds schon Ende Januar beginnen. Die Balzhandlungen der geschlechtsreifen Hähne sind beeindruckend. Mit geschwollenen Kopf- und Halslappen und Imponiergehabe buhlen sie um die Aufmerksamkeit der Hennen. Sie stolzieren mit gespreiztem Gefieder, halbkreisförmig gefächertem, aufgestelltem Stoß und hängenden Schwingen laut kollernd umher und attackieren sich gegenseitig.
Die brütende Henne sitzt, meist in einer einfache Bodenmulde, sehr fest auf ihren Eiern. Die Jungen werden nach dem Schlüpfen noch einige Zeit gehudert und bleiben bis zur nächsten Balz zusammen.

Graugans

BIOLOGIE – IM REVIER

Art: Graugans (*Anser anser*), **Gattung:** Feldgänse (*Anser*)

Maße, Gewicht: GL 75–90 cm, SW 145–180 cm, 2,5–4,5 kg

Aussehen: Rücken und Seiten grau bis braun-grau, Bauch heller weißlich grau, Unterstoßfedern und Steiß weiß; fleischfarbene Latschen und orangener (westl. Unterart) Schnabel mit weißem Nagel (Hornplatte an Schnabelspitze)

Fortpflanzung: Geschlechtsreif im 3. Lebensjahr; *Reihzeit:* März/April; *Brutdauer*: 28–29 Tage, *Gelegegröße*: 5–8

Laute: zahlreiche, darunter hausgansähnliche Lautäußerungen

Losung: 6–8 cm lang, walzenförmig, je nach Frischegrad grünlich bis dunkelgrau

Geläuf: Latschenabdruck aus 3 kräftigen Vorder- und 1 nur tlw. abgedrückten Hinterzehe; Vorderzehen durch Schwimmlappen verbunden (Schwimmfuß)

Jagd: Die Graugans hat in verschiedenen deutschen und den meisten österreichischen Bundesländern Jagdzeit, in der Schweiz ist sie geschützt.

Jagdarten: Ansitz in Bodendeckung (Schirm, Graben etc.) beim Morgenstrich

Wie alle Wildgänse ist die Graugans ein Entenvogel (Familie *Anatidae*) aus der Unterfamilie der Gänse (*Anserinae*). Sie zählt zu den Feldgänsen oder „Grauen Gänsen".

Vorkommen und Lebensraum: Die größte europäische Wildgans und Stammform der Hausgans brütet v. a. auf Island, Schottland, in Skandinavien und in Osteuropa, aber auch in Nord-deutschland und in Südosteuropa. Sie bewohnt Sumpfgebiete, schilfreiche Seen, aber auch Parkteiche. Winterquartiere liegen v. a. im Mittelmeerraum – ein wichtiges in Spanien am Guadalquivir –, aber auch an der Nordseeküste und in Nordafrika. Die europäischen Graugansbestände sind nach Schätzungen von 170.000 Vögeln vor rund 20 Jahren auf heute über 250.000 gestiegen.

Ernährung: Graugänse äsen Land- und Wasserpflanzen, v. a. Gräser und Kräuter, nehmen aber auch Hackfrüchte wie Kartoffeln und Rüben.

Lebensweise: In Europa zieht nur ein Teil der Vögel im Winter fort (Teilzieher). Ggf. werden die Winterquartiere zwischen August und Oktober in typischem V-Formationsflug aufgesucht. Zur Sommermauser, während der sie für mehrere Wochen flugunfähig sind, ziehen nicht brütende Vögel außerdem in feste Mausergebiete („Mauserzug").

Außerhalb der Reih- und Brutzeit leben Graugänse in großen Scharen. Sie äsen meist auf niedrig bewachsenen Flächen an Land, die ihnen eine ungehinderte Rundumsicht erlauben. Sie streichen morgens zu den Äsungsflächen und abends zu den Ruhegewässern.

Fortpflanzung: Graugänse leben in strenger Dauerehe, die Paare binden sich meist im Herbst des 2. Lebensjahres. Oft schon Februar/März wieder in den Brutgebieten, brüten sie in dichtem Schilf oder Gras. Nach etwa zweimonatiger Jungenaufzucht bleibt die Familie bis zur nächsten Brutzeit zusammen.

Jagd: Gänse äugen hervorragend! Bei der Jagd auf dem Morgenstrich ist beste Deckung wichtig.

Saatgans

Vorkommen und Lebensraum: Die Brutgebiete der Saatgans liegen in der Arktis und erstrecken sich von Nordskandinavien bis nach Ostsibirien und dem Ochotskischen Meer. Sie bewohnt die offene Tundra und die lichten Nadelwälder der nördlichen Taiga.
Europäische Winterquartiere liegen u. a. in Südschweden, Dänemark, an der deutschen Ostseeküste, in der Norddeutschen Tiefebene, am Niederrhein und in den Niederlanden. Ein weiteres Überwinterungsgebiet erstreckt sich alpennah von Westösterreich über die Schweiz bis nach Frankreich hinein.
Ernährung: Die Nahrung der Saatgänse besteht in ihrem Brutgebiet aus Flechten, Gräsern, Kräutern und Wasserpflanzen, im Herbst auch aus Beeren und Bohnen (vgl. englisch „bean goose" und lateinische Artbezeichnung *fabalis)*. In den Überwinterungsgebieten äst die Saatgans Wurzeln (v. a. der Quecke), Kartoffeln und Getreidekörner. Durch die Aufnahme von Saatgetreide kann sie Schäden in der Landwirtschaft verursachen. Die Jungvögel ernähren sich dagegen nicht nur vegetarisch, sondern auch von Insekten, Weichtieren, kleinen Krebsen und sogar Fischeiern.
Lebensweise: In ihren Überwinterungsgebieten ist die Saatgans in großen Scharen auf abgeernteten Ackerflächen (v. a. Zuckerrüben- und Maisfelder), auf Wiesen und Weiden zu beobachten. Saatgänse übernachten meist auf offenem Wasser, im Winter auch auf dem Eis, und ziehen weit zwischen ihren Schlaf- und Weideplätzen hin und her.
Fortpflanzung: Die Paare der Saatgans finden sich im 2. oder 3. Lebensjahr zusammen. Ende April treffen die in der Taiga brütenden Vögel, die Tundra-Brüter dagegen erst Mitte bis Ende Mai im Brutgebiet ein. Das Nest wird unter Sträuchern und Büschen, in Röhricht oder auch leicht erhöht angelegt. Das Männchen bewacht das brütende Weibchen und später die Jungen, die mit etwa 8 Wochen selbstständig sind.

BIOLOGIE – IM REVIER

Art: Saatgans (*Anser fabalis* LATHAM)

Maße, Gewicht: GL 66–88 cm, SW 145–175 cm, 2,2–4 kg

Aussehen: Insgesamt brauner als Graugans, Kopf und Hals auffällig dunkelbraun, weiße Unterstoßfedern und Steiß; schwarzer Schnabel mit breiter orange- bis gelbfarbener Binde; Latschen orangefarben (Latschen der Jungvögel heller)

Fortpflanzung: Geschlechtsreif im 3. Lebensjahr; *Reihzeit:* April/Mai; *Brutdauer*: 28–29 Tage, *Gelegegröße*: (8)4–6(8)

Losung: Walzenförmige Gänselosung, unspezifisch

Geläuf: Latschenabdruck aus 3 kräftigen Vorder- und 1 nur tlw. abgedrückten Hinterzehe; Vorderzehen durch Schwimmlappen verbunden (Schwimmfuß)

Jagd: Die Saatgans hat in verschiedenen deutschen und den meisten österreichischen Bundesländern Jagdzeit, in der Schweiz ist sie geschützt.

Jagdarten: siehe Graugans

Blässgans

BIOLOGIE – IM REVIER

Art: Blässgans (*Anser albifrons* SCOPOLI)

Maße, Gewicht: GL 65–78 cm, SW 130–165 cm, 1,5–3 kg

Aussehen: Unterschiede zur ähnlichen Saatgans: deutlich kleiner, braune Querfleckung auf dem Bauch, Stirn auffällig weiß (Blässe), rosafarbener Schnabel mit *weißem Nagel* (Juvenile mit dunklem Nagel)

Fortpflanzung: Geschlechtsreif im 3. Lebensjahr; *Reihzeit* Mai; *Brutdauer*: 28–29 Tage, *Gelegegröße*: 6–9

Losung: walzenförmige Gänselosung, unspezifisch

Geläuf: Latschenabdruck aus 3 kräftigen Vorder- und 1 nur tlw. abgedrückten Hinterzehe; Vorderzehen durch Schwimmlappen verbunden (Schwimmfuß)

Jagd: Die Blässgans hat in verschiedenen Bundesländern der BRD Jagdzeit; in A unterliegt sie den meisten Landesjagdgesetzen (Jagdzeit nur in Wien); in der Schweiz ist sie geschützt.

Jagdarten: siehe Graugans

Vorkommen und Lebensraum: Die Blässgans ist die häufigste Gänseart Eurasiens. Sie brütet im arktischen Nordamerika und Asien sowie auf Grönland. Ihre Lebensräume sind die baumlosen Tundren mit Flachgewässern und Sumpfzonen. Außerhalb der Brutzeit hält sie sich auch auf Wiesen, Feldern und Binnengewässern auf.
Die Überwinterungsgebiete liegen fast ausnahmslos in West-, Mittel- und Südosteuropa an den Küsten Großbritanniens und Irlands, an der Nordseeküste und der französischen Atlantikküste, am Mittelmeer sowie an der Donau und dem Schwarzen Meer. Blässgänse überwintern zu Zehntausenden auch am Niederrhein. Ein wichtiges europäisches Überwinterungsgebiet ist auch der Neusiedler See. Nach plötzlichen Wintereinbrüchen kommt es in manchen Jahren zum Massenzug.
Als Durchzügler rastet die Blässgans u. a. auch regelmäßig auf dem Darß.
Ernährung und Lebensweise: Sie äst die Vegetation ihres Lebensraums, v. a. Gräser, aber auch Salzwasserpflanzen. Schon im August verlassen die Vögel ihre nördlichen Brutgebiete und bleiben bis etwa März im Winterquartier. Außerhalb der Brutzeit lebt die Blässgans gesellig in Scharen. Während der Sommermauser ist sie wie alle Wildgänse mehrere Wochen flugunfähig.
Fortpflanzung: Die Paarbindung der Blässgans findet im Herbst des 2. Lebensjahres statt. Nach der Rückkehr in die Brutgebiete Anfang Mai legen die Weibchen ihr Nest inmitten der Tundrenvegetation am Boden an und polstern es mit Dunen aus. Das Männchen bewacht das brütende Weibchen.
Die Jungvögel sind mit etwa 8 Wochen selbstständig, bleiben aber noch längere Zeit im Familienverband.
Jagd: Blässgänse dürfen nur in manchen Bundesländern und z. T. nur mit tageszeitlichen Einschränkungen und zur Schadensabwehr bejagt werden. Bei der Jagd mit der Flinte auf dem Morgenstrich ist wie bei allen Wildgänsen die Verwendung starken Schrots (4 mm) ratsam.

Ringelgans

BIOLOGIE – IM REVIER

Art: Ringelgans (*Branta bernicla*)
Gattung: Meergänse (*Branta*)

Maße, Gewicht: GL 56–61 cm, SW 110–120 cm, 1,1–1,8 kg

Aussehen: Gefieder überwiegend braun, Bauch rassespezifisch hell oder dunkel; Kopf, Hals, Brust und Stoß schwarz, Steiß und Unterstoß weiß; Adulte mit auffälligem weißem Ring an den Halsseiten; Schnabel und Latschen schwarz

Laute: Wird wegen ihrer markanten Rufe auch „Rottgans" genannt

Fortpflanzung: Geschlechtsreif im 3. Lebensjahr; *Reihzeit:* Mai/Juni; *Brutdauer*: 28–29 Tage, *Gelegegröße*: 3–5

Losung: walzenförmige Gänselosung, unspezifisch

Geläuf: Latschenabdruck aus 3 kräftigen Vorder- und 1 nur tlw. abgedrückten Hinterzehe; Vorderzehen durch Schwimmlappen verbunden (Schwimmfuß)

Jagd: Die Ringelgans hat in der BRD und in A – soweit unter Jagdrecht fallend – keine Jagdzeit, in der CH ist sie geschützt.

Vorkommen und Lebensraum: Die Ringelgans ist der kleinste Vertreter der Meergänse oder „Bunten Gänse". In den drei Unterarten Hellbäuchige (*B. b.* hrota), Dunkelbäuchige (*B. b. bernicla*) und Schwarzbäuchige Ringelgans (*B. b. nigricans*), die sich durch die Bauchfärbung unterscheiden, kommt sie als Brutvogel an den Küsten Grönlands, auf Spitzbergen und in den arktischen Zonen Nordamerikas und Asiens vor. Ihr Lebensraum ist die arktische Tundra. Als Wintergast kommt die dunkelbäuchige Ringelgans im deutschen Wattenmeer vor. Sie überwintert an der europäischen Atlantik- und Nordseeküste von Südfrankreich bis nach Jütland sowie in England und Irland, Tausende auch auf der niederländischen Insel Ameland.
Die weltweiten Bestandszahlen aller Unterarten der Ringelgans zeigen seit Jahrzehnten steigende Tendenz. Die Dunkelbäuchige Ringelgans hat nach Schätzungen von etwa 20.000 Exemplaren um 1955 auf 250.000 bis 300.000 zu Ende des 20. Jahrhunderts zugenommen.

Ernährung und Lebensweise: Ringelgänse äsen kurze Gras-, Kräuter-, Moos- und Flechtenvegetation sowie Salzwasserpflanzen. Wichtige Rast- und Nahrungsplätze sind v. a. die Salzwiesen des Wattenmeers an der deutschen Nordseeküste. Neben dem Zug in die Winterquartiere ziehen nicht brütende Ringelgänse zur Sommermauser, während der sie flugunfähig sind, in feste Mausergebiete („Mauserzug"). Außerhalb der Paarungs- und Brutzeit leben die Vögel in großen Scharen.
Fortpflanzung: Wie alle Gänse finden sich Ringelgänse zu einer Dauerehe zusammen. Bei Verlust eines Partners kommt es aber zur Neuverpaarung. Die Brut beginnt sofort nach der Ankunft in den Brutgebieten etwa im Juni. Ringelgänse brüten einzeln oder in Kolonien. Ihre Bodennester werden häufig zwischen Schnee- und Eisresten und meist in der Nähe eines Süßgewässers aus Moor, Gräsern und Flechten gebaut und mit Dunen ausgelegt. Mitunter ist es aber auch eine einfache Bodenmulde.

Weißwangengans

BIOLOGIE – IM REVIER

Art: Weißwangengans (*Branta leucopsis* BECHSTEIN)

Maße, Gewicht: GL 58–70 cm, SW 130–145 cm, 1,5–2,5 kg

Aussehen: Hals und Brust schwarz, Kopf bis auf schwarzen Scheitel, Hinterkopf und Zügel beige-weiß; Körper oberseits grau mit schwarz-weißer Bänderung, weißlicher Bauch; Schnabel und Latschen schwarz

Fortpflanzung: Geschlechtsreif im 3. Lebensjahr; *Reihzeit:* April/Mai; *Brutdauer*: 24–25 Tage, *Gelegegröße*: 4–5(6)

Losung: Walzenförmige Gänselosung, unspezifisch

Geläuf: Latschenabdruck aus 3 kräftigen Vorder- und 1 nur tlw. abgedrückten Hinterzehe; Vorderzehen durch Schwimmlappen verbunden (Schwimmfuß)

Jagd: Die Weißwangengans darf nur stellenweise in SH zur Schadensabwehr bejagt werden. Soweit unter Landesjagdrecht fallend, hat sie in A keine Jagdzeit, in der CH ist sie geschützt.

Vorkommen und Lebensraum: Die Weißwangen- oder auch Nonnengans brütet in der Hocharktis, im Osten Grönlands, auf Spitzbergen und an der Sibirischen Eismeerküste. Kleinere Brutvorkommen existieren auch auf Ostseeinseln wie Gotland und Öland. Ihre Winterquartiere liegen in Großbritannien, auf den Hebriden und Irland sowie in Dänemark und v. a. an der holländischen Nordseeküste, wo in den letzten Jahren bis zu 30.000 überwinternde Vögel gezählt wurden.

Ernährung und Lebensweise: Weißwangengänse beäsen v. a. kurzes Gras und nehmen auch gern die Vegetation der Salz- und Brackwasserwiesen wie z. B. Andel und Queller.

Schon im Brutgebiet schließen sich die Familien der Nonnengänse während der Mauser zu Trupps zusammen. Der Aufbruch zum Winterquartier findet nach dem Gefiederwechsel ab Ende August bis Mitte September statt. Außerhalb der Reih- und Brutzeit leben Weißwangengänse in großen Schwärmen an Küsten und in küstennahen Bereichen.

Nach einem Tiefpunkt in der Mitte des letzten Jahrhunderts sind die Bestandszahlen der Nonnengans wie die der meisten Wildgänsearten bis heute wieder spektakulär angestiegen.

Fortpflanzung: Wie alle Gänse leben Weißwangengänse in Dauerehe, verpaaren sich bei Verlust des Partners jedoch neu. Die Paare finden wie bei den bisher beschriebenen Gänsearten bereits einige Monate vor der ersten Reihzeit zusammen. Weißwangengänse brüten in Kolonien auf Felsklippen oder Bändern in Felswänden. Die Jungvögel sind Nestflüchter und werden etwa 7 bis 8 Wochen von beiden Elterntieren geführt. Der Familienverband bleibt noch länger zusammen.

Jagd: Die Weißwangengans unterliegt wie die anderen Wildgänse dem BJG. In Nordfriesland und Dithmarschen darf sie nur zur Abwehr von Schäden auf landwirtschaftlichen Nutzflächen bejagt werden, in den übrigen Bundesländern ist sie ganzjährig geschont.

Kanadagans

BIOLOGIE – IM REVIER

Art: Kanadagans (*Branta canadensis*)

Maße, Gewicht: GL 90–110 cm, SW 150–180 cm, 5–8 kg

Aussehen: Hals und Kopf schwarz mit weißen, unter dem Kinn durchlaufenden Wangenflecken; Rücken und Seiten bräunlich mit beiger Querbänderung, Brust und Bauch heller bräunlich grau, Stoßunterseite und Steiß weiß

Fortpflanzung: Geschlechtsreif im 3. Lebensjahr; *Reihzeit*: März/April; *Brutdauer*: 28–30 Tage, *Gelegegröße*: 4–8

Geläuf: Latschenabdruck aus 3 kräftigen Vorder- und 1 nur tlw. abgedrückten Hinterzehe; Vorderzehen durch Schwimmlappen verbunden (Schwimmfuß)

Jagd: Die Kanadagans hat in verschiedenen Bundesländern der BRD Jagdzeit, in A sind Jagdbarkeit und Jagdzeiten länderweise verschieden. In der CH ist sie geschützt.

Jagdarten: siehe Graugans

Vorkommen und Lebensraum: Das ursprüngliche Verbreitungsgebiet der Kanadagans ist Nordamerika. Bereits im 17. Jahrhundert wurde sie als Parkvogel nach Europa eingeführt. Sie verwilderte und kommt heute als Jahresvogel in England, Norwegen, in den Niederlanden und in Deutschland vor. Hier brütet sie nicht nur in den Küstengebieten, sondern stellenweise auch im Binnenland (z. B. Nordrhein-Westfalen und Oberbayern).
Während des Zuges kommt sie auch weiter südlich vor. Die Brutbestände Schwedens und Finnlands überwintern in Südschweden, Norddeutschland und in den Niederlanden.
Bevorzugter Lebensraum sind offenes Sumpfgelände und Moore im Binnenland und Sumpfwälder mit Freiwasserflächen, zunehmend kommt die Kanadagans aber an allen größeren Gewässern vor.
Die Ausbreitung der Kanadagans in Europa setzte verstärkt zu Beginn des 20. Jahrhunderts ein. Von geschätzten 2.000 bis 4.000 Tieren vor rund 50 Jahren stieg ihr Bestand auf geschätzte 50.000 Individuen vor gut einem Jahrzehnt.
Ernährung und Lebensweise: Die Äsung der Kanadagans besteht vor allem aus Gras, Klee, Wasserpflanzen und Getreidesaaten, selten nimmt sie auch Insekten, Würmer und Mollusken. Außerhalb der Brutzeit ist sie häufig auf Feldern anzutreffen, deren niedriger Bewuchs ihrem Sicherheitsbedürfnis entgegenkommt. Die Nacht verbringt sie auf dem offenen Wasser.
Fortpflanzung: Kanadagänse leben in Dauerehe. Die Paare finden sich manchmal schon im 1., meist aber im 2. Lebensjahr. Ihr Nest errichten sie vorzugsweise auf kleinen Inseln inmitten unzugänglicher Sumpfflächen. Die Nestflücher-Jungen sind mit etwa 8–9 Wochen beflogen, bleiben aber bis zur nächsten Brutzeit im Familienverband.
Jagd: Die jagdbare Kanadagans darf nur in manchen Bundesländern der BRD und z. T. nur zur Schadensabwehr und zu bestimmten Tageszeiten bejagt werden.

Brandente

BIOLOGIE – IM REVIER

Art: Brandente (*Tadorna tadorna*), **Unterfamilie**: Halbgänse (*Tadorninae*)

Maße, Gewicht: GL 58–71 cm, SW 110–133 cm, 900–1.300 g

Aussehen: Größe zwischen Gänsen und Enten; dreifarbiges Gefieder mit schillernd dunkelgrünem Kopf und Hals; Körper überwiegend weiß, rostrote Brustbinde, Schwung- und Schulterfedern, Bauchstreif und Stoßspitze schwarz; Schnabel des ♂ leuchtend rot mit auffälligem Höcker am Schnabelansatz; Schnabel des ♀ blasser rot und ohne Höcker

Fortpflanzung: Geschlechtsreif mit 2 Jahren; *Reihzeit:* April/Mai; *Brutdauer*: 28–30 Tage, *Gelegegröße*: 7–12

Geläuf: Latschenabdruck aus 3 kräftigen Vorder- und 1 nur tlw. abgedrückten Hinterzehe; Vorderzehen durch Schwimmlappen verbunden (Schwimmfuß)

Jagd: Die Brandgans darf in der BRD, in A und der CH nicht bejagt werden.

Art: Nilgans (*Alopochen aegyptiacus*)

Unterfamilie: Halbgänse (*Tadorninae*)

Brandenten-Erpel mit auffälligem Schnabelhöcker

Vorkommen und Lebensraum: Die Brandgans oder Brandente zählt weder zu den Gänsen noch zu den Entevögeln, sondern ist der einzige europäische Vertreter der Unterfamilie der Halbgänse (*Tadorninae*), der auch Nil- und Rostgans angehören. Die Brandgans kommt in Europa als Jahresvogel an den Küsten Großbritanniens und des nördlichen Mitteleuropas, im Osten Spaniens, auf Sardinien und am Schwarzen Meer vor, Brutvogel ist sie an den skandinavischen Küsten, an der Ostsee und in Vorder- und Zentralasien. Sie hält sich bevorzugt an sandigen Meeresbuchten sowie Salz- und Brackwasserseen auf, dringt aber zunehmend aber auch an größere Seen und Flüsse im Binnenland vor und brütet z. B. auch am Niederrhein. Häufig ist sie auch im Wattenmeer. Die asiatischen Brutvögel überwintern in Indien, Südchina und Südjapan. Europäische Winterquartiere liegen an den Küsten der Iberischen Halbinsel und der Mittelmeerländer.

Ernährung und Lebensweise: Brandenten leben hauptsächlich von Muscheln, Schnecken, Würmern, aber auch Fischbrut und Krebstieren. Seltener fressen sie auch Grassspitzen, Wasserpflanzen, v. a. Tang, und Insekten.
Ein bekannter Mauserplatz der Brandente ist der Großen Knechtsand in der Deutschen Bucht. Hier versammeln sich im Sommer Tausende von Brandenten zur Mauser.
Fortpflanzung: Brandenten brüten in selbst gegrabenen Erd- und Sandhöhlen am Strand oder in Ufernähe, unter Steinen, öfter auch in noch bewohnten Kaninchenbauen und gelegentlich sogar in alten Fuchs- oder Dachsbauen. Es brütet nur die Ente, der Erpel beteiligt sich aber an der Aufzucht der Jungen, die mit etwa 8 Wochen beflogen sind. Der Familienverband bleibt aber auch darüber hinaus noch zusammen.
Jagd: Die Brandente unterliegt dem Jagdrecht, genießt aber in allen deutschen Bundesländern ganzjährige Schonzeit.

Nilgans/Rostgans

BIOLOGIE

Maße, Gewicht: GL 63–73 cm, SW 100–120 cm, ♂ 1.900-2.250 g, ♀ 1.500-1.800 g

Aussehen: Gefieder oberseits dunkel grau- bis rotbraun, unterseits graubeige, Kopf hell, schokoladenfarbene Augenflecken, Halsring und Bauchfleck; weiße Vorderflügel, Schnabel und Latschen blass rosa

Fortpflanzung: Geschlechtsreif mit 1–2 Jahren; *Reihzeit* März/April; *Brutperiode*: April–Mai; *Brutdauer*: 28–30 Tage; *Gelegegröße*: 5–8 (15)

Jagd: Die Nilgans ist in BRD, A und CH nicht jagdbar, länderweise wird Übernahme ins Jagdrecht angestrebt

Art: Rostgans (*Tadorna ferruginea*)

Unterfamilie: Halbgänse (*Tadorninae*)

Maße, Gewicht: GL 58–70 cm, SW 115–140 cm, 950 bis 1.500 g.

Aussehen: Beide Geschlechter intensiv rostbraun oder gelb, Kopf heller gelblich weiß; gelblich weiße Vorderflügel, Stoß und Schwingen schwarz; ♂ mit schmalem, schwarzem Halsring

Fortpflanzung: *Reihzeit* März–Mai; *Brutperiode*: April–Juni; *Brutdauer* 28–30 Tage; *Gelegegröße*: 8–10

Jagd: In BRD, A und CH nicht jagdbar

NILGANS

Vorkommen und Lebensraum: Ursprüng lich in Afrika beheimatet, gelangte die Nilgans als Parkvogel nach Europa vor. Nach Verwilderung breitete sich die Neozoe vor allem in den Niederlanden erfolgreich aus und ist heute in Deutschland, in der Schweiz und in Österreich angesiedelt.
Ernährung: Nilgänse fressen überwiegend pflanzliche Kost, vor allem Gräser. Sie weiden auf Wiesen, nehmen Getreidesaat und besuchen gerne auch Mais- oder Rübenmieten.
Lebensweise und Fortpflanzung: Die Halbgänse leben vor allem zur Brutzeit streng territorial und dulden keine anderen Entenvögel in der Nähe. Ihre Brutplatzwahl ist flexibel: Das Nest legen sie Röhricht oder zwischen Steinen an, bebrüten mitunter auch in großer Höhe, z. B. in Greifvogel- oder Krähennestern. Die Jungvögel werden von beiden Eltern geführt und sind mit 9 bis 10 Wochen beflogen.

ROSTGANS

Die Rostgans ist natürlich in Steppen- und Wüstenzonen Innerasiens verbreitet. In Europa ist sie Gefangenschaftsflüchtling. Das größte Vorkommen außerhalb der natürlichen Verbreitung lebt in der Schweiz, aber auch in Deutschland und Österreich kommt die Halbgans vor. Sie ist unduldsam gegenüber heimischen Entenvögeln, die sie z. T. verdrängt.

Stockente

BIOLOGIE

Art: Stockente (*Anas platyrhynchos*), **Gattungsgruppe**: Schwimmenten (*Anatini*)

Maße, Gewicht: GL 51–62 cm, SW 81–98 cm, 850–1.400 g

Aussehen: ♂ im Prachtkleid: Kopf und Hals glänzend dunkelgrün, weißer Halsring, Brust kastanienbraun, Rücken und Schwingen bräunlich grau, Bauch hellgrau, Steiß und Bürzel schwarz; leuchtend blauer, hell eingefasster Spiegel an den Flügeln; Schnabel gelb-grün, Latschen orange-rot; ♀ braun gemustert, markanter blauer Spiegel, gelb-brauner Schnabel

Laute: Lautes Quaken (Ente), leiser schnarrender Ruf (Erpel)

Herbstmauser: Mitte Sept.–Mitte Okt.

Fortpflanzung: *Reihzeit:* März/April; *Brutdauer*: 26–29 Tage, *Gelegegröße*: 6–12

Stockenten: Erpel mit gründelnder Ente (oben)

Innerhalb der Unterfamilie der Enten (*Anatinae*) zählt die Stockente zu den Schwimm- oder Gründelenten (Gattungsgruppe *Anatini*).

Vorkommen und Lebensraum: Die Stockente ist die häufigste und meist verbreitete Entenart. Sie kommt von Europa – mit Ausnahme des äußersten Nordostens – über weite Teile Asiens und Nordamerikas auf der ganzen Nordhalbkugel vor. Sie ist Teilzieher und in weiten Teilen des Verbreitungsgebiets Jahresvogel. Im Winter weicht sie dem Eis. Überwinterungsgebiete liegen u. a. auf Sizilien und am Nordrand Afrikas.

Die Stockente stellt geringe Lebensraumansprüche. Als Brutvogel kommt sie am Meer, an nahezu allen Binnengewässern und auch an Parkteichen in Großstädten vor. Dort zeigen Stockenten häufig Bastardisierungsmerkmale.

Ernährung: Die Stockente ernährt sich überwiegend pflanzlich, kann jedoch als Allesfresser gelten. Sämereien, Früchte, grüne Wasser- und Landpflanzen äst sie ebenso wie Mais und Getreide, Insekten, Weichtiere, Krebse, Kaulquappen, Laich, kleine Fische, Würmer und sogar Mäuse. Im Herbst nimmt sie auch Eicheln und andere Baumfrüchte.

Lebensweise: Stockenten streichen abends zu ihren Äsungsgründen (Abendstrich), die oft auf dem Land liegen, und äsen überwiegend nachts. Beim Morgenstrich suchen sie ihre Ruhegewässer auf und verbringen dort den Tag. Stockenten leben gesellig und fliegen in Schofs und unterschiedlich großen Flügen, zwischen Herbst und Frühling oft auch paarweise. Die Mauser der Erpel beginnt bereits zur Brutzeit, Enten mausern erst nach dem Flüggewerden der Jungen. Während der Mauser trägt der Erpel vorübergehend ein unscheinbares *Schlichtkleid* und ist während der Großgefiedermauser für einige Zeit flugunfähig („Mauser-“ oder „Rauerpel“). Ende September mausert er in das neue Prachtkleid.

Fortpflanzung: Stockenten leben in Saisonehe, die Paarbindung beginnt im

Stockente

IM REVIER

Geläuf: Latschenabdruck aus 3 schmalen Vorderzehen (mittlere länger als äußere) und 1 Hinterzehe; Vorderzehen durch Schwimmlappen verbunden (Schwimmfuß)

Sonstige Revierzeichen: Federn an Ruhe und Nahrungsplätzen

Jagdarten: Morgen- und Abendstrich, Stöbern im Schilf, Lockjagd

Trophäen: Spiralförmige Locken (Stoßfedern) des Erpels im Prachtkleid

Herbst und hält bis zur Brutzeit an. Die Erpel beteiligen sich weder an der Brut noch an der Jungenaufzucht.
Balzhöhepunkte sind im Oktober und v. a. im März/April. Die Balz findet meist in kleinen Gruppen statt und ist von auffälligen Bewegungsmustern der Erpel geprägt. Oft wird eine Ente auch von mehreren, meist jüngeren Erpeln umworben. Bei starkem Erpelüberhang kann es zu Störungen im Balzverhalten und Brutgeschäft kommen.
Die Stockente brütet an allen Gewässertypen bis hin zu schmalen Bewässerungsgräben. Das Nest baut sie in gewässernahen Bodenmulden, doch auch an vielen anderen Standorten, u. a. auf Kopfweiden, in hohlen Baumstöcken (Name!) oder in seltenen Fällen sogar in Greifvogelhorsten.
Hege: Da die Stockente an nahezu allen Gewässern vorkommt, ist eine aufwändige Hege nicht erforderlich. Neu und naturnah angelegte Gewässer nimmt sie meist schnell an. An Reviergewässern ausgebrachte Nisthilfen (Entenkojen) schaffen ihr zusätzliche Brutmöglichkeiten. Auch von einer Senkung des Feinddrucks, insbesondere der Bekämpfung des Bisam, profitiert sie.
Jagd: Enten werden bevorzugt beim morgendlichen oder abendlichen Entenstrich bejagt, üblich ist daneben auch die Jagd mit dem im Schilf stöbernden Hund oder mit dem Vorstehhund entlang von Gewässerufern. Immer muss ein brauchbarer, sicher verlorensuchender und apportierender Hund mitgeführt werden.
Auch die Lockjagd unter Aussetzen künstlicher Lockenten und/oder unter Nachahmung des Entenrufs (mit z. B. der Entenlocke) wird ausgeübt.

Stockente mit Jungen (Foto oben), Stockentenküken inmitten von Wasserlinsen (Foto li.)

Schwimm- und Tauchenten

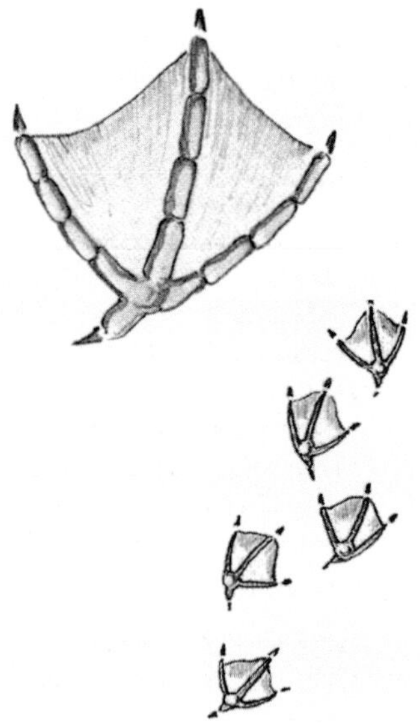

Latschenabdruck und Geläuf einer Schwimmente

Latschenabdruck und Geläuf einer Tauchente

Unterscheidungsmerkmale

Schwimmenten	Tauchenten
> Körper länglich gestreckt und relativ schlank, Hals vergleichsweise gedrungener wirkend 	> Körper rundlich oval, plump und gedrungen 
> Hinterzehe ohne Schwimmlappen 	> Hinterzehe mit Schwimmlappen 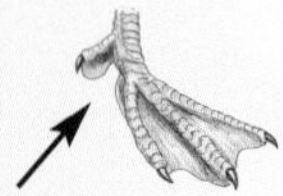
> Ruderansatz etwa in Körpermitte	> Ruderansatz vor dem letzten Körperdrittel
> Beim Schwimmen liegt Körper nur teilweise im Wasser, Stoß deutlich über der Wasseroberfläche 	> Beim Schwimmen liegt ganzer Körper flach auf dem Wasser, Stoß teilweise unter Wasser 
> bei der Nahrungssuche am Gewässerboden (Gründeln) im Flachwasser tauchen nur Kopf, Hals und Brust ab	> Nahrungssuche oft in tieferem Wasser unter meist vollständigem Abtauchen des ganzen Vogels
> Senkrechter Aufstieg aus dem Wasser ohne Anlauf 	> Aufstieg aus dem Wasser erst nach einer längeren Anlaufstrecke 

Krickente

BIOLOGIE – IM REVIER

Art: Krickente (*Anas crecca*), **Gattungsgruppe**: Schwimmenten (*Anatini*)

Maße, Gewicht: GL 34–38 cm, SW 58–64 cm, 250–400 g

Aussehen: ♂ im Prachtkleid: Kopf kastanienbraun mit metallisch grünen Seitenstreifen vom Auge bis zum Nacken, Körper überwiegend grau, weißer Schulterstreifen, gelbe Steißseiten; metallisch grüner Spiegel; ♀ braun gemustert, metallisch grüner Spiegel

Laute: Heller, grillenähnlicher Ruf (Erpel), helles, nasales Quaken (Ente)

Fortpflanzung: *Reihzeit:* April/Mai; *Brutdauer*: 21–23 Tage, *Gelegegröße*: 6–12

Geläuf: Typischer Latschenabdruck der Schwimmenten (vgl. Stockente, aber kleiner)

Jagd: Die Krickente hat in der BRD nur in machen Bundesländern Jagdzeit. In A sind Jagdbarkeit und Jagdzeiten länderweise unterschiedlich, in der CH ist sie jagdbar nach JSG.

Jagdarten: Entenstrich, Jagd mit Stöber- oder Vorstehhund

Vorkommen und Lebensraum: Die Krickente – eine Schwimmente – ist die kleinste europäische Ente. Ihr großes Verbreitungsgebiet erstreckt sich über die gemäßigten und kalten Zonen, als Brutvogel kommt sie von Island bis Japan in weiten Teilen Europas und Asiens vor. In Europa ist sie Teilzieher, im nordwestlichen Europa stellenweise Jahresvogel. Die nördlichen und östlichen Brutgebiete werden im Winter geräumt. Ziehende Brutvögel des nördlichen Mitteleuropas überwintern auf der Iberischen Halbinsel und im Mittelmeerraum, nordische Brutvögel in Deutschland und anderen Teilen Mitteleuropas. Überwinterungsquartiere liegen auch auf der Balkanhalbinsel und entlang der Donau.
Die Krickente brütet an Moor- und Waldseen oder anderen vegetationsreichen, geschützten Gewässern. Außerhalb der Brutzeit hält sie sich auch in Meeresbuchten und an großen Flachseen auf.
Ernährung: Die Nahrung der Krickente besteht im Frühling und Sommer vorwiegend aus Insekten und deren Larven sowie Mollusken, im Herbst und Winter stellen dagegen Sämereien und Wasserpflanzen einen hohen Anteil. Die Nahrung wird im Schlick oder in Ufernähe gründelnd gesucht.
Lebensweise: Die Krickente verbringt den Tag ruhend auf geschützten Wasserflächen und streicht erst abends zu den Äsungsgründen. Außerhalb der Reih- und Brutzeit treten Krickenten gesellig in Flügen und größeren Scharen auf. Die schnellen wendigen Flieger sind im Flug aufgrund ihrer geringen Größe einfach von den meisten anderen Entenarten zu unterscheiden. Die unwesentlich größere Knäkente fliegt etwas langsamer.
Fortpflanzung: Krickenten leben in Saisonehe. Der Höhepunkt der Balz liegt im Frühjahr. Nach der Ankunft im Brutgebiet werden die Nester in dichter Ufervegetation, hohem Gras oder Heidekraut- und Heidelbeergestrüpp angelegt. Nur die Ente brütet. Die Jungen sind mit gut 6 Wochen beflogen.

Knäkente

BIOLOGIE – IM REVIER

Art: Knäkente (*Anas querquedula*), **Gattungsgruppe**: Schwimmenten (*Anatini*)

Maße, Gewicht: GL 37–41 cm, SW 63–69 cm, 300–440 g

Aussehen: ♂ im Prachtkleid: Bauch und Flanken hellgrau, Kopf, Hals und Brust braun mit strahlend weißem, sichelförmig gebogenem Überaugenstreif; Rücken aschgrau mit langen, schwarz-weißen Schulterfedern; grüner Spiegel mit vorn breitem weißem Band; Schnabel bleigrau; ♀ braun gemustert mit heller Kehle, dunklem Augenstreif und hellem Zügelfleck hinter Schnabelansatz

Laute: Hölzern schnarrender Ruf (Erpel), kurzes, hohes Quaken (Ente, slt.).

Fortpflanzung: *Reihzeit*: April/Mai; *Brutdauer*: 21–23 Tage, *Gelegegröße*: 8–11

Geläuf: Typischer Latschenabdruck der Schwimmenten (vgl. Stockente, aber kleiner)

Jagd: Die Knäkente hat in der BRD nur in machen Bundesländern Jagdzeit. In A sind Jagdbarkeit und Jagdzeiten länderweise unterschiedlich, in der CH ist sie jagdbar nach JSG.

Jagdarten: Entenstrich, Jagd mit Stöber- oder Vorstehhund

Vorkommen und Lebensraum: Nur unwesentlich größer als die Krickente ist die Knäkente die zweitkleinste europäische Entenart. Als Brutvogel ist sie in Mittel- und Südosteuropa sowie den südlichen Teilen Fennoskandinaviens verbreitet, außerdem in den gemäßigten Zonen Asiens. Die Knäkente ist ein Langstreckenzieher, der im tropischen Afrika (Senegal) überwintert und im deutschsprachigen Raum auch regelmäßig als Durchzügler auftritt.
Lebensräume sind von Sumpfwiesen umgebene, flache und nahrungsreiche Gewässer und auch kleine Tümpel. Die Knäkente teilt ihren Lebensraum häufig mit der Krickente, kommt jedoch seltener als diese am Salzwasser vor.
Ernährung: Die Nahrung der Knäkente besteht aus Wasserlinsen und grünen Pflanzenteilen, aus den Samen von Wasserpflanzen, aber auch aus Würmern, Insekten, Fisch- und Amphibienlaich und -brut. Sie wird auf dem Wasser und gründelnd aufgenommen.

Lebensweise: Die Knäkente ist ein reiner Zugvogel. Der Zug in die Winterquartiere erfolgt schon ab August, ihre mitteleuropäischen Brutgebiete sind spätestens Mitte September verlassen. Knäkenten sind nicht so gesellig wie Krickenten und seltener in größeren Flügen anzutreffen. Wie Stock- und Krickenten ruhen sie tagsüber auf dem Wasser und streichen abends zu den Äsungsgründen. Sie fliegen schneller als die Stockente, aber etwas langsamer als Krickenten.
Fortpflanzung: Knäkenten verbringen eine Saisonehe. In den Brutgebieten Mitteleuropas treffen sie etwa im April ein. Das Nest baut die Ente an schilf- und grasreichen Standorten an Gewässern, aber auch weiter entfernt vom Wasser in Heidekraut, Strauchwerk oder auch am Waldboden. Das Bodennest wird mit Dunen gepolstert. Brut- und Jungenaufzucht besorgt die Ente allein. Die Jungen werden sofort nach dem Schlüpfen zum Wasser geführt und sind nach etwa 6 Wochen beflogen.

Spießente

Vorkommen und Lebensraum: Als Brutvogel kommt die Spießente in Europa etwa nördlich des 50. Breitengrades vor, außerdem in Asien und Nordamerika. In Mittel- und Westeuropa brütet sie auf einigen niederländischen Inseln, in Schottland und lokal in England. In Deutschland ist sie nur selten als Brutvogel, erscheint aber regelmäßig als Durchzügler. Europäische Überwinterungsgebiete liegen im Mittelmeerraum, aber auch an der französischen Atlantikküste und den Küsten der Iberischen Halbinsel, auf den Britischen Inseln und an der Nordseeküste.
Die Spießente lebt an nahrungsreichen Flachseen, in Moor-, Sumpf-, Heide- und Dünenlandschaften.
Ernährung: Die Spießente lebt v. a. von Pflanzen, deren Früchte, Sprossteile, Wurzeln und Sämereien sie äst, nimmt aber auch Insektenlarven und Schnecken.
Lebensweise: Spießenten ziehen, oft vergesellschaftet mit Pfeifenten, von August bis Oktober in die küstennahen Feuchtgebiete ihrer Winterquartiere. Außerhalb der Brutzeit treten sie in Schofs und Flügen unterschiedlicher Größe auf.
Fortpflanzung: Im März/April zieht die Spießente in ihre Brutgebiete, wo sie ihr Bodennest häufig offen in der Nähe größerer Gewässer und auch auf Feldern anlegt. Die Jungen sind mit 7 Wochen beflogen.

BIOLOGIE – IM REVIER

Art: Spießente (*Anas acuta*), **Gattungsgruppe**: Schwimmenten (*Anatini*)

Maße, Gewicht: GL ♂ 61–76 cm, ♀ 51–57, SW 80–95 cm, 700–1.100 g

Aussehen: ♂ im Prachtkleid unverwechselbar: Brauner Nacken und Kopf mit zwei weißen Seitenstreifen, die in das Weiß von Brust und Vorderhals übergehen; Körper überwiegend grau, Rücken mit schwarz-weiß-braun gemusterten Schulterfedern, grüner Spiegel mit weißem Hinter- und rostbraunem Vorderrand; Stoßfedern spießartig verlängert; ♀ ähnlich Stockente, aber dunkelbrauner Spiegel, dunkelgrauer Schnabel, fast einfarbig hellbrauner Kopf

Fortpflanzung: *Reihzeit*: April/Mai; *Brutdauer*: 21–23 Tage, *Gelegegröße*: 7–10

Geläuf: Typischer Latschenabdruck der Schwimmenten (vgl. Stockente)

Jagd: In der BRD nur in machen Bundesländern Jagdzeit. In A sind Jagdbarkeit und Jagdzeiten länderweise unterschiedlich, in der CH jagdbar nach JSG.

Jagdarten: Entenstrich, Jagd mit Stöber- oder Vorstehhund

Spießente: Erpel (oben) und Ente

Pfeifente

BIOLOGIE – IM REVIER

Art: Pfeifente (*Anas penelope*), **Gattungsgruppe:** Schwimmenten (*Anatini*)

Maße, Gewicht: GL 45–51 cm, SW 75–86 cm, 500–900 g

Aussehen: ♂ im Prachtkleid: Kopf braun mit strohgelbem Scheitel, Hals und Brust graurosa, Körper grau mit schwarzweißem Steiß, weißem Flügelfeld und schwarzem Stoß; Spiegel grün; ♀ Rötlich grau-braun mit diffuser Fleckung und weißem, scharf abgegrenztem Bauch

Fortpflanzung: *Reihzeit:* April/Mai; *Brutdauer*: 24–25 Tage, *Gelegegröße*: 7–9

Geläuf: Typischer Latschenabdruck der Schwimmenten (vgl. Stockente)

Jagd: Hat in der BRD nur in machen Bundesländern Jagdzeit. In A sind Jagdbarkeit und Jagdzeiten länderweise unterschiedlich, in der CH jagdbar nach JSG.

Jagdarten: Entenstrich, Jagd mit Stöber- oder Vorstehhund

Vorkommen und Lebensraum: Das Brutareal der Pfeifente erstreckt sich in einem breiten Band über den Norden Eurasiens von Island bis zum Pazifik. Bruten werden in jüngerer Zeit auch in Estland, Dänemark, Norddeutschland (MV), den Niederlanden und Großbritannien beobachtet. In Europa ist sie überwiegend Zugvogel, Überwinterungsgebiete liegen an der Nordseeküste, auf den Britischen Inseln, an zahlreichen Abschnitten der Atlantik- und der Mittelmeerküste sowie am Schwarzen und am Kaspischen Meer.
Die Pfeifente bevorzugt ausgedehnte Binnenseen und Bruchlandschaften, im Winter lebt sie eher in Küstennähe.
Ernährung: Pfeifenten ernähren sich von Insekten, Würmern und Weichtieren, äsen außerdem Wasserpflanzen, Algen, Sämereien und Knospen. Sie gründeln selten, sondern äsen wie Gänse oft in großen Scharen an Land oder waten durch das Watt auf der Suche nach dort lebenden Algen und Muscheln. Auf dem offenen Wasser nehmen sie z. B. Wasserhahnenfuß und Wasserlinsen von der Gewässeroberfläche auf.
Lebensweise: Während des Winters halten sich Pfeifenten in Flügen und Scharen an der Küste und auf überschwemmten, küstennahen Wiesen auf. Im niederländischen Wattenmeer kann man oft Tausende beobachten. Sie sind ausgesprochen gesellig: Beim Zug in die Winterquartiere vergesellschaften Pfeifenten sich nicht selten mit Spießenten, im Winter halten sie sich gern auch unter den Scharen der Ringelgänse auf.
Pfeifenten sind recht störungsempfindlich. Werden sie auf landgelegenen Äsungsflächen gestört, fliegt die ganze Schar sofort auf das offene Wasser.
Fortpflanzung: Die Nester der in Saisonehe lebenden Pfeifenten sind fast immer unter niedrigen Zwergsträuchern oder tief beasteten jungen Bäumen versteckt: Sie liegen meist in unmittelbarer Nähe zum Wasser, nie sehr weit entfernt. Die Jungen werden etwa 7 Wochen von der Ente geführt.

Schnatterente

Vorkommen und Lebensraum: Die Schnatterente ist recht unauffällig gefärbt – das gilt auch für das Brutkleid des Erpels. Beide Geschlechter sind aber immer gut am rein weißen Spiegel zu erkennen. Ihr Brutareal erstreckt sich hauptsächlich über Osteuropa, Asien und Nordamerika. Häufig ist sie in den Masuren. Größere deutsche Brutvorkommen existieren nur in Ostholstein und Mecklenburg, vereinzelt brütet die Art auch in Friesland, im bayerischen Alpenvorland und am Bodensee, außerdem in Nord-Holland und z. B. auf Ameland. Lokal werden auch in Österreich und in der Schweiz Bruten beobachtet. Bevorzugte Brutbiotope sind stark bewachsene Binnenseen und Feuchtgebiete, ggf. auch mit Brackwasser, Salzwasser meidet sie.
In Europa ist die Schnatterente Teilzieher, aber überwiegend Zugvogel. Die Mehrheit der Vögel überwintert von Bulgarien, Rumänien und den Mittelmeerländern südwärts bis Nigeria und Äthiopien, zunehmend aber auch in den Niederlanden und anderen klimatisch geeigneten Gebieten Westeuropas.
Ernährung: Die Schnatterente lebt noch stärker von pflanzlicher Kost als viele andere Gründelenten: Sprosse, Blätter und Teile von Wasserpflanzen sind die Hauptnahrung, daneben äst sie die Samen unterschiedlicher Pflanzen. In geringen Maßen frisst sie aber auch im Wasser lebende Insekten wie Wasserwanzen, Wasserkäfer, Fliegen und deren Larven, sehr selten Amphibien- oder Fischlaich, kleine Fische oder Lurche.
Lebensweise: Die Schnatterente ist gesellig: Außerhalb der Brutzeit tun sich die Vögel eines Brutgebietes oft zu einem einzigen großen Schwarm zusammen. Anderen Entenarten schließen sie sich aber kaum an.
Fortpflanzung: Schnatterenten legen ihre Nester bevorzugt an möglichst trockenen und dicht bewachsenen Standorten wie z. B. in Brennnessel-Horsten oder in hohem Gras an. Sie brüten etwa 2 bis 3 Wochen später als die Stockenten.

BIOLOGIE – IM REVIER

Art: Schnatterente (*Anas strepera*), **Gattungsgruppe**: Schwimmenten (*Anatini*)

Maße, Gewicht: GL 46–56 cm, SW 84–95 cm, 650–900 g

Aussehen: ♂ im Prachtkleid: Kopf und Hals mittelbraun, Körper grau meliert mit samtschwarzem Steiß, lange graubeige Schulterfedern, weißer Spiegel; Schnabel bleigrau; Spiegel grün; ♀ Ähnlich Stockente, aber weißlicher Bauch und weißer Spiegel, gleichmäßig breites orangenes Band entlang Schnabelseiten

Fortpflanzung: *Reihzeit:* April/Mai; *Brutdauer*: 24–26 Tage, *Gelegegröße*: 8–12

Geläuf: Typischer Latschenabdruck der Schwimmenten (vgl. Stockente)

Jagd: Die Schnatterente ist in der BRD ganzjährig geschont. In A sind Jagdbarkeit und Jagdzeiten länderweise unterschiedlich, in der CH ist sie jagdbar nach JSG.

Löffelente

BIOLOGIE – IM REVIER

Art: Löffelente (*Anas clypeata*), **Gattungsgruppe**: Schwimmenten (*Anatini*)

Maße, Gewicht: GL 49–52 cm, SW 70–84 cm, 500–700 g

Aussehen: ♂ im Prachtkleid unverwechselbar: Kopf und Hals metallisch grün, Brust und Bauch weiß, Bauch und Seiten kastanienbraun, Rücken schwarz-braun, Armflügeldecken hellblau, grüner Spiegel; Latschen karminrot; Schnabel vorne löffelartig verbreitert; ♀ ähnlich Stockente, aber löffelartig breiter Schnabel, Spiegel ohne weißen Hinterrand, gräuliche Flügeldeckenfelder

Fortpflanzung: *Reihzeit*: April/Mai; *Brutdauer*: 22–23 Tage, *Gelegegröße*: 9–11

Geläuf: Typischer Latschenabdruck der Schwimmenten (vgl. Stockente)

Jagd: Die Löffelente ist in der BRD ganzjährig geschont. In A ist sie länderweise, in der CH nach JSG jagdbar.

Vorkommen und Lebensraum: Das Hauptverbreitungsareal der Löffelente erstreckt sich über den Norden Eurasiens und Nordamerikas. In Deutschland brütet sie in Schleswig-Holstein, Niedersachsen und Nordrhein-Westfalen, in Bayern und am Bodensee. In Europa Teilzieher, kommt sie als Jahresvogel im Südosten Englands und an der Nordsee, lokal aber auch südlicher wie z. B. in Frankreich, auf der Iberischen Halbinsel, am Mittelmeer und an der Donau vor. In der Schweiz werden nur Einzelbruten beobachtet.
Als Durchzügler tritt die Löffelente im deutschsprachigen Raum regelmäßig auf. Die Wahl des Lebensraums hängt eng mit der Nahrungssuche zusammen. Im Norden Eurasiens und Amerikas besiedelt die Löffelente baumlose Moore, die Tundra sowie feuchte Steppengebiete. Wichtig sind seichte Stellen und untergetauchte Ufervegetation.
Europäische Überwinterungsgebiete der Löffelente liegen im westlichen Mitteleuropa, auf der Iberischen Halbinsel sowie im Mittelmeerraum, weitere in Nordafrika.
Ernährung: Löffelenten leben vorzugsweise von Plankton, fressen aber auch Wasserflöhe, Insekten und deren Larven sowie gelegentlich Würmer, Kaulquappen und Laich. An Land nehmen sie, v. a. im Winter, Sämereien und in geringem Umfang auch grüne Pflanzenteile wie Sprossen und Knospen.
Lebensweise: Die Löffelente gründelt sehr selten und filtert die Nahrung vorwiegend mit ihren dichten, langen Lamellen an den Schnabelseiten aus Wasser und Schlamm. Im Herbst und Winter sieht man sie oft in Gesellschaft von Watvögeln auf der Nahrungssuche im Watt.
Löffelenten liegen recht tief im Wasser und schwimmen meist mit weit zurückgelegtem Kopf und eingezogenem Hals. Die Erpel fliegen mit markantem, rasselnden Fluggeräusch auf.
Fortpflanzung: Die Bodennester werden bevorzugt an unzugänglichen Teichen und Tümpeln mit dichter Ufervegetation oder in Feuchtwiesen angelegt.

Reiherente/Bergente

REIHERENTE (Foto oben)
Vorkommen und Lebensraum: Die Reiherente ist die erste hier beschriebene Tauchente. Nach starker Bestandszunahme und Westausdehnung des Brutareals kommt sie als Jahresvogel in Mitteleuropa einschließlich Großbritannien und Irland vor. Auch in Deutschland ist sie regional sehr häufig. Im Winter tritt sie in ganz Mitteleuropa und stellenweise in Südeuropa auf. Sie findet sich auf offenen oder langsam fließenden Gewässern ein.
Ernährung: Reiherenten ernähren sich v. a. von Mollusken (Wandermuscheln und Wasserschnecken). Auch kleine Fische und Kaulquappen fressen sie und zu geringen Teilen pflanzliche Kost.
Lebensweise: Reiherenten nehmen ihre Nahrung fast ausschließlich unter Wasser auf. Die geselligen Vögel mischen sich auch gern unter andere Enten.
Fortpflanzung: Reiherenten brüten paarweise oder in Kolonien an Meeresküsten, Seen und Weihern. Das Nest legen sie in Schilf, Brennnesseln und anderem Bewuchs an. Besonders an der Küste ist die Jungensterblichkeit hoch (bis 70 % in der 1. Lebenswoche).

BERGENTE (Foto unten)
Der Erpel der Bergente ähnelt dem Reiherentenerpel, hat jedoch einen grauen Rücken und keinen Federschopf, sein Kopf schimmert mitunter grün. Die Ente unterscheidet sich durch einen breiten weißen Ring am Schnabelgrund von der weiblichen Reiherente. Bergenten sind hochnordische Tauchenten, die als Brutvogel nur ausnahmsweise in Mitteleuropa auftreten. Sie brüten stellenweise in großen Kolonien, im Winterhalbjahr halten sie sich ausschließlich auf dem Meer auf.

BIOLOGIE – IM REVIER

Art: Reiherente (*Aythya fuligula*), **Gattungsgruppe:** Tauchenten (*Aythyini*)

Maße, Gewicht: GL 40–47 cm, SW 67–73 cm, 550-900 g

Aussehen: ♂ im Prachtkleid: Schwarz mit weißen Seiten und Bauch; auffälliger Federschopf am Hinterkopf; gelbe Iris; Federschopf auch im *Schlichtkleid* ausgeprägter als der der Ente; ♀ dunkelbraun mit helleren Seiten und Bauch, kurzem Federschopf; manchmal weiße Federn am Schnabelgrund

Fortpflanzung: *Reihzeit*: Mai/Juni; *Brutdauer*: 23–25 Tage, *Gelegegröße*: 6–14

Geläuf: Latschenabdruck aus 3 kräftigen Vorderzehen (Außenzehe gleich lang oder länger als Mittelzehe) und 1 Hinterzehe; Vorderzehen durch Schwimmlappen verbunden (Schwimmfuß), Hinterzehe ebenfalls mit Schwimmlappen

Jagd: Die Reiherente hat in der BRD nur in machen Bundesländern Jagdzeit. In A zählt sie nur in Tirol nicht zum Wild, in der CH ist sie nach JSG jagdbar.

Art: Bergente (*Aythya marila*)

Maße, Gewicht: GL 42–51 cm, SW 72–84 cm, 800-1.000 g

Reiherenten (Foto oben) und Bergenten-Erpel

Kolbenente

BIOLOGIE – IM REVIER

Art: Kolbenente (*Netta rufina*), **Gattungsgruppe**: Tauchenten (*Aythyini*)

Maße, Gewicht: GL 53–57 cm, SW 84–88 cm, 400–600 g

Aussehen: ♂ im Prachtkleid: Rostoranger Kopf mit etwas hellerem Scheitel, kolbenartig verdickt; Nacken, Brust, Bauchmitte und Hinterleib schwarz, Rücken einfarbig braun mit weißem Flügelbug, Stoß dunkelbraun; Latschen karminrot; Schnabel korallenrot; ♀ brauner Oberkopf, Wangen und Oberhals grau, Brust und Bauch gelblich braun, dunkelgrauer Schnabel mit rosa Fleck, Latschen rosa-grau

Fortpflanzung: *Reihzeit:* Mai/Juni; *Brutdauer*: 26–28 Tage, *Gelegegröße*: 8–11

Geläuf: Typischer Latschenabdruck der Tauchenten (vgl. Reiherente)

Jagd: In der BRD ist die Kolbenente jagdbar, hat aber keine Jagdzeit. In A zählt sie – ohne Jagdzeit – länderweise zum Wild, in der Schweiz ist sie geschützt.

♂

Vorkommen und Lebensraum: Das lückenhafte Verbreitungsgebiet der Kolbenente erstreckt sich von Südwest- und Mitteleuropa bis in die Mongolei. Schwerpunkt des europäischen Vorkommens liegt in Spanien, wo die Art lokal Jahresvogel ist. In Deutschland brütet sie v. a. am Bodensee, in Ostholstein und auf Fehmarn. Lokal brütet sie auch in der Schweiz. Überwiegend als Zugvogel tritt sie im Winter in Mitteleuropa stellenweise konzentriert auf, überwintert v. a. aber in Spanien und im Mittelmeerraum.
Sie hält sich gern an verschilften Seen mit Verlandungszonen, freien Wasserflächen und einer reichen Unterwasserflora auf.

♀

Ernährung: Die Kolbenente lebt ganz überwiegend von pflanzlicher Kost (Armleuchteralgen, Laichkräuter, andere Wasserpflanzen). Wasserlebende Kleintiere frisst sie nur zu sehr geringen Anteilen.
Lebensweise: Die Kolbenente ist überwiegend Zugvogel. Ihre Nahrung nimmt sie sowohl im Flachwasser gründelnd aber auch tauchend auf. Die Erpel ziehen u. U. sehr weit zu ihren traditionellen Mauserplätzen wie z. B. dem Bodensee und dem Ijsselmeer. Dort können dann mitunter mehrere tausend Vögel beobachtet werden.
Fortpflanzung: Bevorzugter Niststandort der Kolbenente ist dichtes Schilf in Gewässernähe.

Tafelente

BIOLOGIE – IM REVIER

Art: Tafelente (*Aythya ferina*), **Gattungsgruppe**: Tauchenten (*Aythyini*)

Maße, Gewicht: GL 42–49 cm, SW 72–82 cm, 700–1.100 g

Aussehen: ♂ im Prachtkleid: Kopf kastanienbraun, Brust, Hinterleib und Stoß schwarz, Rücken, Bauch und Seiten hellgrau; schwarzer Schnabel mit breitem, grau-blauem Mittelfeld; ♀ Brust, Hals und Scheitel braun, Rücken und Flanken grau-braun; Schnabel im Sommer dunkel, im Winter mit heller Binde

Fortpflanzung: *Reihzeit:* Mai/Juni; *Brutdauer*: 25–26 Tage, *Gelegegröße*: 6–11

Geläuf: Typischer Latschenabdruck der Tauchenten (vgl. Reiherente)

Jagd: Die Tafelente hat in der BRD in machen Bundesländern Jagdzeit. In A sind Jagdbarkeit und Jagdzeiten länderweise unterschiedlich, in der CH ist sie jagdbar nach JSG.

Vorkommen und Lebensraum: Das ursprüngliche Verbreitungsgebiet der Tafelente hat sich nach einer deutlichen Bestandszunahme der Art von Osteuropa und Asien weit in den Westen und Südwesten ausgedehnt. Brutvorkommen gibt es heute in vielen Teilen Europas. In West- und Südeuropa ist die Tafelente stellenweise Jahresvogel. Die größten deutschen Brutvorkommen existieren in Schleswig-Holstein und im süddeutschen Raum, aber auch in den ostdeutschen Bundesländern und am Neusiedler See brütet die Art häufig, vereinzelt auch in der Schweiz. Europäische Überwinterungsgebiete liegen im westlichen Mitteleuropa, auf der Iberischen Halbinsel und im Mittelmeerraum. Bruthabitate sind flache, gut nährstoffversorgte Seen. Im Winter hält sich die Tafelente bevorzugt an größeren Gewässern und v. a. an Stauseen auf. Tausende von Vögeln finden sich beispielsweise an den Talsperren der Ruhr ein.

Lebensweise und Fortpflanzung: Tafelenten nehmen pflanzliche und tierische Nahrung aller Art, die sie v. a. tauchend aufnehmen.
Außerhalb der Brutzeit leben sie gesellig und treten vor allem in den Überwinterungsgebieten in großen Scharen auf. Ihre Nester bauen sie auf Inseln oder in der Ufervegetation, bauen aber auch Schwimmnester.

Schellente

BIOLOGIE – IM REVIER

Art: Schellente (*Bucephala clangula*), **Gattungsgruppe**: Meeresenten (*Mergini*)

Maße, Gewicht: GL 42–50 cm, SW 65–80 cm, 600–1.150 g

Aussehen: Großer, runder Kopf auf kurzem Hals, Scheitel zugespitzt, sodass Kopfform dreieckig wirkt; ♂ im Prachtkleid: Schwarz-grün schimmernder Kopf mit weißem Zügelfleck hinter Schnabelgrund; Hals, Brust, Bauch und Seiten weiß, letztere mit überhängenden schwarzen Schulterfedern; Rücken, Hinterleib und Stoß schwärzlich; ♀ Kopf braun, weißer Halsring, weißer Bauch und Spiegel; Brust und Flanken grau; Schnabel zur Brutzeit mit gelber Binde

Fortpflanzung: *Reihzeit*: April/Mai; *Brutdauer*: 28–32 Tage, *Gelegegröße*: 6–15

Geläuf: Latschenabdruck wie Tauchenten (vgl. Reiherente)

Jagd: Die Schellente ist in der BRD ganzjährig geschont. In A sind Jagdbarkeit und Jagdzeiten länderweise unterschiedlich, in der CH ist sie jagdbar nach JSG.

Die Schellente ist wie die nachfolgende Eiderente eine Meeresente (Gattungsgruppe *Mergini*).

Vorkommen und Lebensraum: Die Schellente ist in der nördlichen Hemisphäre verbreitet und häufiger Brutvogel in den Borealen Nadelwäldern. Ihr eurasisches Brutareal erstreckt sich von der Tundra im Norden bis zum nördlichen Mitteleuropa, dehnt sich aber langsam nach Süden aus. In Tschechien und südlich von Moskau gibt es isolierte Brutvorkommen, Brutvogel ist die Art auch in Schottland. In Deutschland brüten Schellenten nur vereinzelt in Ostholstein, Mecklenburg, Brandenburg und in der Oberlausitz. Auch in der Schweiz wurden erste Bruten bestätigt.

Ein großer Teil der europäischen Schellenten überwintert in der westlichen Ostsee, andere bei den Britischen Inseln, viele an der Westküste Europas. Als Wintergast kommt die Art auch auf den Seen des Alpenraums, an der Donau und am östlichen Mittelmeer vor.

Bevorzugte Brutbiotope sind klare, nährstoffarme Waldseen und träge Flüsse mit geeigneten Bruthöhlen, seltener Küstengebiete. Im Winter weicht sie in geschützte Meersbuchten und auf eisfreie Binnengewässer aus.

Ernährung: Schellenten ernähren sich im Meer v. a. von Krebsen, Garnelen, Schnecken und Muscheln und im Süßwasser von verschiedenen Wasserinsekten, außerdem von Fröschchen, kleinen Fischchen und Pflanzenteilen. Bei der Nahrungssuche tauchen sie mehrere Meter tief und drehen am Gewässergrund Steine um.

Lebensweise und Fortpflanzung: Schellenten sind deutlich scheuer als die meisten anderen Tauchenten.

Sie sind Höhlenbrüter, die bevorzugt in ufernahen Baumhöhlen (oft von Schwarzspechten) brüten. Sie nehmen zur Brut aber auch Nistkästen oder sogar Kaninchenbaue an. Kurz nach dem Schlüpfen springen die Jungvögel aus höher gelegenen Bruthöhlen zur Erde und laufen unter Führung der Ente – ggf. längere Strecken über Land – zum Wasser.

Eiderente

Vorkommen und Lebensraum: Die Eiderente kommt entlang der nördlichen Küsten von Europa, Nordamerika und Ostsibirien vor. Das Hauptbrutareal reicht von der Arktis bis in die gemäßigten Klimazonen, in Europa südlich bis etwa zum Wattenmeer und ins nordwestliche Frankreich. Allein auf Island brüten etwa eine halbe Million Paare. In Einzelpaaren ist sie auch an verschiedenen Schweizer Seen Brutvogel. Auf Island, an den Küsten Skandinaviens und Schottlands ist die Eiderente Jahresvogel. Die Vögel aus den nördlichsten Brutgebieten wie z. B. Spitzbergen überwintern in gemäßigten Breiten wie dem Nordsee- und Ostseeraum. Europäische Winterquartiere liegen außerdem an den südenglischen Küsten und an der bretonischen Küste. In größeren Zahlen taucht die Eiderente im Winter aber regelmäßig auch tief im Binnenland an den größeren Alpenseen auf.
Eiderenten sind typische Meeresenten. Sie halten sich gern zwischen vorgelagerten Inseln auf, bei stürmischer See erscheinen sie vermehrt auch in vor Wind und Wellen geschützten Meeresbuchten und Hafenbecken.

Ernährung: Eiderenten ernähren sich zu großen Teilen von Miesmuscheln, daneben von anderen Muschelarten, Schnecken, Tintenfischen, Seesternen und Seeigeln, von Krebsen und kleinen Fischen. Ihre Nahrung erbeuten sie tauchend.

Lebensweise und Fortpflanzung: Eiderenten leben während des ganzen Jahres sehr gesellig. Die Balz beginnt auf der hohen See und dauert mitunter ab Oktober den ganzen Winter über an. Ihr Höhepunkt ist im Frühjahr.
Die Eiderente brütet in Kolonien. Ihre Nester legt die Eiderente an der Meeresküste zwischen Tanghaufen, in hohem Gras, zwischen Felsbrocken oder auch Treibholz an. Die wertvollen Nestdunen werden seit jeher vom Menschen gesammelt. In Island steht sie als Dunenlieferant seit 1281 unter Schutz. Dort und stellenweise in Norwegen sind die Brutkolonien sogar eingezäunt.

BIOLOGIE – IM REVIER

Art: Eiderente (*Somateria mollissima*), **Gattungsgruppe**: Meeresenten (*Mergini*)

Maße, Gewicht: GL 50–71 cm, SW 80–108 cm, 1,2–1,8 kg

Aussehen: ♂ im Prachtkleid: Rücken und Brust weiß, Oberkopf schwarz, Nacken und Halsseiten lindgrün; Bauch, Hinterleib, Stoß und Seiten schwarz; Flügel schwarz mit weißen Armdeckfedern; ♀ braun mit dunkelbrauner Querbänderung, dunkler Spiegel weiß abgegrenzt; Befiederung reicht bis auf den Schnabel, der eine weiße Spitze hat

Fortpflanzung: *Reihzeit:* April/Mai; *Brutdauer*: 25–28 Tage, *Gelegegröße*: 4–6

Geläuf: Latschenabdruck wie Tauchenten (vgl. Reiherente)

Jagd: In der BRD ist die Eiderente ganzjährig geschont. In A länderweise zum Wild zählend, hat sie keine Jagdzeit; in der CH ist sie jagdbar nach JSG.

Gänsesäger/Mittelsäger

BIOLOGIE – IM REVIER

Art: Gänsesäger (*Mergus merganser*), **Gattungsgruppe:** Meeresenten (*Mergini*)

Maße, Gewicht: GL 58–66 cm, SW 82–97 cm, 1.050–1.650 g

Aussehen: Stromlinienförmiger Körper; langer, schmaler Schnabel mit Hakenspitze; Federschopf am Hinterkopf; ♂ im Prachtkleid: Kopf und oberer Halsabschnitt schillernd schwarz-grün; Rücken, Handschwingen und -deckfedern schwarz, Armschwingen und -decken überwiegend weiß, Bauch und Seiten weiß mit lachsrotem Anflug; Schnabel rot; ♀ kastanienbrauner Kopf mit scharf abgegrenztem weißem Kehlfleck; Körper bräunlich grau

Fortpflanzung: *Reihzeit*: März–Mai (Juni); *Brutdauer*: 32–35 Tage, *Gelegegröße*: 7–14

Geläuf: Latschenabdruck wie Tauchenten (vgl. Reiherente)

Jagd: Ist BRD ganzjährig geschont und in der CH geschützt; zählt in A nur in wenigenLändern zum Wild (geschont).

Art: Mittelsäger (*Mergus serrator*), **Gattungsgruppe**: Meeresenten (*Mergini*)

Maße, Gewicht: GL 51–62 cm, SW 70–86 cm, 1.000–1.250 g

Aussehen: Ähnlich Gänsesäger, aber schlankerer Körper, Schnabel mit dünnerer Basis und ohne Haken sowie schütterer, „sta-

GÄNSESÄGER

Die Säger zählen zu den Meeresenten.

Vorkommen und Lebensraum: Der Gänsesäger ist etwas größer als die Stockente und ein Brutvogel der nördlichen Halbkugel. Das zusammenhängende Brutareal endet im Süden in der norddeutschen Tiefebene. Isolierte Brutvorkommen existieren aber auch am nördlichen Alpenrand. Brutbiotope sind Flüsse, Seen und baumbestandene Küsten, seltener auch kleine Bäche. Auf Island, in Nordengland und Schottland sowie in Norddeutschland und am Alpenrand ist er Jahresvogel. Die nördlichen Vorkommen weichen im Winter dem Eis und überwintern v. a. an Ostsee, Nordsee und an der Atlantikküste.

Lebensweise und Fortpflanzung: Die tagaktiven Gänsesäger erbeuten tauchend – in bis zu 10 m Tiefe – v. a. Fische, die sie mit ihrem gesägten Schnabel gut halten können. Sie leben während des ganzen Jahres gesellig und brüten in günstigen Bruthabitaten auch in unmittelbarer Nachbarschaft zueinander. Gänsesäger leben in Saisonehe. Ihre Eier legen die Höhlenbrüter in Baum- und Felsenhöhlen, Kopfweiden, aber auch unter Dächern oder in künstliche Bruthöhlen. Nach dem Schlupf springen die Jungen aus der Höhle zur Erde. Im Wasser werden sie anfangs von den Elterntieren auf dem Rücken getragen.

MITTELSÄGER (Foto oben rechts)

Vorkommen und Lebensraum: Der Mittelsäger brütet v. a. in Nordeuropa, nennenswerte deutsche Brutvorkommen existieren nur in SH und MB. Hauptüberwinterungsgebiete liegen an Nord- und Ostsee und an den Küsten Islands, Norwegens, Irlands, Großbritanniens und Nordwestfrankreichs. In sehr kalten Wintern weichen sie auch bis ans Mittelmeer aus. V. a. außerhalb der Brutzeit halten sich Mittelsäger in Küstennähe auf, im Binnenland sind sie kaum zu beobachten.

Lebensweise und Fortpflanzung: Wie der Gänsesäger erbeutet der tagaktive Mittelsäger seine Nahrung tauchend. Sie besteht v. a. aus kleinen Fischen, aber auch aus Krebstieren und Würmern. Die Beute wird oft mit untergetauchtem Kopf ausgespäht. Die Balz der in Saisonehe

Mittelsäger/Zwergsäger

cheliger" Schopf; ♂ im Prachtkleid: Kopf schwarz mit Grünschimmer; weißer Halsring, rötlich braun gestrichelte Brust, Brustseiten schwarz mit weißen Flecken; Rücken und Handschwingen schwarz; Armschwingen überwiegend weiß; Bauch und Bauchseiten grau; ähnlich Gänsesäger-♀, aber mit nur diffusem Kehlfleck und anderem Schnabel und Schopf (vgl. ♂)

Fortpflanzung: *Reihzeit:* April–Juni; *Brutdauer*: 31–32 Tage; *Gelegegröße*: 8–11

Jagd: In der BRD ganzjährig geschont, zählt in A nur in wenigen Ländern zum Wild, geschützt nach Schweizer JSG

Art: Zwergsäger (*Mergus albellus*), **Gattungsgruppe**: Meeresenten (*Mergini*)

Maße, Gewicht: GL 38–44 cm, SW 56–69 cm, 500–750 g

Aussehen: Klein und kompakt, Kopfform erinnert an Schellente; ♂ im Prachtkleid: überwiegend leuchtend weiß mit schwarzem Rücken und schwarzen Streifen an Hinterkopf und Brustseiten und hellgrauen Flanken; schwarzer Fleck vom Auge bis zum Schnabelgrund; ♀ grau mit rötlich braunem Oberkopf und weißen Wangen und Kinn

Fortpflanzung: *Reihzeit:* Feb.–Mai; *Brutdauer*: 29–31 Tage, *Gelegegröße*: 6–9

Jagd: vgl. Mittelsäger

und sehr gesellig lebenden Vögel findet als Gruppenbalz mit auffälligem Balzverhalten der Männchen statt. Das Nest wird – meist dicht am Wasser – in Erdhöhlen, am Boden in dichter Vegetation, zwischen Steinen o. Ä. gebaut.

ZWERGSÄGER

Vorkommen und Lebensraum: Das Brutgebiet der hochnordischen Zwergsäger umfasst die gesamte Taiga von Nordschweden quer durch Sibirien bis an die Pazifikküste. Häufig sind sie nirgendwo, da das Angebot an geeigneten Bruthöhlen im baumarmen Gebiet beschränkt ist. Sie überwintern im östlichen Europa auf geschützten Küstengewässern der südlichen Ostsee und des Schwarzen und Kaspischen Meeres. Schwerpunkte des mitteleuropäischen Wintervorkommens liegen an der mecklenburgischen Ostseeküste, im holländischen Ijsselmeergebiet und am Unteren Niederrhein in Nordrhein-Westfalen, wo die Art in lockeren Trupps auch an Binnengewässern auftritt.

Lebensweise und Fortpflanzung: Hauptnahrung sind kleine Fische, v. a. im Sommer nimmt der Zwergsäger auch Wasserinsekten, bei Gelegenheit außerdem Frösche, Krebse, Würmer und Pflanzenteile.

Zwergsäger sind Höhlenbrüter und nisten überwiegend in Baumhöhlen. Der Neststandort befindet sich immer in Waldnähe. Die Jungvögel sind mit etwa 10 Wochen beflogen.

Gänsesäger (Foto S. 104), Mittelsäger-Paar (Foto oben) und Zwergsäger-Männchen im Prachtkleid

Höckerschwan

BIOLOGIE – IM REVIER

Art: Höckerschwan (*Cygnus olor* GMELIN)

Maße, Gewicht: GL 145–160 cm, SW 208–238 cm, 10–15 kg

Aussehen: ♂ kräftiger als ♀: weißes Gefieder, langer Hals mit vergleichsweise kleinem Kopf; orange-roter Schnabel mit schwarzen Nasenlöchern, schwarzen Rändern und schwarzer Spitze; großer schwarzer Stirnhöcker über der Schnabelwurzel (Name!); Jungvögel grau-braun mit dunkelgrauem Schnabel ohne Höcker

Fortpflanzung: Geschlechtsreif mit 3–4 Jahren; *Paarung:* April/ Mai; *Brutdauer*: 34–38 Tage, *Gelegegröße*: 5–8

Geläuf: 18–20 cm langer Ruderabdruck aus 3 kräftigen Vorderzehen (Außen- und Mittelzehe ca. 16 cm lang) und 1 Hinterzehe (2–2,5 cm lang); Vorderzehen durch Schwimmlappen verbunden (Schwimmfuß)

Jagd: Der Höckerschwan zählt in der BRD zum Wild, ist in einzelnen Bundesländern aber ganzjährig geschont. In A unterliegt er nur manchen Landesjagdgesetzen (keine Jagdzeit); in der CH ist er geschützt.

Der Höckerschwan zählt zur Unterfamilie der Gänse (*Anserinae*) und zu Gattungsgruppe der Schwäne (*Cygnini*).

Vorkommen und Lebensraum: Der Höckerschwan ist einer der schwersten flugfähigen Vögel. Ursprünglich in Nordosteuropa und weiten Teilen Asiens verbreitet, wurde er im 16. und 17. Jahrhundert als Parkvogel in Mitteleuropa eingeführt und breitete sich im 20. Jahrhundert stark aus. Heute ist er als halb zahmer Vogel an zahlreichen Seen und träge fließenden Gewässern, v. a. auch in Parks und Erholungsgebieten, vertreten. Scheuer sind die Vorkommen in den angestammten Verbreitungsgebieten, die in Europa u. a. an den Seen des Polnisch-Norddeutschen Tieflandes brüten. Während der Höckerschwan in Mitteleuropa Standvogel ist, ziehen Vögel aus Südskandinavien und dem Osten des europäischen Brutareals und aus Asien im Winter südwärts. Europäische Winterquartiere liegen in Mitteleuropa, in der Türkei, am Schwarzen und am Kaspischen Meer.

Ernährung: Höckerschwäne ernähren sich von Wasserpflanzen, fressen aber auch Gras. Tierische Nahrung wird wohl eher zufällig zusammen mit den Pflanzen aufgenommen.

Lebensweise und Fortpflanzung: Höckerschwäne nehmen ihre Nahrung vorwiegend gründelnd auf. Auf dem Wasser halten sie den Hals oft S-förmig gebogen, im Flug gestreckt. Wie alle Gänsevögel leben sie in Dauerehe.

Während der Brutzeit sind Höckerschwäne ausgeprägt territorial. V. a. die Männchen wissen Rivalen und Feinde mit schräg nach oben gestellten Schwingen, bogenartig aufgestelltem Hals, gesträubtem Halsgefieder und drohendem Zischen zu beeindrucken. Die Nester von bis zu 2 m Durchmesser werden in Gewässernähe angelegt. Die Jungschwäne sind mit etwa 4 Monaten beflogen, bleiben aber noch länger im Familienverband. Jungschwäne gelten als schmackhaft.

Singschwan/Zwergschwan

SINGSCHWAN (Foto oben)
Vorkommen und Lebensraum: Als nordische Art brütet der Singschwan in Island, Schweden, Finnland und in Sibirien, stellenweise auch in Deutschland. Er überwintert an den Küsten von Nord- und Ostsee, taucht unregelmäßig aber auch an größeren Binnenseen auf. Winterquartiere liegen auch in Großbritannien und Irland, auf der Balkanhalbinsel sowie am Schwarzen und Kaspischen Meer. Brutbiotope sind große Seen, aber auch kleine Tümpel. Während des Zugs rasten die Vögel auch in Salzwasserlagunen, Buchten und an flachen Küsten.
Ernährung: Singschwäne leben von Wasserpflanzen, aber auch Gräsern, Kräutern und Getreidekörnern und Saaten.

Lebensweise: Singschwäne sind tag- und nachtaktiv. Ersteres v.a. in den Winterquartieren. Sie leben in Dauerehe und nur während der Brutzeit territorial, sonst gesellig.

ZWERGSCHWAN (Foto unten)
Der Zwergschwan ist ein Brutvogel der arktischen Tundra. Er überwintert v. a. an den Küsten Nordwesteuropas in Lagunen, Strandseen und Flussmündungen, stellenweise auch an der deutschen Nordseeküste, im Binnenland sieht man ihn kaum. Seine pflanzliche Nahrung sucht er im Wasser, aber auch auf Weiden, Marschen usw. Außerhalb der Brutzeit leben Zwergschwäne gesellig, die Familien bleiben bis zur nächsten Brutzeit zusammen.

BIOLOGIE – IM REVIER

Art: Singschwan (*Cygnus cygnus*)

Maße, Gewicht: GL 145–160 cm, SW 218–243 cm, 8–12 kg

Aussehen: Gefieder weiß; langer, keilförmiger Schnabel von Grund bis unter Naselöcher gelb, vorne schwarz, ohne Höcker

Fortpflanzung: Geschlechtsreif mit 4–5 Jahren; *Paarung*: April/Mai; *Brutdauer*: 35–40 Tage, *Gelegegröße*: 4–7

Geläuf: wie Höckerschwan, aber kleiner

Jagd: Der Singschwan ist in der BRD und CH nicht jagdbar. In A zählt er in einzelnen Ländern zum Wild, hat aber keine Jagdzeit.

Art: Zwergschwan (*Cygnus columbianus*)

Maße, Gewicht: GL 115–127 cm, SW 180–210 cm, 3,4–7,8 kg

Aussehen: Ähnlich Singschwan, jedoch deutlich kleiner; gelbe Schnabelpartie kleiner als beim Singschwan und nicht bis zu den Nasenlöchern reichend

Fortpflanzung: Geschlechtsreif mit 4–5 Jahren; *Paarung*: April/Mai; *Gelegegröße*: 4–7

Jagd: siehe Singschwan

Adulter (li.) und juveniler Singschwan (Foto oben), Zwergschwan (Foto li.)

Haubentaucher

BIOLOGIE – IM REVIER

Art: Haubentaucher (*Podiceps cristatus*)

Maße, Gewicht: GL 46–51 cm, SW 85–90 cm, 750–1.200g

Aussehen: Schlanker Körper mit weit hinten ansetzenden Füßen; langer, spitzer Schnabel; *Prachtkleid Adulte:* Kopf mit 2 schwarzen Federbüschen, die aufgerichtet wie Hörner wirken, markanter rostbrauner Halskragen mit schwarzem Saum; Halsvorderseite, Brust und Bauch weiß, Flanken bräunlich, Rücken fast schwarz; *Schlichtkleid:* kein Halskragen, Haube nur angedeutet

Fortpflanzung: *Balz:* April/Mai; *Brutdauer:* 25–29 Tage, *Gelegegröße:* 3–6

Geläuf: Abdruck aus 3 Vorderzehen (Außen- länger als Mittelzehe) und 1 kleinen Hinterzehe; Hautlappen an Zehenrändern nicht verbunden (Lappenfuß)

Jagd: In der BRD ganzjährig geschont; in A länderweise und in der CH jagdbar nach JSG

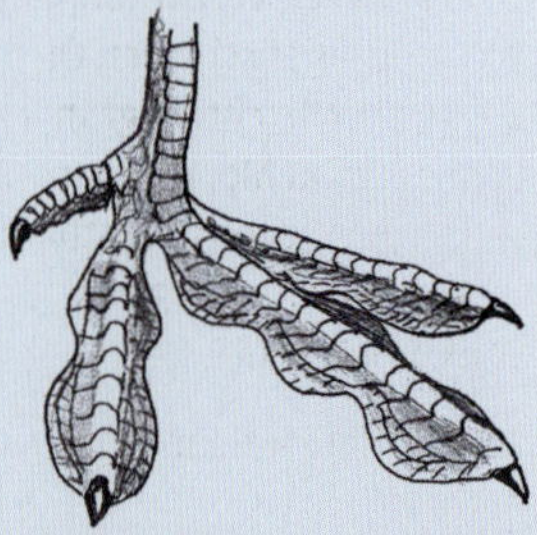

Lappenfuß

Vorkommen und Lebensraum: In der BRD ist der Haubentaucher der einzige jagdbare Lappentaucher (Familie *Podicipedidae*). Er kommt mit Ausnahme Nordskandinaviens und Islands in den gemäßigten Zonen Europas und Asiens vor. Die östlichen Brutpopulationen ziehen, in Mittel- und Westeuropa sind sie überwiegend Jahresvögel, die nur in kalten Wintern bei Zufrieren der Binnengewässer an die eisfreien Küsten ausweichen. Haubentaucher brüten an vegetationsreichen Seen und Teichen, außerhalb der Brutzeit leben sie auch an Küsten, auf Flüssen und Stauseen.

Ernährung und Lebensweise: Hauptbeute sind Fische, aber auch Wasserinsekten, Kaulquappen und andere Kleintiere werden genommen. Haubentaucher erbeuten die Nahrung fast nur tauchend. Sie erreichen unter Wasser höhere Geschwindigkeiten als beim Schwimmen.

Fortpflanzung und Brutpflege: Haubentaucher leben in Saisonehe. In ihr beeindruckendes Balzritual sind Nestbauhandlungen eingebunden: Die Vögel holen Nistmaterial vom Gewässergrund und präsentieren es sich gegenseitig mit gesträubten Haubenfedern. Zum Balzverhalten zählen weiter Kopfschütteln, Scheinputzen des Gefieders, ein Brust-an-Brust-Aufrichten der Partner aus dem Wasser, das Abspreizen und Schütteln des Halskragens, Flügelschlagen und gegenseitiges Umschlingen mit den Hälsen. Haubentaucher sind Koloniebrüter, beide Partner beteiligen sich am Nestbau und an der Brut. Sie bauen meist Schwimmnester, die während des Brütens weiter ausgebaut werden, mitunter legen sie zwei Nester an. Die Jungvögel werden in den ersten Tagen von den Altvögeln unter den Flügeldecken und auf dem Rücken getragen.

Rothalstaucher/Zwergtaucher

BIOLOGIE – IM REVIER

Art: Rothalstaucher(*Podiceps cristatus*)

Maße, Gewicht: GL 40–48 cm, SW 62–78 cm, 690–930 g

Aussehen: Mittelgroßer Taucher, etwas kleiner und kurzhalsiger als Haubentaucher; *Prachtkleid Adulte*: Vorderhals, Halsseiten und Kehle rostrot, Hinterhals und Rücken schwarzbraun, Brust und Bauch weißlich, Körperseiten grob graunbraun gefleckt; schwarzer Stoß

Fortpflanzung: Saisonehe, stark ritualisiertes Balzgebahren; *Brutperiode*: Ende April–Anf. Juni, mehrere Nachgelege möglich, Zweitbrut selten; *Brutdauer*: 20–23 Tage; *Gelege*: (2) 4–5 (7)

Jagd: In BRD, A, CH kein Wild

Art: Zwergtaucher (*Tachybaptus ruficollis*)

Maße, Gewicht: GL 24–29 cm, SW 40–45 cm, 130–235 g

Aussehen: Gestalt in Ruhestellung ehr rundlich, kaum sichtbarer Hals wird bei Störung lang gestreckt; *Prachtkleid Adulte*: Oberseits schwarzbraun, Oberhals und -kopf schwarz, Oberkopf oft mit leichtem grünlichen Schimmer; Kehle, Wangen, Halsseiten und Unterhals rotbraun; leuchtend grünlich gelbe Schnabelwinkel

Jagd: Nicht jagdbar in der BRD, A, CH

ROTHALSTAUCHER (Foto oben)
Vorkommen und Lebensraum: Das geschlossene Verbreitungsgebiet des Rothalstauchers erstreckt sich vom östlichen Mitteleuropa und Mittelskandinavien bis nach Westsibirien, in Deutschland kommt er etwa östlich der Elbe und vor allem in Schleswig-Holstein vor. Westlich davon brütet er vereinzelt in den Niederlanden und Großbritannien. Er bevorzugt dicht bewachsene Stillgewässer mit reicher Wasserpflanzenvegetation.
Ernährung und Lebensweise: Die Taucher nehmen ihre Nahrung fast nur vom und unter Wasser auf. Fische geringer Größe fressen sie oft, bedeutender sind aber Insekten wie Wasserkäfer und Libellenlarven, Krebstiere und Mollusken. Pflanzliche Nahrung wird eher zufällig aufgenommen. Im Herbst ziehen sie nicht weit, manche Vögel überwintern auf Seen des Alpenvorlands.

Fortpflanzung: Rothalstaucher zeigen ähnliche Balzrituale wie Haubentaucher. Sie brüten meist einzeln und nur selten in kleinen Kolonien. Ihre Schwimmnester liegen oft weiter vom Ufer entfernt als die anderer Lappentaucher.

ZWERGTAUCHER (Foto unten)
Der schwer zu entdeckende Taucher brütet von West- und Mitteleuropa über weite Teile Asiens bis Japan an Stillgewässern mit dichtem Pflanzenbewuchs. Die brillanten Schwimmer und Taucher fressen Wasserinsekten und kleine Fische. Zur Balz stoßen sie auffällige Trillerlaute aus. Im Winter ziehen manche Vögel bis ans Mittelmeer.

Kormoran

BIOLOGIE – IM REVIER

Art: Kormoran (*Phalacrocorax carbo*)

Maße, Gewicht: GL 80–100 cm, SW 130–160 cm, 2-2,5 kg

Aussehen: Kräftiger Hals, kräftiger, vorn gehakter Schnabel; ♂ u. ♀ schwarz mit im Sonnenlicht grünlichem Metallschimmer; nackte, gelbe Hautpartie am Schnabelgrund; *Prachtkleid*: grünlich-bläulicher Federschopf auf dem Kopf, Kehle und Wangen weiß, weißer Schenkelfleck, Scheitel und Nacken weiß durchsetzt

Fortpflanzung: Geschlechtsreif mit 3 Jahren; *Paarung*: März–Mai (Juli); *Brutdauer*: 28–31 Tage, *Gelegegröße*: 3–4

Geläuf: Abdruck aus 3 Vorder- und 1 nach vorn gerichteten Hinterzehe; alle 4 Zehen durch Schwimmlappen verbundene (Ruderfuß)

Jagd: Kein Wild nach BJG (Sonderregelungen, z. B. Kormoranverordnungen), in A nur länderweise Wild; jagdbar nach JSG

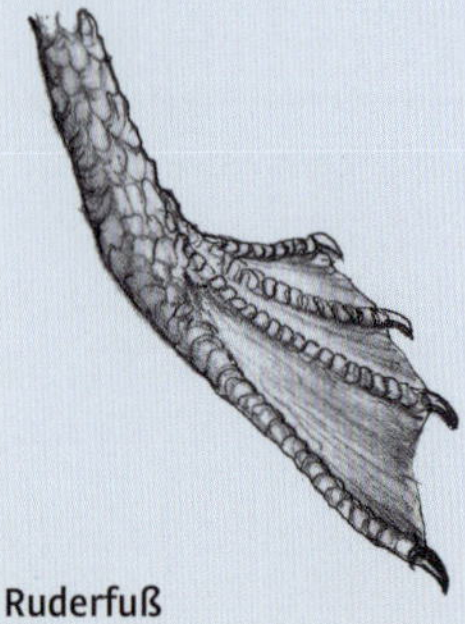

Ruderfuß

Vorkommen und Lebensraum: Der Kormoran ist ein Ruderfüßer (Ordnung *Pelecaniformes*). In Mittel- und Osteuropa und auch im deutschsprachigen Raum ist die Unterart *P. c. sinensis* v. a. an Meeresküsten, aber auch an Brackwasserseen, Flüssen und Binnenseen vertreten und häufig Jahresvogel. V. a. die Vögel aus dem Nordosten des Brutareals verbringen den Winter in West- und Mitteleuropa und im Mittelmeerraum.

Ernährung und Lebensweise: Der Kormoran erbeutet Fische unter Wasser, der tägliche Nahrungsbedarf liegt bei 400–500 g täglich. Da Kormorane anders als Enten keine Bürzeldrüse besitzen und ihr ungefettetes Gefieder also nass wird, sieht man sie häufig zur Gefiedertrocknung in aufrechter Haltung mit ausgebreiteten Flügeln sitzen. Schwimmende Kormorane liegen tief im Wasser. Beim Tauchen werden beide Ruderfüße richtungsgleich wie ein einheitliches Ruder bewegt.

Fortpflanzung und Brutpflege: Kormorane leben in Saisonehe. Sie brüten in Kolonien. An der Küste wird das Nest in Klippen, im Binnenland fast ausschließlich auf hohen Bäumen und nur selten in Bodendeckung errichtet. Sie siedeln gern in Reiherkolonien und verdrängen den Reiher manchmal vollständig. Die Nesthocker-Jungen sind erst mit gut 7 Wochen beflogen.

Schäden und Jagd: Nach Unterschutzstellung hat der Kormoran in den letzten Jahren stark zugenommen und ist vielerorts zum Problem für Fischzuchtbetriebe und Fischereiwirtschaft geworden. Zu Abwehr von Schäden wird er deshalb in der BRD und A länderweise im Rahmen von Sonderregelungen (Kormoranverordnungen) lokal bejagt.

Bekassine

Vorkommen und Lebensraum: Die Bekassine oder Sumpfschnepfe ist mit Ausnahme der südlichen Breiten in ganz Europa und Asien und in Nordamerika verbreitet. Im westlichen Europa ist sie größtenteils Jahresvogel. Vögel aus den nördlichen und östlichen Brutarealen überwintern in Mittel- und Westeuropa, in den Mittelmeerländern und auf dem Balkan, Brutvögel aus dem hohen Norden sind Langstreckenzieher und verbringen den Winter auch weit entfernt in Afrika und Vorderindien.
Lebensräume der Bekassine sind Moore, Feuchtwiesen und Verlandungszonen. In Mitteleuropa ist sie aufgrund der Zerstörung ihrer Lebensräume immer seltener geworden.
Ernährung: Die Bekassine frisst Schnecken, Würmer, Insektenlarven, nimmt aber auch die Samen und Früchte von Binsen und Seggen. Die tierische Nahrung wird mit dem Schnabel, dessen oberer Teil wie der der Waldschnepfe biegsam ist, aus den oberen Schlammschichten herausgeholt.

Lebensweise: Die Bekassine ist tag- und nachtaktiv. Sie lebt am Boden und drückt sich bei Gefahr dort lange in Deckung. Zur Brutzeit grenzen Bekassinen ein Revier ab, auch außerhalb kommt es nur während des Zugs gelegentlich zu größeren Ansammlungen. Typisch für die Bekassine ist ein markantes Geräusch beim Auffliegen und der Zick-Zack-Flug, den sie bei Gefahr zeigt. Der Reviermarkierung und der Balz dienen rasante Sturzflüge, bei denen die Steuerfedern das charakteristische „Meckern“ erzeugen.
Der Zug in die Winterquartiere beginnt ab Juli, in unseren Breiten liegt er hauptsächlich in den Monaten September/Oktober.
Fortpflanzung: Bekassinen leben in Saisonehe. Das Revier wählt das Männchen aus, den Nistplatz das Weibchen. Das Nest liegt meist gut versteckt zwischen Pflanzen. Die Männchen bewachen das brütende Weibchen und beteiligen sich an der Führung der Jungen. Letztere sind Nestflüchter und verlassen schon am 1. Tag das Nest. Mit 3 bis 4 Wochen sind sie selbstständig und flugfähig.

BIOLOGIE – IM REVIER

Art: Bekassine (*Gallinago gallinago*)

Maße, Gewicht: GL 25–27 cm, SW 37–43 cm, 80–120 g

Aussehen: Färbung ähnlich Waldschnepfe, aber deutlich kleiner, relativ längerer Stecher, Stirn und Scheitel hell- und dunkelbraun *längs*gestreift, Flügeldecken und Rücken mit hellen Längsstreifen, einfarbig heller Bauch

Fortpflanzung: *Balz:* Ende März–Mitte Juni; *Brutdauer*: ca. 20 Tage, *Gelegegröße*: 3–5

Laute: „Meckern“ (Vibrieren der Stoßfedern bei steilem Abwärtsflug während der Balz und Reviermarkierung)

Geläuf: Ähnlich Waldschnepfe, aber deutlich kleinere Tritte

Jagd: Die Bekassine unterliegt in der BRD nicht dem Jagdrecht; in A ist sie länderweise jagdbar, hat aber nur im Burgenland Jagdzeit. In der CH ist sie nicht jagdbar.

Waldschnepfe

BIOLOGIE – IM REVIER

Art: Waldschnepfe (*Scolopax rusticola*)

Maße, Gewicht: GL 33–35 cm, SW 55–65 cm, 250–420 g

Aussehen: Gefieder braun gemustert; Scheitel dunkel und breit *quer*gebändert, dunkler Zügelstrich vom Schnabel bis über das Auge; langer, gerader Stecher (Schnabel), kurzer schwarzer Stoß mit weißer Endbinde

Fortpflanzung: *Balz*: Ende März–Mitte Juni; *Brutdauer*: 22–23 Tage, *Gelegegröße*: 3–5; meist 2 Jahresbruten

Laute: Quorren und Puitzen (♂ während des Balzflugs)

Fressfeinde: Haarraubwild, Habicht und Sperber; *Gelege*: div. Nesträuber, Wanderratte und Schwarzwild

Geläuf: Tritte ähnlich Hühnerfuß (ca. 5 cm × 5 cm), im Geläuf leicht geschränkt hintereinander, oft zusätzlich Stechstellen

Jagd: In einzelnen Bundesländern der BRD ganzjährig geschont; In A und nach Schweizer JSG jagdbar

Jagdarten: Suchjagd, Treibjagd (früher: Schnepfenstrich im Frühjahr)

Trophäen: Malerfedern, Schnepfenbart, Ganzpräparat

Die Waldschnepfe zählt als Vertreter der Schnepfenvögel (Familie *Scolopacidae*) zur Unterordnung der Regenpfeiferartigen (*Charadrii*) in der Ordnung der Wat- und Möwenvögel (*Charadriiformes*).

Vorkommen und Lebensraum: Die Waldschnepfe ist in ganz Europa bis nach Asien hinein verbreitet und fehlt nur in weiten Teilen der Iberischen Halbinsel und in Nordskandinavien. Im Westen Kontinentaleuropas einschließlich Großbritanniens und Irlands war sie ursprünglich nur Wintergast, kommt heute aber auch als Jahresvogel vor („Lagerschnepfen"), der überwiegende Teil der Vögel zieht zum Überwintern jedoch nach Westeuropa und in die Mittelmeerländer.

Der „Vogel mit dem langen Gesicht", wie die Waldschnepfe wegen ihres langen Stechers scherzhaft auch genannt wird, lebt in abwechslungsreichen Wäldern mit Deckung bietender Bodervegetation bis zur Baumgrenze, wobei Laub- und Mischwälder reinen Nadelwäldern vorgezogen werden.

Ernährung: Die Waldschnepfe erbeutet v. a. Würmer. Daneben nimmt sie auch andere tierische Kost wie Insekten, Larven und Schnecken und außerdem pflanzliche Nahrung wie Beeren, Sämereien und zartes Grün.

Lebensweise: Bei der Suche nach Würmern bohrt die Schnepfe ihren bis zu 8 cm langen Stecher bis zum Schnabelgrund in das Erdreich, sie „sticht" oder „wurmt". Der spezialisierte Stecher ist mit einem Tastorgan ausgestattet , seine obere Hälfte ist biegsam. Markant sind auch die großen Augen, die wie bei allen Schnepfenvögeln weit seitlich am Kopf sitzen und den Vögeln somit ein 360°-Blickfeld gestatten.

Vorwiegend in der Morgen- und Abenddämmerung aktiv, lebt die Waldschnepfe hervorragend getarnt am Waldboden und baumt nie auf. Wird sie aufgestoßen,

Waldschnepfe

fliegt sie stumm und mit raschem, hörbarem Flügelschlag davon. Sie legt jedoch nie längere Strecken fliegend zurück, sondern lässt sich meist schon bald wieder in Deckung fallen. Im Flug wird der Stecher fast senkrecht nach unten gehalten.

Fortpflanzung: Waldschnepfen leben polygam. Während des Frühjahrszuges in die Brutgebiete beginnen die Balzflüge (Schnepfenstrich). Dabei streichen die Hähne während der späten Abend- und frühen Morgenstunden „quorrend" und „puitzend" in den Balzarealen an Altholzrändern und Freiflächen entlang. An der Balz sind nicht alle Hähne in gleicher Intensität beteiligt. Junge Hähne nehmen gar nicht daran teil oder tauchen nur gelegentlich am Rande der Balzreale auf, während ältere Hähne das Balzgeschehen beherrschen und den wesentlichen Beitrag zur Fortpflanzung leisten.

Die Bodenbalz führt der Hahn mit hängenden Flügel und nickendem Kopf durch. Das Nest der Waldschnepfe besteht aus einer Bodenmulde, die mit trockenen Pflanzenteilen ausgelegt wird. Der Hahn beteiligt sich weder an der Brut noch an der Führung der Jungen. Als typische Nestflüchter verlassen die Jungvögel das Nest bereits kurz nach dem Schlüpfen. Mit 4 Wochen sind sie gut beflogen, 1 bis 2 Wochen später weitgehend selbstständig. Die Jungvögelsterblichkeit liegt bei über 70 % im 1. Lebensjahr.

Jagd: Die traditionelle gezielte Bejagung der Hähne auf dem Schnepfenstrich zur Balzzeit ist nach einer Neuregelung und Verkürzung der Jagdzeit nicht mehr möglich. Heute wird die Waldschnepfe mit der Flinte im Herbst (Lagerschnepfen) hinter dem buschierenden Hund und bei Waldtreibjagden erlegt.

Früher wurden bei erlegten Schnepfen (kleine) „Dornschnepfen" und (große) „Eulenköpfe" unterschieden.

Die Malerfedern, die jeweils 1. kleine Feder der Handschwingen, und der Schnepfenbart, ein Federbüschel an der Bürzeldrüse, werden zu Jagdschmuck verarbeitet. Als ausgesprochene Delikatesse schätzen manche Menschen den so genannten Schnepfendreck, die klein gehackten und in Butter gerösteten Eingeweide der Waldschnepfe.

Über offenem Gelände sieht man die Waldschnepfe nur sehr selten streichen.

Zwergschnepfe/Doppelschnepfe

BIOLOGIE – IM REVIER

Art: Doppelschnepfe (*Gallinago media*)

Maße, Gewicht: GL 26–30 cm, inkl. 6-7 cm langem Stecher, SW 43–48 cm, 150–260 g

Aussehen: Deutlich kleiner als Waldschnepfe, aber kräftiger als Bekassine mit stärkerem und kürzerem Stecher; Gefieder oberseits braun gesprenkelt, unterseits heller; Kopfoberseite mit dunklen *Längs*streifen, dunkler Zügelstrich vom Schnabelansatz bis über das Auge

Fortpflanzung: *Balz*: April–Anf. Juni; *Brutdauer*: ca. 22 Tage, *Gelegegröße*: 4–8

Jagd: Die Doppelschnepfe ist in der BRD, A und CH nicht jagdbar

Art: Zwergschnepfe (*Lymnocryptes minimus*)

Maße, Gewicht: GL 18–20 cm (inkl. ca. 4 cm langem Stecher), SW 33–36 cm, 40–60 g

Aussehen: Knapp zwei Drittel Bekassinengröße mit deutlich kürzerem und an der Basis relativ höheren Stecher als jene; schwarzbraun gemusterter Rücken mit hellen Längsstreifen; dunkler Mittelstreifen auf dem Scheitel; keilförmiger Stoß

Fortpflanzung: *Balz* Mai–Juni; *Brutdauer*: unbek.; *Gelegegröße*: 4

Jagd: Nicht jagdbar in BRD, A und CH

DOPPELSCHNEPFE (Foto oben)
Vorkommen und Lebensraum: Die Doppelschnepfe brütet im Flachland, auf feuchten Wiesen und Mooren und an Flussniederungen in den Nadelwaldzonen von Norwegen bis nach Ostasien. In Mitteleuropa ist sie nur vereinzelt Brutvogel. Sie überwintert in Afrika und kann im Osten Deutschlands als Durchzügler beobachtet werden.
Ernährung: Wie die Waldschnepfe frisst die Doppelschnepfe gern Würmer, aber auch Insekten und deren Larven sowie vegetarische Kost wie Sämereien und Beeren.
Lebensweise und Fortpflanzung: Doppelschepfen zeigen eine auffällige Gruppenbalz, zu der sich mehrere Hähne an traditionellen Balzplätzen zusammenfinden. Ihre Eier legen die Bodenbrüter in Mulden.

ZWERGSCHNEPFE (Foto unten)
Die Zwergschnepfe ist wenig häufiger Brutvogel in Sümpfen und Mooren von Skandinavien und in der Taiga bis Ostsibirien. Sie überwintert in Europa, in der Sahelzone und in Vorderasien. In Europa tritt sie als Durchzügler auf. Sie lebt sehr versteckt, drückt sich bei Gefahr und ist nur schwer zu entdecken. Sie fliegt rasch und fledermausähnlich und nur über kurze Distanzen. Zur Balzzeit zeigt sie variantenreiche Balzflüge.

Großer Brachvogel

BIOLOGIE – IM REVIER

Art: Großer Brachvogel (*Numenius arquata*)

Maße, Gewicht: GL 50–60 cm, SW 80–100 cm, 575–950 g

Aussehen: Unauffällige Färbung: Gelblich brauner, nahezu einfarbig wirkender Kopf, Rücken und Flügel gleichmäßig grau-schwarz-braun gestreift und gebändert, Bauchseite heller mit dunkler Zeichnung; markanter langer und sichelförmig nach unten gebogener Stecher

Fortpflanzung: *Balz*: März/April; *Brutdauer*: 27–29 Tage, *Gelegegröße*: 3–4

Laute: Markanter flötender Ruf

Geläuf: Ähnlich Waldschnepfe, aber größere Tritte

Jagd: Der Große Brachvogel ist in der BRD und CH nicht jagdbar; in A unterliegt er länderweise dem Jagdrecht, hat aber keine Jagdzeit.

Vorkommen und Lebensraum: Mit Ausnahme des Mittelmeergebiets und Islands ist der größte Vertreter der Schnepfenvögel in ganz Europa beheimatet. Nach deutlicher Zunahme der Art infolge der Umwandlung von Wäldern, Flussauen und Auegebieten in Wiesenflächen führte dann die Entwässerung von Mooren, Wiesen und Weiden im großen Stil zu einschneidenden Lebensraumverlusten. In Mitteleuropa ist der Brachvogel überall selten geworden, im nördlichen Europa dagegen noch weit verbreitet. Im nördlichen Deutschland brütet er nur noch in geringen Zahlen, als Jahresvogel kommt er in Nordeutschland, in der Bretagne und an den Küsten der Britischen Inseln und Irlands vor. Im Wattenmeer rasten und mausern Hunderttausende von Brachvögeln aus Skandinavien und Sibirien auf ihrem Zug in die Winterquartiere im Mittelmeerraum und in Afrika bzw. zurück in die Brutgebiete. Bruthabitat ist offenes, trockenes bis sehr feuchtes Gelände, vorzugsweise in der Nähe von Wasser, wie z. B. Flach- und Hochmoore, Viehweiden, Mäh- und Marschwiesen und Dünen.

Ernährung: Der Brachvogel ernährt sich v. a. von Wirbellosen der oberen Bodenschichten, v.a. Regenwürmern. Frösche, Kröten, Eidechsen, Jungvögel und Kleinnager wurden zwar als Beute nachgewiesen, spielen aber nur eine geringe Rolle. Im Binnenland frisst der Brachvogel sehr viele Insekten und deren verschiedene Entwicklungsstadien.

Lebensweise: Zur Zugzeit finden sich Brachvögel in z.T. riesigen Flügen zusammen, leben ansonsten aber paar- oder familienweise. Sie sind sehr scheu.

Fortpflanzung: Brachvögel sind ausgesprochen brutplatztreu. Die ersten Vögel treffen in Mitteleuropa bereits Ende Februar an den Brutplätzen ein. Das balzende Männchen wirbt trippelnd mit gespreiztem Stoß, Flügelheben und nickenden Kopfbewegungen. Das Nest wird am Boden, normalerweise in spärlicher und niedriger Vegetation, angelegt.

Die Jungen sind mit spätestens 5 Wochen beflogen.

Lachmöwe

BIOLOGIE – IM REVIER

Art: Lachmöwe (*Larus ridibundus*)

Maße, Gewicht: GL 38–44 cm, SW 86–102 cm, 225–350 g

Aussehen: *Brutkleid Adulte* ab 3. Lebensjahr: Schokoladenbrauner Kopf, Hals und Bauch weiß, Rücken und Flügel graublau, Letztere am Vorderrand mit zur Spitze hin verbreitertem weißen Keil, schwarze Binde am Stoßende; Schnabel und Latschen rot; im *Winterkleid* Kopf weiß mit braunem Ohrfleck

Fortpflanzung: Geschlechtsreif mit 1–3 Jahren; *Brutperiode*: April–Juli; *Brutdauer*: 22–24 Tage, *Gelegegröße*: 2–3

Gewölle: Kugelförmig, lose, mit pflanzlichen und tierischen Nahrungsresten

Geläuf: Entenähnlicher Latschenabdruck aus 3 Vorderzehen (mittlere mit etwa 4 cm am längsten, äußere leicht bogenförmig) und 1 rudimentären Hinterzehe; Vorderzehen durch Schwimmlappen verbunden (Schwimmfuß)

Jagd: In einzelnen Bundesländern der BRD ganzjährig geschont; hat in A nur in einzelnen Ländern Jagdzeit; in der CH nicht jagdbar

Jagdarten: Ansitz an Nahrungs- und Schlafplätzen; Eiersammeln auf behördliche Anordnung

Vorkommen und Lebensraum: Die Lachmöwe ist auf Island, in ganz Mittel- und Osteuropa und weiten Teilen Asiens flächig verbreitet. Auf Island, im westlichen Mitteleuropa, an der Donau und lokal auch in Spanien und der Türkei ist sie Jahresvogel. Die Brutvorkommen aus dem Norden und Osten des Verbreitungsgebiets überwintern in Westeuropa, im Mittelmeerraum, am Schwarzen und Kaspischen Meer.
Sie brütet an der Küste, nach starker Bestandszunahme zunehmend aber auch in seenreichen oder sumpfigen Landschaften des Binnenlandes. V. a. im Winter tritt sie in Scharen im Inland und sogar in Ballungszentren und an Großstadtgewässern auf.
Ernährung: Zur natürlichen Nahrung der Lachmöwe zählen je nach Jahreszeit Insekten, vor allem Käfer und Libellen, die in der Luft gefangen werden, sowie Schnecken und Würmer. Die anpassungsfähigen Kulturfolger erschließen sich außerdem zahlreiche künstliche Nahrungsquellen wie Mülldeponien, Kläranlagen oder belagern die Futterstellen an Erholungsgewässern. Im Frühjahr folgen sie auf Äckern häufig den Pflügen der Bauern und fressen die freigelegten Kleintiere.
Lebensweise: Lachmöwen leben während des ganzen Jahres gesellig und treten oft in großen Scharen auf. Sie sind recht wehrhaft: Gelege- und Brutfeinde attackieren sie gemeinsam lautstark.
Fortpflanzung: Lachmöwen leben in Saisonehe. Sie brüten in Kolonien und errichten ihre Nester meist leicht erhöht auf Bülten oder Schilf an flachen Gewässern, die möglichst von Wiesenlandschaften als Nahrungsraum umgeben sind. Die Jungen bleiben i. d. R. in der Nähe des Nests (Platzhocker), bis sie mit 5 bis 6 Wochen beflogen sind. Hohe Gelege- und Jungvogelverluste können durch Frühjahrshochwässer ausgelöst werden.
Jagd: Lachmöwen sind kaum zu verwerten und von geringer jagdlicher Bedeutung. Eingriffe dienen v. a. der Regulierung der Besätze. Dazu werden mancherorts die Eier gesammelt und durch Attrappen ersetzt.

Silbermöwe

BIOLOGIE – IM REVIER

Art: Silbermöwe (*Larus argentatus*)

Maße, Gewicht: GL 55–67 cm, SW 130–158 cm, 690–1.300 g

Aussehen: *Brutkleid* ab 4. Lebensjahr: Kopf, Hals und Bauch weiß, Rücken und Flügel graublau, Handschwingen außen schwarz mit weißen Spitzen; kräftiger gelber, vorne leicht gekrümmter Schnabel mit rotem Fleck an der Spitze; Latschen rosa; im *Schlichtkleid* Kopf und Nacken grau gestrichelt; *Juvenile* grau-braun gefleckt

Fortpflanzung: Brutreif mit 4–6 Jahren; *Brutperiode:* April–Juni; *Brutdauer*: 26–28 Tage, *Gelegegröße*: 2–3

Gewölle: Annähernd kugelförmig, von tierischen (Fischgräten und -schuppen) und pflanzlichen Nahrungsresten durchsetzt

Geläuf: Wie Lachmöwe, aber größer (etwa wie Stockente)

Jagd: In einzelnen Bundesländern der BRD ganzjährig geschont; in A fallen die Möwen nur unter einzelne Landesjagdgesetze, haben aber keine Jagdzeiten (Ausnahme länderweise Lachmöwe); in der CH sind sie nicht jagdbar nach JDG

Jagdarten: Ansitz an Nahrungs- und Schlafplätzen; Eiersammeln auf behördliche Anordnung

Vorkommen und Lebensraum: Das Verbreitungsgebiet der Silbermöwe erstreckt sich über die Küsten Westeuropas und Islands (Unterart *a. argenteus*) und weiter über die Nord- und Ostsee bis nach Skandinavien und Russland (*L. a. argentatus*). In Europa fast überall Jahresvogel, ziehen russische und skandinavische Silbermöwen zum Überwintern südwestlich bis nach Großbritannien und Frankreich. Ihre Brutlebensräume sind Küstenlandschaften und -felsen, lokal brüten sie aber auch im Binnenland an Seen und größeren Flüssen. Sie sind jedoch stärker an die Meeresküste gebunden als die Lachmöwe. An Nord- und Ostsee sind sie die häufigste Möwenart.
Ernährung: Als Allesfresser frisst die Silbermöwe Fische, Krebse, Muscheln, Vögel, Kleinsäuger, Abfall und Aas. Sie kann erhebliche Verluste unter den Gelegen von Bodenbrütern verursachen. Sie ist ebenfalls Kulturfolger und nutzt wie die Lachmöwe künstliche Nahrungsquellen. V. a. im Winter treten sie in großen Schwärmen an Mülldeponien auf. Die Möwen begleiten Fischkutter und Passagierboote regelmäßig, um ohne große Anstrengung von Abfällen bzw. Speiseresten zu profitieren.
Lebensweise: Die ausgezeichneten Flieger vermögen auch bei starkem Wind elegant zu segeln. Sie leben während des ganzen Jahres gesellig und sind recht „streitbar". Nicht selten jagen sie sich gegenseitig oder anderen Vögeln ihre Beute ab. Feinde werden durch Sturzflugattacken angegriffen.
Fortpflanzung: Silbermöwenpaare bleiben mehrere Jahre zusammen. Sie brüten in großen Kolonien. Die Bodennester werden vorzugsweise in Dünen, auf Wiesen und Weiden von Inseln sowie auf der Küste vorgelagerten Felsinseln und an Kiesständen angelegt. Nur das Weibchen brütet, an der Jungenaufzucht beteiligen sich beide Partner.
Bei Gelegeverlusten sind bis zu 2 Nachgelege möglich. Die Jungvögel sind mit 6 bis 7 Wochen beflogen.
Jagd: Für die Bejagung der Silbermöwe gilt Ähnliches wie für die der Lachmöwe.

Sturmmöwe

BIOLOGIE – IM REVIER

Art: Sturmmöwe (*Larus canus*)

Maße, Gewicht: GL 33–44 cm, SW 106–125 cm, 300-500 g

Aussehen: *Buntkleid Adulte* ab 3. Lebensjahr: Ähnlich Silbermöwe, aber deutlich kleiner, runderer Kopf, Schnabel rein gelb ohne roten Fleck, Latschen gelblich grün

Fortpflanzung: Brutreif mit 2–3 Jahren; *Brutperiode:* April–Juli; *Brutdauer*: 22–28 Tage, *Gelegegröße*: 2–3

Gewölle: Kugelförmig bis länglich, mit pflanzlichen und tierischen Nahrungsresten

Geläuf: Größe der Latschenabdrücke zwischen denen von Lach- und Silbermöwe

Jagd: In einzelnen Bundesländern der BRD ganzjährig geschont; zu A und CH vgl. Silbermöwe

Jagdarten: Ansitz an Nahrungs- und Schlafplätzen

Vorkommen und Lebensraum: Die Sturmmöwe ist neben der Silbermöwe eine der häufigsten Möwen an den Küstenregionen des nördlichen Eurasiens. Ihr Vorkommen erstreckt sich von Island bis zur Beringstraße und über Nordwestamerika, Brutvogel ist sie lokal auch in Kleinasien. In Europa ist die Sturmmöwe in Schottland, Irland und an den Küsten von Nord- und Ostsee Jahresvogel, brütet aber in geringen Zahlen auch weit im Binnenland in Hochmooren, Sumpfgebieten und an unzugänglichen Seen. Die Brutpopulationen aus Skandinavien und Russland räumen die Brutgebiete im Winter. Europäische Überwinterungsgebiete liegen auf Island, in Nordwesteuropa, im östlichen Mittelmeerraum und am Schwarzen Meer.

Im Winter lebt die Sturmmöwe an Küsten und in Flussmündungen, erscheint aber zunehmend auch im Binnenland in großer Zahl.

In den letzten Jahrzehnten haben die Zahlen der Sturmmöwe deutlich zugenommen. In manchen Gebieten Europas wie Mittelnorwegen und Dänemark ist die Art allerdings, wohl infolge der Nahrungskonkurrenz durch die Silbermöwe, zurückgegangen.

Ernährung und Lebensweise: Wie Lach- und Silbermöwe lebt die Sturmmöwe v. a. von Insekten und Kleintieren. Die Sturmmöwe sucht ihre Nahrung sehr häufig auf dem Land. Auf Feldern und Wiesen kann man sie auf der Suche nach Regenwürmern, bisweilen aber auch Feldmäusen beobachten und auf Äckern dem Pflug des Bauern folgen sehen. Die Sturmmöwe erschließt sich künstliche Nahrungsquellen, v. a. Mülldeponien. Sie leben während des ganzen Jahres gesellig.

Fortpflanzung: Sturmmöwen leben in Saisonehe, bleiben aufgrund ihrer großen Brutplatztreue fallweise aber über mehrere Jahre zusammen. Sie brüten in kleineren Kolonien als Lach- und Silbermöwe an vegetationsarmen, kurzrasigen Standorten, aber auch einzeln auf aus dem Wasser ragenden Standorten. Die Jungen werden in Nestnähe gefüttert und sind mit etwa 5 Wochen beflogen.

Heringsmöwe / Mantelmöwe

BIOLOGIE – IM REVIER

Art: Heringsmöwe (*Larus fuscus*)

Maße, Gewicht: GL 52–67 cm, SW 128–148 cm, 800–1.100 g

Aussehen: *Prachtkleid* ab dem 3. Lebensjahr: Kopf, Hals, Brust und Bauch weiß, Rücken und Flügeldecken schwarz-grau, Letztere mit weißem Vorder- und nicht durchgehendem weißem Hinterrand; gelber Schnabel mit dunkelrotem Fleck vor Spitze des Unterschnabels; gelbe Latschen

Fortpflanzung: Brutreif mit ca. 3 Jahren; *Brutperiode:* April–Juni; *Brutdauer*: 25–28 Tage, *Gelegegröße*: 2–3

Art: Mantelmöwe (*Larus marinus*)

Maße, Gewicht: GL 64–78 cm, SW 150–170 cm, 1.500-1.850 g

Aussehen: *Prachtkleid* ab 3 Jahren: Weiß mit schwarzem Rücken und Flügeldecken, letztere mit weißem Vorder- und durchgehendem weißem Hinterrand; gelber Schnabel mit dunkelrotem Fleck; fleischfarbene Latschen

Fortpflanzung: Brutreif mit ca. 3 Jahren; *Brutperiode* April/Mai; *Brutdauer*: 26–28 Tage, *Gelegegröße*: 2–3

HERINGSMÖWE
Die Heringsmöwe unterscheidet sich von der ähnlich großen Silbermöwe durch die deutlich dunklere Oberseite.
Vorkommen: Die Heringsmöwe ist Jahres- und Zugvogel an den Küsten West- und Südwesteuropas inklusive der Inseln der südlichen Nordseeküste. Sie brütet außerdem auf Island, in Skandinavien und von den Baltischen Staaten ostwärts bis ins Nordsibirische Tiefland. Als Wintergast taucht sie an den Nordseeküsten und den west- und südwesteuropäischen Atlantikküsten auf, die Brutvögel Nord- und Osteuropas ziehen bis nach Afrika.
Lebensweise und Fortpflanzung: Die Heringsmöwe ist in ihrer Nahrungswahl so anpassungsfähig wie ihre Verwandten. Der wendige Flieger jagt anderen Möwen oft die Nahrung ab. Begleitet Fischkutter. Die Partner der in Saisonehe lebenden Vögel finden sich aufgrund der großen Blutplatztreue oft auch in der nächsten Brutsaison wieder zusammen. Die Heringsmöwe brütet häufig in gemischten Kolonien mit der Silbermöwe.

MANTELMÖWE (kleines Foto)
Die Mantelmöwe ist ähnlich gefärbt wie die Heringsmöwe, jedoch deutlich größer. Weitere Unterscheidungsmerkmale sind die Latschenfarbe adulter Vögel, der durchgehende weiße Hinterrand auf den Flügeldecken und der höhere Weißanteil auf deren Spitzen.
Vorkommen und Lebensraum: Die Mantelmöwe ist in Nordwesteuropa Jahresvogel auf Inseln und an bzw. in der Nähe der Küsten. In diesen Raum weichen auch die Brutvögel Islands und des nördlichen und östlichen Skandinaviens im Winter aus.
Ernährung und Lebensweise: Anderen Seevögeln jagt die größte aller Möwenarten oft die Beute ab oder dringt in deren Brutkolonien ein. Auch sie ist ein häufiger Schiffsbegleiter.
Fortpflanzung: Die Nester der Mantelmöwe sind einfache Felsmulden bis hin zu kunstvoll aus Gras, Zweigen oder auch Tang errichteten Gebilden. Sie werden einzeln oder in Kolonien an felsigen Küsten und auf unwirtlichen Inseln angelegt.

Ringeltaube

BIOLOGIE – IM REVIER

Art: Ringeltaube (*Columba palumbus*)

Maße, Gewicht: GL 40–42 cm, SW 75–80 cm, 450–520 g

Aussehen: Kopf, Rücken und Armflügel blau-grau; Nacken grünlich mit Purpurschimmer, Halsseiten adulter Vögel mit weißen Flecken, (Juvenile ohne); Brust rötlich-braun; schwarze Handschwingenspitzen, grauer Stoß mit schwarzer Endbinde

Fortpflanzung: *Balz*: (Jan.) Februar/März; *Brutdauer*: 16–18 Tage, *Gelegegröße*: 2; 2(–4) Jahresbruten; *Brutperiode*: (Feb.) April–Aug. (Nov.)

Laute: Gurren, melodischer Balzruf des Taubers

Parasiten: Rotwurm, Haarwürmer – **Infektionen**: Geflügelpocken (Taubenpocken), Ornithose

Fressfeinde: Greife (Habicht, Wanderfalke), Eulen (Waldkauz), *Gelege*: Rabenvögel, Marder, Eichhörnchen, Wanderratte

Geläuf: Tritt ca. 6 cm lang, 4–5 cm breit; Abdruck aus 3 Vorder- und 1 Hinterzehe nebst Krallen, Hinterzehe etwa halb so lang wie Mittelzehe

Jagdarten: Ansitz (an Lagergetreide, Wasserstellen, Schlafbäumen), Pirsch, Lockjagd, Treibjagd

RINGELTAUBE

Vorkommen und Lebensraum: Die größte und häufigste der heimischen Wildtauben ist mit Ausnahme des nördlichen Skandinaviens und Islands in ganz Europa verbreitet, sowie rund ums Schwarze Meer und in den nördlichen Regionen von Tunesien, Algerien und Marokko. In West- und Südwesteuropa bis nach Asien kommt sie das ganze Jahr über vor, im Norden und Osten des Brutareals ist sie Zugvogel, der v. a. in Westeuropa und im Mittelmeerraum überwintert.

Die Ringeltaube hat sich in den letzten Jahrzehnten zu einem ausgesprochenen Kulturfolger entwickelt. Sie bewohnt Wälder aller Art bis zur Baumgrenze, Feldlandschaften, Parks und Gärten. Darüber hinaus hat sie sich wie kaum eine andere Vogelart dem Lebensraum Stadt angepasst.

Ernährung und Lebensweise: Ringeltauben ernähren sich überwiegend pflanzlich und äsen Klee und andere Kräuter, Kohl, Samen, Knospen, Beeren, Früchte und gern auch Getreidekörner. In Herbst und Winter stellen Eicheln und Bucheckern einen großen Nahrungsanteil. Letztere werden unzerteilt geschluckt. Die Nahrung wird im Kropf gespeichert und im Muskelmagen zerkleinert. Ringeltauben suchen regelmäßig Wasserstellen zum Schöpfen auf. Sie nehmen auch gern Salzlecken an.

Ringeltauben suchen ihre Nahrung meist am Boden, sitzen ansonsten auch gern versteckt in den Kronen hoher Bäume. Zur Nacht baumen sie auf. Beim Auffliegen ist häufig ein markanter klatschenden Flügelschlag zu hören. Während Balz und Brut leben Ringeltauben territorial, außerhalb der Brutzeit fallen sie in z. T. riesigen Flügen auf Äsungsflächen und abends auch in Schlafbäumen ein.

Fortpflanzung: Ringeltauben führen eine Saisonehe, jedoch finden sich v. a. die Partner nicht ziehender Vorkommen in den Folgejahren im gleichen Brutrevier häufig wieder zusammen und tendieren zur Dauerehe. Zur Balz sind die von erhöhter Warte abgegebenen typischen Revier- und Balzrufe des Taubers weithin zu hören. Zu seinem Balzverhalten zählt

Türkentaube

auch lautes Flügelklatschen und ein wellenförmiger Imponierflug, bei dem er zunächst kurz und steil aufsteigt und dann mit halb geschlossenen Flügeln wieder schräg abwärts gleitet.
Ihre Nester legt die Ringeltaube i. d. R. in den Randbereichen von Baumkronen an, in Städten aber ersatzweise auch an Gebäuden oder sich daran hochrankendem Wein oder Efeu. Die Jungen werden nach dem Schlupf etwa 10 Tage mit der so genannten Kropfmilch gefüttert. Sie ist ein gelblich weißes Drüsensekret, das in den Kröpfen beider Altvögel zur Brutzeit produziert wird. Die Jungvögel sind in den ersten 8 bis 10 Tagen blind und bleiben 3 bis 4 Wochen im Nest. Nach einer kürzeren Ästlingszeit sind sie mit etwa 5 Wochen beflogen.
Im Regelfall führen Ringeltauben 2 Jahresbruten durch, unter den ganzjährig günstigen Nahrungsbedingungen in Siedlungsräumen können sie bis zu viermal jährlich brüten.
Jagd: Die Ringeltaube wird i. d. R. mit der Flinte bejagt. Üblich ist der Ansitz oder Anstand an gern besuchten Äsungsflächen wie Kohl- oder Getreidefeldern, an Tränken oder Salzlecken sowie an den Schlafbäumen. Die Erfolgsaussichten steigen, wenn zuvor künstliche Locktauben ausgesetzt oder in den Schlafbäumen verankert werden. Spezialisten setzen auch das Taubenkarussell ein. Reiz- und anspruchsvolle Jagdmethoden sind auch die Pirsch auf den rufenden Tauber und die Lockjagd, bei der er durch die Rufimitation herangelockt wird. Sie ist trotz deutlicher Verkürzung der Jagdzeit eingeschränkt immer noch möglich, da die nicht ziehenden Ringeltauben nach milden Wintern häufig schon Mitte Januar zu balzen beginnen. Bei jeder Jagdart ist beste Deckung des Jägers erfolgsentscheidend, denn Tauben haben „auf jeder Feder ein Auge".

TÜRKENTAUBE

Vorkommen und Lebensraum: Die Ursprünglich in Indien beheimatete, zur Gattung Turteltauben (*Streptopelia*) zählende Türkentaube breitete sich nach Westen zunächst über Kleinasien und

BIOLOGIE – IM REVIER

Art: Türkentaube (*Streptopelia decaocto*)

Maße, Gewicht: GL 31–33 cm, SW 47–55 cm, 150–225 g

Aussehen: Oberseite beigegrau, Unterseite etwas heller; äußere Federn des langen Stoßes mit weißen Endbinden; schwarzer Nackenring (Juvenile ohne)

Fortpflanzung: *Balz*: ab März; *Brutdauer*: 13–15 Tage, *Gelegegröße*: 2; 2–4 Jahresbruten; *Brutperiode* März–Aug. (Nov.)

Parasiten: Rotwurm, Haarwürmer – **Infektionen**: Geflügelpocken (Taubenpocken), Ornithose

Geläuf: Tritte wie Ringeltaube, aber kleiner

Jagd: Die Türkentaube hat in der BRD und in A in fast allen Bundesländern Jagdzeit (in Tirol nicht jagdbar) und ist auch in der CH jagdbar nach JSG

Jagdarten: Ansitz (an Lagergetreide, Wasserstellen, Schlafbäumen), Pirsch, Treibjagd

Hohltaube

BIOLOGIE – IM REVIER

Art: Hohltaube (*Columba oenas fuscus*)

Maße, Gewicht: GL 32–34 cm, SW 63–69 cm, 250–340 g

Aussehen: Überwiegend aschblau, Halsseiten blau-grün schimmernd, Nacken, Kehle und Brust zart weinrot; Armflügel mit schwarzem Band, schwarze Handschwingenspitzen; Stoß mit schwarzer Endbinde

Fortpflanzung: Geschlechtsreif im 2. Jahr; *Balz*: ab März; *Brutdauer*: 16–18 Tage, *Gelegegröße*: 2; 2–3(4) Jahresbruten; *Brutperiode*: März–Sept.

Jagd: In BRD und A ganzjährig geschont (in Tirol nicht jagdbar), in der CH geschützt

Geläuf der Wildtaube

Anfang der 30er Jahre des letzten Jahrhunderts über den Balkan aus. Rund 10 Jahre später war sie über Ungarn bis etwa Wien vorgedrungen und erreichte schon Mitte der 40er Jahre die Niederlande, innerhalb weniger Jahre dann Dänemark, Schweden, Belgien, Frankreich, England und den Norden Schottlands. Nach weiterer Ausbreitung ist die Türkentaube heute in nahezu allen Bereichen der gemäßigten Klimazone Europas als Jahresvogel heimisch. Sie zieht im Winter nicht fort. Als Kulturfolger leben die Vögel an lichten Waldrändern, in Parks, Friedhöfen oder Gärten und immer in der Nähe von Siedlungen, v. a. in ruhigen Wohngebieten, in denen einzelne Nadelbäume stehen.

Ernährung und Lebensweise: Türkentauben lesen ihre überwiegend pflanzliche Nahrung fast ausschließlich am Boden auf; Früchte, Samen und Getreide werden vollständig verschluckt. Gelegentlich steigen sie auch in Holundersträucher und äsen deren Beeren, ziehen die Samen aus den Blütenköpfen von Sonnenblumen oder lösen auch Maiskörner aus ihren Kolben. Die Türkentaube ist wenig scheu. Oft trifft man sie zusammen mit Straßentauben auf Marktplätzen oder an Getreidesilos an. Im Winter finden sich Türkentauben auch an Futterhäuschen und -plätzen für Singvögel ein.

Fortpflanzung: Türkentauben leben in Saisonehe, die oft über mehrere Jahre mit demselben Partner geschlossen wird. Auffälliges Balzritual ist das Nistplatzzeigen, bei dem der Tauber an verschiedenen geeigneten Standorten verharrt und in charakteristischer Haltung das Weibchen heranruft. Das Nest wird vorzugsweise in Bäumen oder Büschen, aber auch an Gebäuden gebaut. Die Jungen verlassen nach 16 bis 19 Tagen das Nest, bleiben aber noch eine Woche in dessen Nähe.

HOHLTAUBE

Die Hohltaube unterscheidet sich von der ihr ähnlichen Ringeltaube durch die feh-

Turteltaube

BIOLOGIE – IM REVIER

Art: Turteltaube (*Streptopelia turtur*)

Maße, Gewicht: GL 26–28 cm, SW 47–53 cm, 100–250 g

Aussehen: Oberkopf und Nacken grau, Halsseiten schwarz-weiß quergestreift; oberseits rostbraun mit schwarzen Flecken; Kehle und Brust rötlich; langer Stoß mit weißer Endbinde; roter Augenring

Fortpflanzung: *Balz*: ab April/Mai; *Brutdauer*: 13–15 Tage, *Gelegegröße*: 2; 1–2 Jahresbruten; *Brutperiode* Mai–Juli

Jagd: In BRD ganzjährig geschont; hat in A in einzelnen Ländern Jagdzeit; in der CH geschützt

lenden weißen Halsseitenflecken und das schwarze Armflügelband.
Vorkommen: Die Hohltaube fehlt in Europa nur im äußersten Norden und brütet bis nach Asien hinein. Im westlichen Mitteleuropa und in Westeuropa ist sie Jahresvogel, Brutvögel aus dem Norden und Osten überwintern in Westeuropa und im Mittelmeerraum. Sie ist nirgendwo in größerer Anzahl anzutreffen. Als Höhlenbrüter lebt sie bevorzugt in altholzreichen Wäldern und größeren Parkanlagen mit einem ausreichenden Angebot an Baumhöhlen sowie in Felsschluchten mit Höhlenangebot.
Lebensweise und Fortpflanzung: Die Hohltaube lebt scheu und unauffällig. Beim Herbstzug gesellen sich einzelne Hohltauben auch gern unter Ringeltaubenschwärme. Die Hohltaube fliegt reißend schnell mit einem pfeifenden Fluggeräusch. Sie nistet in Baumhöhlen, v. a. Schwarzspechthöhlen, aber auch in Felshöhlen (Name).

TURTELTAUBE
Vorkommen und Lebensraum: Die Turteltaube kommt als Brutvogel von April bis September/Oktober in ganz Europa mit Ausnahme Skandinaviens, Islands, Irlands und Schottlands vor. Sie überwintert südlich der Sahara. Lebensräume sind lichte Wälder, v.a. Auwälder, Parks, Rebflächen und Feldgehölze.
Lebensweise und Fortpflanzung: Die Turteltaube lebt überwiegend paarweise. Sie fliegt schnell und geräuschlos. Ihre Nahrung ähnelt der ihrer Verwandten und wird ausschließlich am Boden aufgenommen. Sie äst vorzugsweise Samen von Ackerwildkräutern, nimmt z. Teil aber auch Koniferen-Samen. Das Nest wird in nicht allzu großer Höhe in Büschen oder jungen Baumbeständen von beiden Partnern gebaut. Die Jungen sind in den ersten 8 bis 10 Tagen blind, ihre Nestlingszeit dauert 15 bis 18 Tage. In Südeuropa wird die Turteltaube auf dem Durchzug z. T. intensiv bejagt.

Graureiher/Silberreiher

BIOLOGIE – IM REVIER

Art: Graureiher (*Ardea cinerea*)

Maße, Gewicht: GL 85–100 cm, SW 160–180 cm, 1.000–2.000 g

Aussehen: Storchengroß, langer dünner Hals, kräftiger Schnabel; überwiegend grau mit grauen bzw. schwarzen Schmuckfedern auf Rücken und Nacken; Flügel tlw. schwarz, weiße Bugflecken; schwarze Streifen beidseits des weißen Scheitels

Fortpflanzung: *Balz*: (Jan.) Feb./März; *Brutperiode:* März–Mai, *Brutdauer*: 25–28 Tage, *Gelegegröße*: 3–5

Laute: kurzes heiseres Krächzen

Geläuf: Großer Tritt von 14–17 cm Länge und 11–12 cm Breite; lange Hinterzehe deutlich abgedrückt

Jagd: In Bayern Jagdzeit an geschlossenen Gewässern, sonst Regulierung nur mit Sondergenehmigung; in A tlw. ähnliche Regelungen; in CH nicht jagdbar

---

Art: Silberreiher (*Egretta alba*)

Maße, Gewicht: GL 85–100 cm, SW 145–170 cm, 1.000–1.500 g

Aussehen: Gestalt ähnlich Graureiher, weißes Gefieder, gelber Schnabel und dunkle Ständer

Fortpflanzung: *Balz*: Feb./März; *Brutperiode*: April–Mai (Juni), *Brutdauer*: 25–26 Tage, *Gelegegröße*: 3–5

Jagd: In der BRD, A und CH nicht jagdbar

GRAUREIHER

Vorkommen und Lebensraum: Der Schreit- oder Stelzvogel (*Ciconiiformes*) kommt im gemäßigten Europa und Asien und fast gesamten südlichen Afrika vor. In Westeuropa überwiegend Jahresvogel, zieht er aus den östlichen Brutgebieten nach West- und Südwesteuropa, ans Mittelmeer und nach Nordafrika. Er bevorzugt fischreiche, seichte Gewässer mit Röhrichtflächen, ist er aber bis in Dörfer und Städte vorgedrungen.

Ernährung und Lebensweise: Er frisst hauptsächlich Fische, Amphibien und Wasserinsekten, aber auch Wasserratten, Feldmäuse und Maulwürfe und gelegentlich Eier und Jungl von Bodenbrütern. Auf der Suche schreitet er durch Flachwässer oder über Felder oder lauert der Beute regungslos auf. Er fliegt mit langsamem Flügelschlag, S-förmig zurückgelegtem Hals (Störche und Kranich: gestreckter Hals) und nach ausgestreckten Ständern.

Fortpflanzung: Graureiher leben in Saisonehe. Sie horsten kolonieweise in Bäumen, selten auch im Schilf und ziehen die Jungen gemeinsam auf, zu deren Fütterung sie Futter aus ihrem Kehlsack hervorwürgen. **Jagd**: Fischreiher nutzen das Nahrungsangebot in ungesicherten Fischzuchtanlagen. Zur Reduktion fischereiwirtschaftlicher Schäden werden sie mit behördlicher Genehmigung teilweise reguliert .

SILBERREIHER

Vorkommen und Lebensraum: Der weltweit weitest verbreitete Reiher kommt steigenden Zahlen vor allem in Süd- und Mitteleuropa in ähnlichen Lebensräumen wie der Graureiher vor.

Ernährung und Lebensweise: Sie ähneln stark denen des Graureihers.

Fortpflanzung: Silberreiher brüten kolonie- und einzelpaarweise. Ihre Nester bauen sie versteckt im Röhricht. Jungvogelausfälle erreichen im ersten Lebensjahr 75 %, Nachgelege kommen vor.

Jagd: Silberreiher sind in Deutschland, Österreich und der Schweiz nicht jagdbar.

Weißstorch

BIOLOGIE – IM REVIER

Art: Weißstorch (*Ciconia ciconia*)

Maße, Gewicht: GL 100–115 cm, SW 195–215 cm, 3–3,5 kg

Aussehen: Beide Geschlechter: Weißes Gefieder mit tiefschwarzen Arm- und Handschwingen; leuchtend roter Schnabel, rote Ständer

Fortpflanzung: *Balz*: ab (Feb.) März *Brutdauer*: 31–34 Tage, *Gelegegröße*: 3–6; *Brutperiode*: März–Juni

Gewölle: Mit unverdaulichen Nahrungsresten durchsetzt

Laute: Typisches Klappern beider Geschlechter zur Begrüßung

Geläuf: Trittgröße ähnlich Graureiher, Hinterzehe aber nur als schwache Vertiefung abgedrückt

Jagd: In der BRD unterliegt der Weißstorch nicht dem Jagdrecht; in A zählt er in einzelnen Bundesländern zum Wild, hat aber keine Jagdzeit; in der CH ist er geschützt.

Vorkommen und Lebensraum: Das Brutareal des Weißstorchs erstreckt sich von Nordwestafrika über weite Bereiche Europas mit Ausnahme der Britischen Inseln und Fennoskandinaviens, ein weiteres liegt in Zentralasien. Ursprünglich in ganz Europa vertreten, ist die Art nach Trockenlegung zahlreicher Feuchtgebiete v. a. in Mitteleuropa stark zurückgegangen und in manchen Gebieten ausgestorben. Nach intensiver Förderung ist der Weißstorch in Westdeutschland stellenweise wieder häufiger geworden. In größeren Zahlen brütet er noch in Spanien, in Ostdeutschland und den osteuropäischen Ländern. Der Langstreckenzieher überwintert in Afrika.

Ernährung und Lebensweise: Der Weißstorch frisst Frösche, Mäuse, Insekten, Hamster, Fische und Reptilien, aber auch Aas. Er nimmt auch die Eier und Jungvögel von Bodenbrütern.

Seine Nahrung sucht er schreitend im Flachwasser, auf Wiesen und Äckern. Außerhalb der Brutzeit findet er sich in Trupps zusammen, die zur Zugzeit Hunderte von Vögeln umfassen können.

Fortpflanzung: Aus der Saisonehe wird infolge der ausgeprägten Nistplatztreue der Weißstörche oft eine Dauerehe. Das Männchen trifft vor dem Weibchen ein und besetzt den Brutplatz. Typisch ist das rituelle, laute Schnabelklappern, mit dem sich die Partner am Horst begrüßen (vgl. Foto unten). Sie brüten eigentlich in Bäumen, nehmen ersatzweise aber auch Horstunterlagen auf Dächern und Schornsteinen an. Die Jungen sind nach ca. 60 Tagen beflogen.

Schwarzstorch

BIOLOGIE – IM REVIER

Art: Schwarzstorch (*Ciconia nigra*)

Maße, Gewicht: GL 96–100 cm, SW 185–205 cm, 2,8–3,2 kg

Aussehen: Beide Geschlechter: Kopf, Hals und Oberseite schwarz mit metallisch grünem Schimmer, unterseits weißlich grau; Ständer und Schnabel rot, rotes Augenumfeld

Fortpflanzung: *Balz:* April, *Brutdauer*: 32–36Tage, *Gelegegröße*: 3–5; *Brutperiode*: April–Juni

Gewölle: Mit Haaren, Federn, Chitinresten

Geläuf: Tritte etwas kleiner als die des Weißstorchs, Hinterzehe nur als schwache Vertiefung abgedrückt

Jagd: In der BRD unterliegt der Schwarzstorch nicht dem Jagdrecht; in A zählt er in einzelnen Bundesländern zum Wild, hat aber keine Jagdzeit; in der CH ist er geschützt.

Vorkommen und Lebensraum: Das Brutgebiet des Schwarzstorchs umfasst den Süden der Iberischen Halbinsel und erstreckt sich von Mitteleuropa an ostwärts in einem breiten Streifen bis nach Zentral- und Ostasien. Er ist der am weitesten verbreitete Vertreter der Störche, jedoch in vielen Teilen seines potenziellen Verbreitungsgebietes zur Ausnahmeerscheinung geworden. Die wichtigsten Brutgebiete in Europa liegen im Tiefland von Polen, Weißrussland und in den baltischen Staaten. In Deutschland existieren nur Restbestände, v. a. in Niedersachsen und Bayern. Sie haben sich in den letzten Jahren etwas erholt. Nur im Südwesten der Iberischen Halbinsel ist der Schwarzstorch Jahresvogel, ansonsten ein Langstreckenzieher, der in Ostafrika und im tropischen Westafrika überwintert.
Der Schwarzstorch oder Waldstorch ist ein Kulturflüchter und lebt scheu in ungestörten großen Wäldern in der Nähe von fischreichen, flachgründigen Gewässern und Feuchtgebieten bis ins Bergland.

Ernährung und Lebensweise: Der Schwarzstorch ernährt sich v. a. von Fischen, Fröschen, Molchen und Wasserinsekten. Hinsichtlich seiner Nahrung ist er stärker an das Wasser gebunden als der verwandte Weißstorch.
Seine Nahrung sucht der Vertreter der Schreitvögel ähnlich wie der Weißstorch bedächtig im Wasser oder im Sumpfgelände oder Feuchtwiesen schreitend.

Fortpflanzung: Schwarzstörche leben in Saisonehe, die wie beim Weißstorch oft alljährlich mit dem gleichen Partner erneuert wird und daher Dauerehencharakter hat.
Der Horst wird aus Ästen und Zweigen meist in alten Bäumen errichtet, vorzugsweise in deren letztem Höhendrittel, und seltener auch auf Felsvorsprüngen. Er wird oft mehrere Jahre hintereinander genutzt und zu beeindruckenden Ausmaßen ausgebaut. Oft werden auch Ausweichhorste angelegt. Beide Partner bauen und brüten. Die Jungen verlassen den Horst mit etwa 65 Tagen.

Blässhuhn

BLÄSSHUHN

Das Blässhuhn zählt zur Familie der Rallenvögel (*Rallidae*) und wie der Kranich zur Ordnung der Kranichvögel (*Gruiformes*)

Vorkommen und Lebensraum: Das Blässhuhn (Blässralle) ist in ganz Mittel- und Westeuropa Jahresvogel. Die Brutbestände aus Nord- und Osteuropa sowie Asien überwintern in Mittel- und Westeuropa und im Westen der Türkei, stellenweise auch in den Küstenregionen des Mittelmeers. Häufig sind sie an Binnengewässern mit Uferbewuchs, auch in Parks oder Erholungsgebieten, und in Sumpflandschaften mit Freiwasserflächen.

Ernährung: Die Nahrung wird tauchend aus dem Wasser aufgenommen und besteht aus Wasserpflanzen und Sämereien, aus Insekten, Fischlaich, Würmern und anderer tierischer Kost.

Lebensweise: Außerhalb der Brutzeit leben Blässhühner sehr gesellig in größeren Scharen. Beim Schwimmen rucken sie typisch mit dem Kopf vor und zurück. Die wendigen Schwimmer fliegen selten und schwerfällig. In Entenrevieren werden sie ungern gesehen, da sie Wohnraumkonkurrenten der Stockente und zur Brutzeit recht unduldsam sind.

Fortpflanzung: Mitunter kommt es zu *Schachtelbruten*, d. h. einer neuerlichen Eiablage, bevor die letztgeschlüpften Jungvögel beflogen sind. Erstbrutgeschwister helfen bei der Führung jüngerer. Blässrallen halten sich viel, v.a. während der Jungenaufzucht, auf dem Wasser auf.

TEICHHUHN (kleines Foto)

Beide Geschlechter des (Grünfüßigen) Teichhuhns sind oberseits überwiegend dunkel- bis schwarzbraun, unterseits dunkelgrau. Sie haben eine rote Stirnblesse und einen roten Schnabel mit gelber Spitze. Ihre Ständer sind grün (Name!), die Zehen *nicht* mit Schwimmlappen ausgestattet. Der Tritt erinnert etwas an den des Fasans. Etwas seltener als das Blässhuhn, ist auch das Teichhuhn in fast ganz Europa beheimatet, lebt aber unauffälliger in der schützenden Ufervegetation.

BIOLOGIE – IM REVIER

Art: Blässhuhn (*Fulica atra*)

Maße, Gewicht: GL 36–38 cm, SW 70–80 cm, 575–900 g

Aussehen: Beide Geschlechter: Gefieder rußig grau, Kopf schwarz mit weißer Stirnblesse und Schnabel; rote Augen, graubraune Ständer

Fortpflanzung: *Balz*: April/Mai; *Brutdauer*: 21–23 Tage, *Gelegegröße*: 3–12; 1–2 Jahresbruten (Schachtelbruten)

Geläuf: Ruderabdruck aus 3 langen Vorderzehen (mittlere mit 9–10,5 cm am längsten) und deutlich kürzerer Hinterzehe, alle Zehen mit eingekerbten, nicht verbundenen Schwimmlappen

Jagd: In der BRD nur in Hamburg ganzjährig geschont, in A ist es in allen Ländern und in der CH nach JSG jagdbar.

Art: Teichhuhn (*Gallinula chloropus*)

Maße, Gewicht: GL 32–35 cm, SW 50–55 cm, 250–420 g

Aussehen: s. Text

Fortpflanzung: *Balz*: April/Mai; *Brutdauer*: 19–22Tage, *Gelegegröße*: 4–11; 1–3 Jahresbruten (Schachtelbruten)

Jagd: In der BRD und der CH keine jagdbare Art

Großtrappe

BIOLOGIE – IM REVIER

Art: Großtrappe (*Otis tarda*)

Maße, Gewicht: ♂ GL 75–105 cm, SW 210–240 cm, 8–16 (22) kg; ♀ GL 75–85 cm, SW 170–190 cm, 3,5–5 kg

Aussehen: Große Vögel mit ausgeprägtem Geschlechtsdimorphismus, ♂ bis zu 30 % größer als ♀; ♂ Oberhals und Kopf bläulich hellgrau, ab dem 3. Jahr zur Balz- und Brutzeit mit Federbärten unterhalb des Schnabelansatzes; Brust und untere Halsseiten rötlich braun; Oberseite und mittlere Stoßfedern braun mit schwarzer, wellenförmiger Querzeichnung; Brust, Bauch und Unterstoßfedern weiß; ockerfarbene Vorderflügel, breites, weißes Feld auf Arm- und Handflügel, schwarze Schwungfedern; ♀ ähnlich Hahn, aber Kopf ohne Blautönung, oft kein Rotbraun an Unterhals und Brust, weniger Weiß im Flügel

Fortpflanzung: *Balz*: April; *Brutdauer*: 23–28 Tage, *Gelegegröße*: 2–3; *Brutperiode*: Ende April–Mai

Jagd: In der BRD ganzjährig geschont; in A nur länderweise jagdbar ohne Jagdzeit; in der CH keine jagdbare Art

Vorkommen und Lebensraum: Die Großtrappe zählt zu den Kranichvögeln (Ordnung *Gruiformes*) und ist einer der schwersten flugfähigen Vögel der Erde. In ihrem großen ursprünglichen Verbreitungsgebiet zwischen Spanien und der Mongolei kommt sie nur noch inselhaft und sehr lokal vor, in zahlreichen Ländern ist sie ausgestorben. Größere Vorkommen der Unterart *Otis tarda tarda* existieren noch in Spanien und Russland, kleinere in Ungarn, der Ukraine, Portugal, Österreich, Deutschland (Mecklenburg-Vorpommern, Brandenburg, Sachsen und Sachsen-Anhalt) und Marokko. Die Unterart *Otis tarda dybowskii* kommt in geringer Zahl noch in der Mongolei und Südrussland vor. Sie zieht über den Winter nach China. Die typischen Bodenvögel leben auf Grasland, Kultursteppen, Heiden und Ackerflächen.

Ernährung: Großtrappen fressen Saat, Gräser, Körner, Samen und Früchte, aber auch Insekten – v. a. Heuschrecken –, Würmer, Schnecken und kleine Wirbeltiere.

Lebensweise: Großtrappen sind scheu und haben eine große Fluchtdistanz. Gefahren entziehen sie sich meist mithilfe ihres guten Laufvermögens. Nur im Notfall und zur Zugzeit stellen sie ihr gutes Flugvermögen unter Beweis. Sie fliegen kraftvoll mit lang ausgestreckten Hälsen und Beinen. Familienverbände aus Hennen und Jungvögel schließen sich im Herbst und Winter zu größeren Trupps zusammen, ältere Hähne bilden eigene Trupps. In kleinen Beständen werden außerhalb der Brutzeit auch gemischte Trupps beobachtet.

Fortpflanzung: Großtrappen sind polygam. Bei der spektakulären Balz klappen die Hähne ihren Stoß auf den Rücken, drehen die Flügel nach außen und blasen ihre großen Kehlsäcke auf (vgl. keines Foto). In dieser Stellung drehen sie sich zitternd und schwankend um die eigene Achse. Die Hennen erbrüten die Eier allein in einer flachen Bodennestmulde. Die Nestflüchter-Jungen sind mit etwa 5 Wochen beflogen.

Kranich

Vorkommen und Lebensraum: Der Kranich ist der größte (nicht schwerste) Vogel Europas. Nach Lebensraumverlust ab Mitte des 19. Jahrhunderts aus Mittel- und Westeuropa verschwunden, ist das europäische Brutvorkommen heute auf Nord- und Osteuropa beschränkt. Restbestände existieren in Nord- und Ostdeutschland. In jüngerer Vergangenheit ist nach Schutzmaßnahmen eine leichte Bestandserholung zu verzeichnen. Als Durchzügler tritt der Kranich regelmäßig in Norddeutschland auf. Bedeutende Sammelplätze liegen in Mecklenburg, bedeutende Europäische Winterquartiere in Südspanien, weitere u.a. in Nordwestafrika und in der Türkei. Der Kranich brütet in Sümpfen, Mooren, Feuchtwiesen und Verlandungszonen, er rastet auf offenen Flächen. In den Winterquartieren hält er sich gern auf Weideflächen und Getreidefeldern auf.
Ernährung: Der Kranich nimmt Getreide, Hülsenfrüchte und gerne auch Mais, in den Winterquartieren auch Oliven und Eicheln. V. a. im Sommer steigt der Anteil an Insekten, Würmern und auch kleinen Wirbeltieren. Außerhalb der Brutzeit sucht er seine Nahrung meist auf Feldern und Wiesen schreitend.
Lebensweise: Der Kranich ist überwiegend am Tage aktiv, während des Zugs aber auch nachts. Der Zug in die Winterquartiere erfolgt im September/Oktober. Die Vögel ziehen in auffälliger Keilformation. In der Brutzeit leben Kraniche territorial, außerhalb treten sie in z. T. großen Trupps auf.
Fortpflanzung: Dauerehe wird angenommen. Im März/April kehren die Vögel in ihre Brutgebiete zurück und beginnen mit ihrer beeindruckenden, lautstarken Balz: Die Männchen schreiten laut trompetend mit gespreizten Flügeln umher und vollführen Sprünge und Verbeugungen („Kranichtanz“). Das Bodennest wird an unzugänglichen, meist von Wasser umgebenen Standorten gebaut. Die Jungvögel verlassen es nach einem Tag und werden etwa 10 Wochen geführt. Die Familie bleibt auch während des Zugs im Verband.

BIOLOGIE – IM REVIER

Art: Kranich (*Grus grus*)

Maße, Gewicht: GL 114–130 cm, SW 200–230 cm, 4–6 kg

Aussehen: Reiherähnliche Figur mit langen Beinen, langem Hals und schlankem Kopf; beide Geschlechter: Gefieder überwiegend grau; Stirn und Hinterkopf schwarz mit roter unbefiederte Scheitelplatte; Kehle und Halsvorderseite schwarz, Kopfseiten ab den Augen mit weißen, im Nacken zusammenlaufenden Bändern; markanter, über den Stoß hängender Federbusch aus sichelförmig verlängerten Flügelfedern

Laute: Unverwechselbarer, lauter, trompetenähnlicher Ruf

Fortpflanzung: Geschlechtsreif mit 5–6 Jahren; *Balz:* März/April; *Brutdauer*: 28–30 Tage, *Gelegegröße*: 2–3

Geläuf: Tritt 9–11 cm lang, ähnlich Graureiher, aber deutlich kräftigere Vorderzehen und nur als Vertiefung abgedrückte Hinterzehe

Jagd: Der Kranich unterliegt in den deutschsprachigen Ländern nicht dem Jagdrecht.

Steinadler

BIOLOGIE – IM REVIER

Art: Steinadler (*Aquila chrysaëtos*)

Maße, Gewicht: GL 76–89 cm, SW 190–227 cm, 3–6,7 kg (♂ größer und schwerer als ♀)

Aussehen: *Adulte* überwiegend braun bis dunkelbraun mit goldgelbem Oberkopf und Nacken und oft hell rötlichem Brustfleck; graue Schwungfedern; langer, leicht gerundeter grauer Stoß mit 3–5 breiten, dunklen Querbändern (Flugbild); Ständer vollständig befiedert; gelbe Fänge, mächtiger Schnabel; *Juvenile* bis etwa 5 Jahren mit fast schwarzer Stoßendbinde, große weiße Flügelfelder auf den Flügelunterseiten (Flugbild)

Fortpflanzung: Geschlechtsreif mit etwa 5 Jahren; *Balz*: März/April; *Brutdauer*: 43–45 Tage, *Gelegegröße*: 2

Gewölle: Mit unverdaulichen Beuteresten, ohne Knochen (s. S. 140)

Jagd: In der BRD ganzjährig geschont; unterliegt in A länderweise dem Jagdrecht, hat aber keine Jagdzeit; in der CH nicht jagdbar (geschützt)

Vorkommen und Lebensraum: Der Steinadler zählt zu den Echten Adlern (Gattung *Aquila*) und ist in verschiedenen Rassen über Europa, Nordasien, Nordamerika und Nordafrika verbreitet. In Europa kommt er noch im Alpenraum, in Schottland, Skandinavien und im Baltikum vor, außerdem in Nord- und Zentralrussland. Der größte Bestand des Alpenraums lebt in der Schweiz. In Deutschland brütete der Steinadler ursprünglich auch in Waldgebieten der Ebene bis nach Norddeutschland. Bereits im 17. und 18. Jahrhundert wurde er als „Konkurrent" stark verfolgt und gegen Ende des 19. Jahrhunderts vollständig ausgerottet.
In Europa ist der Steinadler zumeist Jahresvogel, im Nordosten wandern v. a. die Jungadler und erscheinen im Winter außerhalb des Brutgebiets.
Er lebt in felsigen Gebirgslandschaften und in den Randgebieten größerer Waldflächen im Hochland und gelegentlich auch der Niederungen. In Asien und Nordafrika bewohnt er auch weite Steppen- und Wüstenlandschaften.
Ernährung: Der Steinadler schlägt im Alpenraum v. a. Murmeltiere, daneben Alpenschneehasen, Reh- und Gamskitze, außerdem Jungfüchse und andere Kleinsäuger sowie Raufußhühner. Im Spätwinter ist Fallwild (Lawinenopfer) von Bedeutung. Auf dem Balkan erbeutet der Steinadler auch Landschildkröten und lässt sie aus großer Höhe auf Felsen fallen, damit ihr Panzer bricht.
Lebensweise: Der Steinadler überrascht seine Beute meist aus dem niedrigen Suchflug heraus und stößt mit Geschwindigkeiten von bis 150 km/h auf sie nieder. Als Ansitzjäger ist er weniger erfolgreich. Die Beute wird nur am Boden geschlagen.

Steinadler

Steinadlerhorste können nach mehrjähriger Benutzung beeindruckende Ausmaße erreichen. Von den beiden Jungvögeln überlebt meist nur der erstgeschlüpfte.

Wie alle Adler ist der Steinadler ein *Grifftöter*, tötet also seine Beute mit den Fängen.

Fortpflanzung: Steinadler leben in Dauerehe und das ganze Jahr im selben Revier. Die Paare finden sich mit 4 bis 5 Jahren zusammen, brüten i. d. R. aber erst im 6. Lebensjahr. Sie zeigen eindrucksvolle Balzflüge, bei denen sich Sturzflüge und Aufstiegsphasen abwechseln („Girlandenflug“). Der Horst wird im Gebirge in Felswänden errichtet und kann nach mehrjähriger Benutzung eine beträchtliche Größe erreichen. Baumhorste werden in den Wäldern Nordosteuropas angelegt, gelegentlich aber auch in den Alpen.

Die Eier werden im Abstand von 3 bis 5 Tagen gelegt, entsprechend schlüpfen die Jungvögel zu unterschiedlichen Zeiten. Das letztgeschlüpfte geht wie bei vielen Adlerarten häufig zugrunde, da es vom älteren und stärkeren bei der Fütterung abgedrängt wird („Kaininismus“). Mit 63 bis 70 Tagen sind die Jungen beflogen, ihre volle Flugfähigkeit erreichen sie aber erst nach weiteren rund 3 Wochen. Sie werden anschließend noch länger von beiden Altvögeln geführt.

Flugbild des Steinadlers

Seeadler

BIOLOGIE – IM REVIER

Art: Seeadler (*Aquila albicilla*)

Maße, Gewicht: GL 77–92 cm, SW 200–245 cm (♀ größer als ♂), ♂ 3,2–4,6 kg, ♀ 5,2–7,5 kg

Aussehen: Überwiegend braun gelbe Ständer nur zur Hälfte befiedert; Fänge und mächtiger Schnabel gelb; *Adulte*, Kopf, Hals und Brust gelblich braun bis rahmfarben, keilförmiger Stoß rein weiß; *Juvenile* mit dunkelbraunem Kopf und Nacken; fahlbraune Oberseite mit dunklen Federspitzen; dunkelbrauner Stoß grau gefleckt

Fortpflanzung: Geschlechtsreif mit etwa 5 Jahren; *Balz*: März/April; *Brutdauer*: 38–40 Tage, *Gelegegröße*: 2

Gewölle: Mit unverdaulichen Beuteresten, ohne Knochen (s. S. 140)

Jagd In der BRD ganzjährig geschont; in A und der CH keine jagdbare Art

Flugbild des Seeadlers

Vorkommen und Lebensraum: Isolierte Seeadler-Populationen bestehen im Südwesten Grönlands, auf Island und im Donauraum. Das Hauptverbreitungsareal erstreckt sich auf Skandinavien und vom nördlichen Mitteleuropa in einem breiten Band ostwärts bis zur Pazifikküste. Wichtige mitteleuropäischen Brutgebiete sind die Seenlandschaften Nordostdeutschlands und des nördlichen Polens. In Großbritannien, Irland, Italien und Frankreich starb der Seeadler aus, in Schottland wurde er wieder eingebürgert. Er lebt an Meeresküsten, Seen, Teichen und Flussläufen. In Mittel- und im südlichen Osteuropa verstreichen nur die Jungvögel aus dem elterlichen Revier, Brutvögel aus dem nördlichen Osteuropa ziehen.

Ernährung: Erbeutet werden überwiegend Fische und Wasservögel bis Schwanengröße (v. a. Blässhühner und Taucher), aber auch Säuger bis hin zu schwachen Rehen und Reptilien. Im Winter geht der Seeadler auch an Aas.

Lebensweise: Fische werden stoßtauchend geschlagen, andere Beute aus dem Suchflug, oft nach kurzem Rütteln, oder von erhöhten Ansitzwarten. Über abtauchenden Wasservögeln streicht und rüttelt der Seeadler oft so lange, bis sie ermattet sind.

In Mitteleuropa halten sich Altvögel auch im Winter in der Umgebung des Reviers auf, ihre Jungvögel wandern im Herbst ab.

Fortpflanzung: Die in Dauerehe lebenden Vögel horsten an Küsten auf Felsen, im Binnenland auf alten, hohen Bäumen. Oft nutzen sie wechselweise mehrere Horste. Die Jungen sind mit 70–90 Tagen beflogen.

Fischadler

BIOLOGIE – IM REVIER

Art: Fischadler (*Pandion haliaëtus*)

Maße, Gewicht: GL 55–69 cm, SW 145–160 cm, ca. 1,2–2 kg (♀ etwas größer und schwerer als ♂)

Aussehen: Unterseite weiß; weißer Scheitel mit dunkler Strichelung, dunkle Zügelstriche von Schnabelwurzel bis zum Nacken; braunes Brustband (beim ♂ auffälliger); Ständer nicht befiedert, *Adulte* oberseits einfarbig grau-braun; Flugbild: helle Unterflügel mit schwarzen Bändern, dunkle, undeutlich gebänderte Schwungfedern; gebänderter Stoß mit dunkler Endbinde; *Juvenile* oberseits dunkel mit weißen Federrändern; Stoß ohne dunkle Endbinde

Fortpflanzung: Geschlechtsreif mit 3–4 Jahren; *Balz*: ab Ende März; *Brutdauer*: 37–38 Tage, *Gelegegröße*: 2–4, meist 3

Jagd: In der BRD ganzjährig geschont; in A und der CH keine jagdbare Art

Fischadler im Flug

Vorkommen und Lebensraum: Der Fischadler zählt zur gleichnamigen Familie (*Pandionidae*) und ist in 4 Rassen abgesehen von Südamerika fast weltweit verbreitet. Er brütet im Norden und Osten Europas und quer durch Asien bis zum Pazifik. Die Bestände in Deutschland, vor allem in BB und MV, zeigen eine leichte Aufwärtsentwicklung. Lebensraum sind saubere, klare Seen und Küstenbuchten mit hohen Bäumen (Horstmöglichkeiten). Brutvögel aus Europa und Nordasien überwintern überwiegend im tropischen Westafrika bzw. in Südasien.

Ernährung und Lebensweise: Der Fischadler lebt fast ausschließlich von Fischen. Dabei stellen Hechte und Forellen einen großen Anteil. Seine Beute schlägt er aus dem Rüttelflug mit den Fängen voran stoßtauchend. Große Fische greift er mit beiden Fängen, an denen je zwei Zehen nach vorn und nach hinten gerichtet sind. Die Beute wird in der Luft mit dem Kopf voran getragen. Es kommt vor, dass der Fischadler starke Fische nicht bewältigt. Brütende Fischadler sind territorial. Die Jungvögel bleiben im 1. Jahr vermutlich im Überwinterungsgebiet und ziehen höchstens bis in den Mittelmeerraum.

Fortpflanzung: Die Saisonehe wird infolge starker Brutplatztreue beider Partner oft jährlich erneuert. Ihren Horst errichten Fischadler in Baumwipfeln (v. a. Kiefer), Kunsthorste – im Zuge der Artenförderung oft auf Strommasten bereitgestellt – werden ebenfalls angenommen. Die mehrjährig genutzten Horste können sehr groß werden und weit entfernt vom Jagdrevier liegen. Das Weib brütet überwiegend und wird nur kurzzeitig zum Kröpfen von Beute abgelöst. Beute beschafft auch während der Jungenaufzucht nur das Männchen. Die Jungen sind mit 55 bis 60 Tagen beflogen, bleiben aber oft bis in den Herbstzug hinein im Familienverband.

Habicht

BIOLOGIE – IM REVIER

Art: Habicht (*Accipiter gentilis*)

Maße, Gewicht: GL 48–61 cm, SW 98–117 cm (♀ größer als ♂), ♂ 580–870 g, ♀ 880–1.320 g

Aussehen: *Adulte* oberseits bläulich grau (♂) bzw. schiefergrau (♀), unterseits weißlich grau mit enger, dunkler Querbänderung („gesperbert"); weißer Überaugenstreif; langer Stoß mit 4 breiten, dunklen Querbinden; lange, unbefiederte Ständer und Fänge gelb; orange-rotes bis leuchtend gelbes Auge; *Juvenile* unterseits rötlich weiß und grob braun gefleckt („Rothabicht"); Flugbild: kurze, breite und abgerundete Schwingen

Fortpflanzung: Brut meist erst im 3. Lebensjahr; *Balz:* Jan./Feb.–März; *Brutdauer*: 36–41 Tage, *Gelegegröße*: (2)3–4(5); *Brutperiode*: Ende März–Juli

Revierzeichen: Gewölle (s. S. 140), Rupfungen, Mauserfedern unter Horstbäumen

Jagd: In der BRD ganzjährig geschont, in Einzelfällen Lebendfang mit Sondergenehmigung (Habichtskorb) möglich; in A Wild ohne Jagdzeit, in der CH keine jagdbare Art

Vorkommen und Lebensraum: Das Verbreitungsgebiet des Habichts erstreckt sich über die gesamte Nordhalbkugel. In fast ganz Europa ist er Jahresvogel, die Brutgebiete im äußersten Nordosten werden im Winter geräumt. In Deutschland war der Bestand in den 70er Jahren des letzten Jahrhunderts dramatisch zurückgegangen, hat seitdem aber infolge des Verbots verschiedener Pestizide, die er als Endglied der Nahrungskette mit negativen Folgen für den Bruterfolg anreicherte, und aufgrund der Vollschonung wieder deutlich zugenommen. Als europäischer Wintergast taucht der Habicht im Nordwesten des kontinentalen Mitteuropas, auf der Iberischen Halbinsel und westlich des Schwarzen Meeres auf.
Bevorzugte Lebensräume des Habichts sind deckungsreiche Landschaften mit Wäldern und offenen Flächen.
Ernährung: Dem ausgeprägten Geschlechtsdimorphismus entsprechend haben Terzel und Weib unterschiedliche Beutespektren. Der Terzel schlägt bevorzugt Kleinvögel bis hin zu hühnergroßen Vögeln, v. a. Amseln, Stare, Tauben, Eichelhäher, Elstern und Krähen, aber auch Rebhühner. Das Weib schlägt keine Klein- und durchschnittlich größere Vögel, darunter auch Raufußhühner und Fasane. Es erbeutet daneben viel häufiger Kaninchen und Hasen als der Terzel. Bevorzugt jagen Terzel und Weib aber Tauben.
Lebensweise: Der Habicht jagt als Überraschungsjäger aus der Deckung heraus und fliegt seine Beute bevorzugt kurz über dem Boden an. Seltener ist die Ansitzjagd. Mit seinen kurzen breiten Flügeln ist er an die Jagd in Wald und Hecken angepasst und zu wendigen Flugmanövern imstande, so dass er fliehende Beute über längere Distanzen verfolgen kann. Als *Grifftöter* tötet er seine Beute mit den kräftigen Fängen. Er rupft und kröpft sie in guter Deckung. Die Rupfungen können

Habicht

Rupfung des Habichts

über mehrere Plätze verteilt sein. Sie unterscheiden sich wie alle Greifvogelrupfungen von den Rissen des Haarraubwilds durch die nicht glatt abgebissenen, sondern ausgerupften und abgescherten Federkiele. Typisch für den Flug des Habichts ist der Wechsel aus Flügelschlagen mit längeren Gleitphasen.

Balz und Horstbau: Habichte sind ausgesprochen reviertreu und leben in Dauerehe. Ihre Balz beginnt bei günstiger Witterung bereits Ende Januar und erreicht im März ihren Höhepunkt. Sie ist an wellenförmigen Balzflügen zu erkennen, die denen des Ringeltaubers ähneln und außerhalb des Waldes in größerer Höhe über dem Brutrevier vollführt werden. Als optisches Signal fungieren dabei die gespreizten weißen Unterstoßfedern.

Ihre Horste bauen Habichte aus Zweigen und Ästen auf alten Bäumen, vorzugsweise Nadelbäumen. Der mit grünen Zweigspitzen belegte Horst wird oft über mehrere Jahre benutzt und ausgebaut, sodass er große Ausmaße erreicht.

Brut: Nach Ablage des 2. Eis brütet das Weib und wird vom Terzel mit Beute versorgt, gleichzeitig mausert es. Wenn die Jungvögel 3 bis 4 Wochen alt sind, beteiligt sich das Weib wieder an der Jagd, bleibt aber über mehrere Wochen immer in der Nähe des Horstes. Mit etwa 40 Tagen stehen die Jungen als so genannte „Ästlinge" im Nest, wenige Tage später sind sie voll beflogen. Von den Altvögeln werden sie aber noch 3 bis 4 Wochen mit Beute versorgt.

Flugbild des Habichts

Sperber

BIOLOGIE – IM REVIER

Art: Sperber (*Accipiter nisus*)

Maße, Gewicht: GL 28–38 cm, SW 60–75 cm (♀ größer als ♂), ♂ 143–155 g, ♀ 260–325 g

Aussehen: *Adulte* ♂ oberseits bläulich grau, unterseits eng rostbraun quergebändert („gesperbert“), ♀ oberseits schiefergrau, unterseits braun-grau quergebändert, slt. mit rostrotem Anflug; weißlicher Überaugenstreif; langer Stoß mit 4–6 dunklen Querbinden; unbefiederte Ständer, Augen und Fänge gelb; *Juvenile* oberseits braun, Bänderung der Unterseite grob und an Brust und Kehle oft unterbrochen; Flugbild: kurze, breite und abgerundete Schwingen, langer Stoß;

Fortpflanzung: *Balz:* Jan./Feb.–März; *Brutdauer*: 31–36 Tage, *Gelegegröße*: 3–6; *Brutperiode*: Ende April–Juni

Revierzeichen: Gewölle mit knochenlosen Beuteresten (s. S. 140), Rupfungen, Mauserfedern unter Horstbäumen

Jagd In der BRD ganzjährig geschont; in A Wild ohne Jagdzeit; in der CH keine jagdbare Art

Flugbild des Sperbers

Der Sperber gleicht äußerlich dem Habicht, ist aber durchschnittlich deutlich kleiner. Ein starkes Sperberweib kann jedoch fast die Größe eines schwachen Habichtterzels erreichen. Juvenile Sperber sind unterseits nicht gefleckt.

Vorkommen und Lebensraum: Die Art ist in ganz Europa mit Ausnahme Islands und des äußersten Nordens und Nordostens bis nach Asien hinein verbreitet. In Mitteleuropa überwintert er teils im Brutrevier, teils zieht er nach Südwesten in den Mittelmeerraum. Nordeuropäische und russische Brutvögel überwintern in Mitteleuropa, sibirische im Mittleren Osten, in Indien und China. Vor gut 30 Jahren war der Sperber v.a. durch Pestizidbelastung stark bedroht. Bevorzugter Lebensraum des Sperbers sind unterbrochene Nadel- und Mischwälder sowie Hecken- und Buschlandschaften.

Ernährung: Der Sperber schlägt v. a. Kleinvögel und Mäuse, erbeutet aber auch Frösche und Insekten. Während das Weib auch Tauben schlägt, vermag der Sprinz nur Vögel bis etwa Drosselgröße zu bewältigen.

Lebensweise: Als Überraschungsjäger jagt der Grifftöter im Suchflug entlang von Hecken und Gebüsch oder vom Ansitz aus. Dem Beobachter verrät sich die Anwesenheit des rasanten, wendigen Jägers oft durch das aufgeregte Gezeter und Auseinanderstieben von Kleinvögelgruppen. Gelegentlich verfolgt er in seinem Eifer die Beute sogar durch offene Fenster oder prallt gegen geschlossene.

Fortpflanzung: Sperber leben reviertreu in Dauerehe und horsten dicht am Stamm von Nadelbäumen, selten auf Laubbäumen. Am Boden finden sich Federn des beim Brüten mausernden Weibs. Aufgabenverteilung zwischen Sprinz und Weib wie beim Habicht. Nach 26–30 Tagen fliegen die Jungen aus, bleiben aber noch 2 bis 3 Wochen bettelnd in Horstnähe.

Mäusebussard

Vorkommen und Lebensraum: Der Mäusebussard ist der häufigste Greifvogel Mitteleuropas. Mit Ausnahme Irlands, Islands und der skandinavischen Hochländer brütet er in ganz Europa bis nach Asien hinein. In Mitteleuropa sind die Altvögel überwiegend Jahresvögel, während die Jungvögel im Herbst nach Südwesten, v. a. nach Frankreich abziehen. Vögel aus den weiter nördlichen und östlichen Gebieten ziehen zum Teil nach Mitteleuropa. Der Mäusebussard ist an Kulturlandschaften angepasst. Er kommt in weiten Teilen Europas das ganze Jahr vom Flachland bis ins Gebirge und von dünn besiedelten Gebieten bis in die Randbereiche von Großstädten vor. Nur das Innere großer Waldgebiete wird gemieden.
Ernährung: Der Mäusebussard schlägt überwiegend Feldmäuse, z. T. auch Kleinsäuger – bei Gelegenheit auch Junghasen und -kaninchen –, Vögel, Reptilien und Amphibien. Im Winter geht er auch an Aas.

Lebensweise: Der Mäusebussard jagt i. d. R. als Ansitzjäger und streicht seine Beute von erhöhten Warten aus an, seltener jagt er aus dem niedrigen Suchflug heraus und rüttelt. Er kann keine Beute in der Luft schlagen. Sein Flug ist nicht so schnell und wendig wie der des Habichts und seine Fänge sind schwächer, sodass er nicht so große Beutetiere wie jener überwältigen kann. Bei entsprechender Thermik lässt er sich oft in minutenlangem Segelflug von Aufwinden in engen Kreisen in die Höhe tragen.
Während der Brutzeit leben Mäusebussarde territorial.
Fortpflanzung: Die Reviertreue der Mäusebussarde führt oft zur Dauerehe. Den Horst errichten sie auf Bäumen in Waldrandzonen, aber auch in Feldgehölzen oder auf Solitärbäumen. Die Jungvögel sind mit 6 bis 7 Wochen beflogen und nach weiteren 6 bis 8 Wochen selbstständig.

BIOLOGIE – IM REVIER

Art: Mäusebussard (*Buteo buteo*)

Maße, Gewicht: GL 51–57 cm, SW 113–128 cm, ♂ 600–900 g, ♀ 800–1.200 g

Aussehen: Sehr unterschiedlich gefärbt: Beide Geschlechter oberseits meist dunkelbraun, oft mit hellen Armflügelfeldern, unterseits dunkel mit hellem Brustband; einzelne Vögel aber auch einfarbig schwarz-braun, fast weiß oder gescheckt; heller Stoß immer eng grau gebändert; Ständer halb befiedert; *Adulte*: hellere Partien unterseits quergebändert, breite dunkle Stoßendbinde, Hinterrand der Flügelunterseite und fingerartig gespreizte äußere Schwungfedern dunkel; *Juvenile*: Brust längsgestrichelt, ohne breite Stoßendbinde und dunkle Flügelhinterränder; *Flugbild*: lange, breite Flügel und kurzer, breit gefächerter Stoß

Fortpflanzung: Geschlechtsreif mit 2–3 Jahren; *Balz*: Feb./März; *Brutdauer*: 33–36 Tage, *Gelegegröße*: 2–3(4); *Brutperiode*: Ende März–Juli

Gewölle: s. S. 140

Jagd: In der BRD ganzjährig geschont; in A Wild ohne Jagdzeit; in der CH nicht jagdbar

Mäusebussard im Flug

Raufuß-/Wespenbussard

BIOLOGIE – IM REVIER

Art: Raufußbussard (*Buteo lagopus*)

Maße, Gewicht: GL 51–61 cm, SW 120–150 cm, ♂ ca. 850 g, ♀ ca. 1.000 g

Aussehen: Ähnlich Mäusebussard, aber fast weißer Stoß mit dunkler Endbinde, weiße, kontrastreiche Unterseite mit schwarzem Bauch und voll befiederte Ständer, schwarzer Bugfleck auf Fügelunterseiten (Flugbild)

Fortpflanzung: *Balz:* ab Ende März; *Brutdauer*: ca. 31 Tage (Mai–Juli), *Gelegegröße*: 3–5(7)

Jagd: In BRD und A ohne Jagdzeit; in CH nicht jagdbar

Art: Wespenbussard (*Pernis apivorus*)

Maße, Gewicht: GL ca. 55 cm, SW ca. 130 cm, 730–790 g

Aussehen: Oben braun mit aschgrauem (♂) bis grau-braunem (♀) Kopf und Nacken, unten variabel dunkel bis weißlich mit dunklen Flecken oder Bändern; brauner Stoß mit 2 schmalen Binden an Wurzel und breiter Endbinde; Augen und halb befiederte Ständer gelb; derbe Federn am Oberschnabel; kleiner Kopf im Flug vorgestreckt

Fortpflanzung: *Balz:* Mai; *Brutdauer*: 32–36 Tage (Mai–Juli) *Gelegegröße*: 1–3, meist 2

Jagd wie Mäusebussard

RAUFUSSBUSSARD

Vorkommen und Lebensraum: Der Raufußbussard ist über den Nordrand Eurasiens und Nordamerikas verbreitet. In Mitteleuropa ist er Durchzügler und v. a. südlich einer Linie von der Elbe bis zur Ukraine Wintergast. Er brütet in Mooren, Bergtälern und -tundren, gelegentlich auch in Wäldern der tieferen Lagen.

Ernährung und Lebensweise: Der Raufußbussard jagt im Suchflug und rüttelnd Kleinsäuger, v. a. Lemminge und Wühlmäuse, in den Winterquartieren v. a. Feldmäuse. Seine Brutgebiete verlässt er ab Ende August, der Rückzug erfolgt im März/April.

Fortpflanzung: Der Horst ist je nach Lebensraum auf Klippen, auf Bäumen oder auch am Boden gebaut. Die Jungen sind mit 5 bis 6 Wochen beflogen.

Wespenbussard im Flug

WESPENBUSSARD (kleines Foto)

Vorkommen und Lebensraum: Der Wespenbussard brütet in fast ganz Kontinentaleuropa mit Ausnahme Nordskandinaviens und bis nach Westsibirien, er überwintert im tropischen Afrika. Sein Lebensraum sind in Europa Wälder in der Nähe von Feuchtgebieten und Feldern.

Ernährung und Lebensweise: Hauptnahrung des Wespenbussards sind Wespen und deren Larven sowie andere Insekten. Durch harte Federn zwischen Schnabelgrund und Augen geschützt, gräbt er Wespennester mit Fängen und Schnabel aus. Würmer und Frösche werden auch erbeutet, nur selten Mäuse und Vögel. Auf dem Zug treten die Vögel in größeren Trupps auf. Der Horst wird auf Bäumen im Waldrandbereich errichtet und fortwährend mit frischen Zweigen belegt. Die Jungen sind mit 40 bis 48 Tagen beflogen.

Gewölle

Uhu
Seeadler
Steinadler
Schleiereule
Raufußbussard
Wanderfalke
Roter Milan
Habicht
Waldohreule
Wespenbussard
Turmfalke
Schwarzer Milan
Sperber
Steinkauz
Waldkauz
Baumfalke
Rohrweihe
Mäusebussard

Roter Milan

BIOLOGIE – IM REVIER

Art: Rotmilan (*Milvus milvus*)

Maße, Gewicht: GL 60–66 cm, SW 145–165 cm, ♂ ca. 930 g, ♀ ca. 1.140 g

Aussehen: Oberseits mittelbraun mit helleren Federsäumen; unterseits rostrot; Kopf rötlich weiß mit dunkler Strichelung; Oberflügel mit gelb-braunem Bug (im Flug Diagonalband); gegabelter Stoß oberseits rostfarben, unterseits heller; *Adulte*: Stoß tief gegabelt, Oberflügelfedern ohne weiße Spitzen, Brust und Bauch mit schwarzer Strichelung; *Juvenile*: Stoß schwächer gegabelt, Oberflügelfedern mit weißen Spitzen, Unterseite mit hellen Schaftstrichen

Fortpflanzung: Geschlechtsreif z.T. erst mit 3 Jahren; *Balz*: ab Ende März/Anf. April; *Brutdauer*: 30–32 Tage, *Gelegegröße*: 2–3(4); *Brutperiode*: Ende April–Juni

Gewölle: s. S. 140

Jagd In der BRD ganzjährig geschont; in A keine Jagdzeit und länderweise kein Wild; in der CH nicht jagdbar

Flugbild des Roten Milans

Vorkommen und Lebensraum: Das Verbreitungsgebiet des Roten Milans – irreführend auch „Gabel-" oder „Königsweihe" – erstreckt sich von den Kanarischen Inseln, Nordwestafrika, und der Iberischen Halbinsel über Süd- und Mitteleuropa bis nach Südschweden und Westrussland, isolierte Vorkommen existieren in Wales und im Kaukasus. In Mitteleuropa gehört er zu den seltensten Greifvögeln, vergleichsweise häufig ist er noch in Deutschland, v. a. in Sachsen-Anhalt und Mecklenburg-Vorpommern. Rotmilane ziehen i. d. R., insbesondere die nördlichen Brutvögel. Sie überwintern v. a. in Südfrankreich und auf der Iberischen Halbinsel. Lebensraum sind offene Landschaften mit Wäldern, deren lichte Althölzer Horstmöglichkeiten bieten.

Ernährung: Zur Beute des Rotmilans zählen v. a. Kleinsäuger wie Nager oder auch Junghasen, außerdem kleine bis mittelgroße Vögel, Reptilien, Amphibien und an Gewässern auch Fische. Überdies werden Fleischabfälle und Aas gern genommen.

Lebensweise: Seine Beute schlägt der Rotmilan ausschließlich aus dem oft gleitenden bzw. segelnden Suchflug über offenen Flächen, in Mitteleuropa v. a. in der Kulturlandschaft. Dabei lässt er sich meist nicht auf der Erde nieder, sondern greift die Beute im Darüberhinweggleiten. Das Jagdrevier des Grifftöters liegt oft mehrere Kilometer vom Horst entfernt.

Fortpflanzung: Rotmilane sind sehr brutreviertreu, die Paarbindung bleibt vermutlich auch über den Winter erhalten. Der Horst wird in Randbereichen von Wäldern angelegt, typischerweise mit Papier, Plastikfetzen und anderem Zivilisationsmüll ausgekleidet und regelmäßig wieder benutzt. Nach einer Nestlingszeit von 7 bis 8 Wochen werden die Jungen noch etwa 4 Wochen betreut.

Schwarzer Milan

Vorkommen und Lebensraum: Das große Brutareal des Schwarzmilans erstreckt sich über Eurasien bis Japan, über Afrika (ohne Saharagebiet) und Madagaskar sowie über Neuguinea und Australien, in Mitteleuropa ist er jedoch vielfach gefährdet. Er fehlt in Skandinavien und im Nordwesten Europas von der Bretagne bis Dänemark inklusive der Britischen Inseln und Islands. In Deutschland brütet er v. a. an Oberrhein und Neckar, an Donau und Main sowie in Mecklenburg, Brandenburg, in der Lausitz und in Sachsen-Anhalt. Der europäische Schwarzmilan überwintert v.a. südlich der Sahara. Die Art ist ernährungsbedingt an Gewässer gebunden und bewohnt Auwälder sowie Wälder und Gehölze an Binnengewässern bis in die Mittelgebirge.
Ernährung: Einen großen Anteil am Beutespektrum stellen kranke und tote Fische. Gern geht der Schwarzmilan an Aas oder jagt anderen Vögeln ihre Beute ab. Aktiv erbeutet er Kleinsäuger und Vögel, gelegentlich auch Reptilien, Amphibien, Insekten und Regenwürmer.
Lebensweise: Der Schwarzmilan jagt in tiefem, langsamem Suchflug. Fische greift er im Flug von der Wasseroberfläche, sammelt aber auch Fischreste unter Graureiherhorsten. Seine Jagdflüge können kilometerweit vom Horst wegführen. Die Brutreviere bezieht er von März/April bis etwa September. Schwarzmilane verteidigen nur den engeren Horstbereich gegenüber Artgenossen. Schlafplätze werden oft gemeinschaftlich genutzt.
Fortpflanzung: Der mit Lumpen, Plastik und Ähnlichem ausgekleidete Horst wird auf hohen Bäumen in Waldrandzonen und oft in der Nähe von Graureiherkolonien (Fischreste) errichtet. Mitunter horsten mehrere Paare in enger Nachbarschaft. Die Jungen sind mit gut 6 Wochen beflogen und nach weiteren 6 Wochen selbstständig.

BIOLOGIE – IM REVIER

Art: Schwarzmilan (*Milvus migrans*)

Maße, Gewicht: GL 55–60 cm, SW 135–155 cm, ♂ ca. 810 g, ♀ ca. 850 g

Aussehen: Oberseits dunkelbraun; Unterseite etwas heller rötlich braun; Stoß grau-braun und nur schwach gegabelt; *Flugbild*: Flügel oberseits mit mittelbraunem Diagonalband, unterseits mit hellem Handflügelfeld; *Adulte*: Nacken, Kehle und gestrichelter Kopf etwas heller als übriges Gefieder; *Juvenile* ähnlich Adulte, aber mit erdfarbenem Kopf und heller, verwaschener Tropfenfleckung und im Flug hellerem Unterflügelfeld

Fortpflanzung: Geschlechtsreif mit 4 Jahren; *Balz:* ab Ende März/Anf. April; *Brutdauer*: 30–32 Tage, *Gelegegröße*: 2–3(4); *Brutperiode*: Ende April–Juni

Gewölle: s. S. 140

Jagd: vgl. Rotmilan

Flugbild des Schwarzen Milans

Rohrweihe

BIOLOGIE – IM REVIER

Art: Rohrweihe (*Circus aeruginosus*)

Maße, Gewicht: GL 48–55 cm, SW 110–125 cm, ♂ ca. 540 g, ♀ ca. 740 g

Aussehen: *Adulte*: ♂ Rücken, Flügeldecken und Bauch dunkel- bis kastanienbraun mit länglichen Flecken, Kopf und Brust gelblich weiß und längsgestrichelt; heller Flügelbug; Stoß und Armschwungfedern grau, Handschwingen schwarz; ♀ dunkelbraun; Scheitel, Kehle und Flügelbug cremefarben, dunkler Augenstreif bis zur Schulter, oft heller Brustfleck; Stoß rotbraun; *Juvenile* schwärzlich braun, Scheitel, Kehle und manchmal Flügelbug goldgelb; *Flugbild*: breite, V-förmig gestellte Schwingen

Fortpflanzung: Geschlechtsreif mit 2–3 Jahren; *Balz:* Ende März/April; *Brutdauer*: 32–34 Tage, *Gelegegröße*: (3)4–5(6); *Brutperiode*: Ende April–Juni

Jagd: In der BRD ganzjährig geschont; in A keine Jagdzeit und länderweise nicht zum Wild zählend; in der CH nicht jagdbar

Vorkommen und Lebensraum: Die Rohrweihe brütet im gemäßigten Eurasien bis Japan. Ihr europäisches Brutareal reicht von Spanien bis ins südliche Skandinavien, in die Ukraine und nach Russland vor, ist in Mitteleuropa aber nicht zusammenhängend. Sie fehlt auf den Britischen Inseln, Island und in weiten Teilen Skandinaviens. Überwinterungsgebiete liegen v. a. südlich der Sahara, aber auch in Südwesteuropa und im Mittelmeerraum. Wie alle Weihen lebt die Rohrweihe in offenem und vorzugsweise gewässerreichem Gelände. Bevorzugt bewohnt sie Schilf- und Röhrichtbestände in Verlandungszonen.

Ernährung: Beute der Rohrweihe sind Kleinsäuger bis zu Kaninchen und Junghasen, Wasservögel, v. a. Blässhühner und deren Gelege, daneben auch Frösche und Schlangen. In Massenvermehrungsjahren der Feldmaus wird diese zur Hauptbeute.

Lebensweise: Die Rohrweihe jagt im niedrigen Suchflug als Überraschungsjäger über Schilf- und Wasserflächen und dem offenen Gelände und rüttelt wie alle Weihen gelegentlich. Sie schlägt meist am Boden, selten auf dem Wasser oder in der Luft. Mit ihren langen Fängen vermag sie Beute auch in dichter Schilfvegetation noch zu greifen. Sie zeigt oft den für Weihen typischen Gaukelflug mit V-förmig gestellten Schwingen.

Fortpflanzung: Die Balz setzt sofort nach Eintreffen in den Brutgebieten ein und ist an den akrobatischen Balzflügen des Terzels zu erkennen. Der Bodenhorst wird in vorjährigen Schilf- oder Rohrbeständen errichtet, aber auch in ausreichend hoch bewachsenen Raps- oder Getreidefeldern. Die schwächsten Jungvögel verhungern häufig, die überlebenden sind mit etwa 8 Wochen voll beflogen, verlassen aber schon mit ca. 35 Tagen den Horst.

Rohrweihe im Flug

Kornweihe

Vorkommen und Lebensraum: Das Hauptbrutareal der Kornweihe erstreckt sich von Nord- und Osteuropa in einem breiten Gürtel ostwärts bis zum Pazifik. Im Westen Europas brütet sie v. a. in Frankreich und im Norden der Iberischen Halbinsel, auf Irland und im Norden Großbritanniens. Relativ häufiger Brutvogel ist sie auch in den Niederlanden, wenige deutsche Brutvorkommen finden sich v. a. auf den Ostfriesischen Inseln. In Westeuropa ist sie Standvogel, nord- und nordosteuropäische Brutvögel ziehen im Winter nach West-, Mittel- und Südeuropa. Die Kornweihe besiedelt offene Flächen, v. a. Moore, Heiden, Verlandungszonen und Feuchtwiesen, ist aberauch in den Dünengebieten mancher Nordseeinseln und in jungen Aufforstungsflächen anzutreffen.
Ernährung: Das Beutespektrum der Kornweihe kann saisonal und regional stark variieren, i. d. R. sind aber Kleinsäuger, speziell Feldmäuse, ihre Hauptbeute. Daneben werden Frösche, Insekten, auch Vögel und deren Gelege und gelegentlich sogar Junghasen oder junge Rebhühner erbeutet.
Lebensweise: Die Kornweihe schlägt ihre Beute aus dem niedrigen, gleitenden Suchflug, den sie vorzugsweise schräg gegen den Wind durchführt. Wie die Rohrweihe streicht sie typisch „schaukelnd" mit schräg nach oben gestellten Schwingen. Wie jene hakt sie auch selten auf Bäumen auf, sondern bezieht gerne Bodenerhebungen mit guter Rundumsicht.
Fortpflanzung: Nach der Rückkehr ins Brutgebiet besetzt der Terzel ein Revier und lockt das Weib mit auffälligen Schauflügen. Den Bodenhorst in dichter Vegetation baut v. a. das Weib, das auch allein brütet, während der Terzel jagt. Bei hoher Brutpaardichte infolge reichen Nahrungsangebotes kann es zu Polygamie kommen. Jungterzel sind 31–35 Tage Nestlinge, junge Weibchen 35–38 Tage.

BIOLOGIE – IM REVIER

Art: Kornweihe (*Circus cyaneus*)

Maße, Gewicht: GL 43–51 cm, SW 105–125 cm, ♂ ca. 350 g, ♀ ca. 510 g

Aussehen: *Adulte*: ♂ Oberseite, Kehle und scharf abgesetzte Brust blau-grau, Bauch und Deckfedern über Oberstoßbasis weiß; schwarze Handschwingen; ♀ oberseits braun mit weißen Oberstoßdeckfedern, unterseits weißlich gelb mit brauner Strichelung; grau-brauner Stoß mit 5–6 dunklen Querbinden; *Juvenile* ähnlich ♀, aber Unterseite rötlich gelb und v. a. am Bauch schwächer gestrichelt; *Flugbild*: schlanke V-förmig gestellte Schwingen, langer Stoß; Flügelunterseiten des ♂ mit dunklem Hinterrand

Fortpflanzung: Brutreif i. d. R. mit 2 Jahren; *Balz*: April; *Brutdauer*: 30–35 Tage, *Gelegegröße*: 4–6; *Brutperiode*: Mai–Juli

Gewölle: s. S. 140

Jagd: In der BRD ganzjährig geschont; in A keine Jagdzeit und länderweise nicht zum Wild zählend; in der CH nicht jagdbar

Kornweihe im Flug

Wiesenweihe

BIOLOGIE – IM REVIER

Art: Wiesenweihe (*Circus pygargus*)

Maße, Gewicht: GL 41–48 cm, SW 105–115 cm, ♂ ca. 270 g, ♀ ca. 370 g

Aussehen: *Adulte*: ♂ Ähnlich Kornweihen-♂, aber schlanker; Flügel dunkler grau mit schwarzer Armflügelbinde, größerem Schwarzanteil auf Flügelenden und aus der Nähe erkennbarer kastanienbrauner Längsstrichelung auf hellem Bauch, keine weißen Oberstoßdecken; ♀ oberseits dunkelbraun mit weißen Oberstoßdecken, unterseits hell rostbraun mit dunklen Längsstrichen; rostroter Kopf schwarz gestrichelt; *Juvenile* unterseits einfarbig rostrot; *Flugbild*: schlanker Körper, schmale Schwingen und Stoß; Flügelunterseiten des ♂ mit 2 deutlichen schwarzen Querbändern

Fortpflanzung: Brutreif mit 1–2 Jahren; *Balz* April/Mai; *Brutdauer*: 27–30 Tage, *Gelegegröße*: 3–5; *Brutperiode*: Mai–Juli

Jagd: In der BRD ganzjährig geschont; in A keine Jagdzeit und länderweise kein Wild; in der CH nicht jagdbar

Flugbild der Wiesenweihe

Vorkommen und Lebensraum: Als Brutvogel kommt die Wiesenweihe von April bis September in ganz Kontinentaleuropa mit Ausnahme Skandinaviens und lokal an der Küste Südenglands bis nach Osten ins südliche Mittelsibirien vor. In Mitteleuropa ist sie aber nur noch mit wenigen Paaren vertreten. Der ausgesprochene Zugvogel überwintert südlich der Sahara. Die Wiesenweihe brütet vorwiegend in feuchten Niederungen, Flachmooren, Verlandungszonen und Heideflächen, aber auch in Getreidefeldern. Sie kommt in Deutschland sehr selten, wenngleich etwas häufiger als die Kornweihe vor.
Ernährung: Hauptbeute der Wiesenweihe sind Kleinsäuger, v. a. Feldmäuse, kleine Vögel und größere Insekten (Heuschrecken, Libellen, Käfer). Auch junge Rebhühner und gelegentlich Junghasen werden geschlagen. In wärmeren Regionen können Eidechsen einen großen Anteil im Beutespektrum einnehmen.

Lebensweise: Wie alle Weihen jagt die Wiesenweihe im niedrigen Suchflug über offenem Gelände, in landwirtschaftlich genutzten Gebieten auch über Grünland. Der wendige Flieger kann seine Beute verfolgen und auch in der Luft schlagen.
Fortpflanzung: Wie bei allen Weihen trifft der Terzel zuerst im Brutgebiet ein und lockt das Weib mit imponierenden Balzflügel in sein Revier. Infolge der großen Reviertreue finden sich meist die gleichen Partner dauerehenähnlich über Jahre zusammen. Mitunter verpaart sich der Terzel aber noch mit einem zweiten Weib und versorgt dann auch dieses ebenfalls mit Beute.
Der Horst wird vom Weib am Boden im Schutze dichter Vegetation oder auch in Getreidefeldern (v. a. Raps und Wintergerste) errichtet. Der Terzel trägt dem brütenden Weib Beute zu. Nach der 30- bis 40-tägigen Nestlingszeit werden die Jungen noch etwa 2 Wochen versorgt.

Wanderfalke

Vorkommen und Lebensraum: Der Wanderfalke ist zwar in zahlreichen Rassen über alle Kontinente verbreitet, in den vom Menschen dicht besiedelten Teilen seines Areals aber sehr selten geworden und vielfach bedroht. In Mittel- und im südlichen Europa ist er Jahresvogel, v. a. Jungvögel ziehen aber weit umher. Die Brutvögel aus den nördlichen und östlichen Brutgebieten überwintern in West-, Mittel- und Südeuropa.
Die Art lebt in allen Landschaften mit Brutmöglichkeiten von der Ebene bis ins Gebirge, bevorzugt aber steile Felslandschaften und lichtungsreiche Wälder.
In Deutschland vor rund 40 bis 50 Jahren v. a. wegen der Belastung durch Pestizide fast ausgestorben, hat sich die Art nach deren Verbot und intensivem Schutz der Restbestände wieder etwas erholt.
Ernährung: Der Wanderfalke schlägt nur Vögel, wobei das Weib Beute bis zu Fasanengröße überwältigen kann. Hauptbeute sind aber je nach Region (Haus-) Tauben, Drosseln, Stare, Limikolen und Lachmöwen.
Lebensweise: Die Beute wird von erhöhten Ansitzwarten aus oder aus dem kreisenden Suchflug im freien Luftraum geschlagen. Der Wanderfalke jagt aus großer Entfernung an und stößt mit angelegten Schwingen und einer Geschwindigkeit von über 300 km/h auf seine Beute herab. Nicht selten schießt der Falke an der ausweichenden Beute vorbei: Nur etwa jeder 7. Jagdflug ist erfolgreich. Wie alle Falken ist er ein *Bisstöter*. Der Wanderfalke tötet die geschlagene Beute mit dem Schnabel durch einen Nackenbiss.
Fortpflanzung: Wanderfalken bleiben meist lebenslang zusammen. Ihre Eier legen sie in Europa in steilen Felswänden mit freier Anflugmöglichkeit ab. Eine Baumbrüterpopulation im nördlichen Mitteleuropa ist zwischenzeitlich erloschen. Fast nur das Weib brütet, der Terzel trägt Beute zu. Die Jungen fliegen mit 5 bis 6 Wochen aus.

BIOLOGIE – IM REVIER

Art: Wanderfalke (*Falco peregrinus* TUNSTALL)

Maße, Gewicht: GL 39–50 cm, SW 95–115 cm, ♂ 580–720 g, ♀ ca. 860–1.090 g

Aussehen: *Adulte* beider Geschlechter oberseits schiefergrau, Kopf etwas dunkler mit typischem, scharf abgegrenztem schwarzem Bartstreif auf weißlichen Kopfseiten; Kehle und Unterseite weißlich hell, Brust und Bauch dünn dunkel quergebändert; *Juvenile* oberseits bräunlich grau, unterseits mit rötlichem Anflug und kräftigen, dunklen, tropfenförmigen Längsflecken; *Flugbild*: schlanke, spitze, leicht abgewinkelte Schwingen, langer, schmaler Stoß

Fortpflanzung: Geschlechtsreif mit (1–)2 Jahren; *Balz* Feb./März; *Brutdauer*: 29–32 Tage, *Gelegegröße*: 3–4; *Brutperiode*: März–Juni

Jagd: In der BRD ganzjährig geschont; in A keine Jagdzeit und länderweise nicht zum Wild zählend; in der CH nicht jagdbar

Flugbild des Wanderfalken

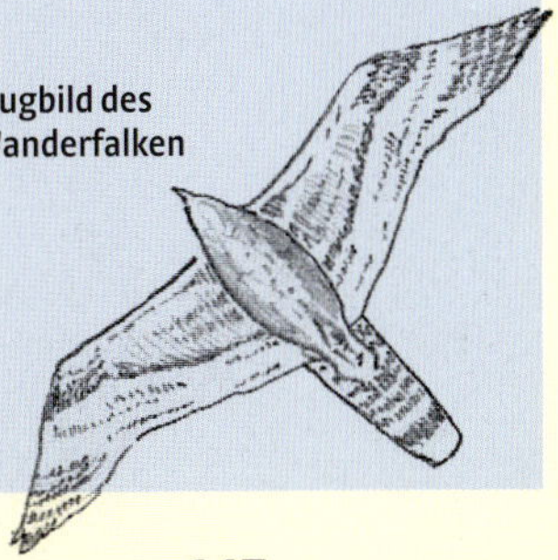

Turmfalke

BIOLOGIE – IM REVIER

Art: Turmfalke (*Falco tinnunculus*)

Maße, Gewicht: GL 33–39 cm, SW 65–80 cm, ♂ ca. 200 g, ♀ ca. 230 g

Aussehen: *Adulte* unterseits rahmfarben mit dunklen Längsflecken; ♂ oberseits kräftig rotbraun mit feinen dunklen Flecken, Kopf grau und schwach gestrichelt; Bürzel und Stoßoberseite ungebändert grau, breite, schwarzer Stoßendbinde; ♀ oberseits weniger rötlich und eher gebändert; Kopf bräunlich und deutlicher gestrichelt; Bürzel und Stoßoberseite braun mit schmaler, dunkler Querbänderung; *Juvenile* wie ♀, aber oberseits gelblicher, Brust grober und diffuser gestrichelt; *Flugbild*: spitze, leicht gewinkelte Schwingen, sehr langer, schmaler Stoß; rascher Flügelschlag, häufiges Rütteln

Fortpflanzung: *Balz:* Ende März/April; *Brutdauer*: 27–31 Tage, *Gelegegröße*: 4–6, meist 5; *Brutperiode*: April–Aug.

Jagd: In der BRD und in A keine Jagdzeit (in Oberösterreich kein Wild); in der CH nicht jagdbar

Turmfalken-Weibchen im Flug

Vorkommen und Lebensraum: Der Turmfalke ist der weitest verbreitete europäische Falke und einer der häufigsten Greife Mitteleuropas. Sein Brutareal erstreckt sich weit über Europa, Asien und Afrika. In Mittel-, West- und Südeuropa ist er häufig Jahresvogel (Stand- und Strichvogel), nördliche und östliche Brutpopulationen überwintern weiter westlich und südlich in Europa, in Nordafrika und Asien. Hinsichtlich des Lebensraums ist er nicht wählerisch. Er hält sich an Waldrändern, in offenem Gelände mit Feldgehölzen, in Felslandschaften und Steinbrüchen auf, horstet aber auch in Städten an Kirchtürmen oder anderen Gebäuden.

Ernährung: Der Turmfalke schlägt überwiegend Kleinsäuger, v. a. Wühlmäuse. In Mitteleuropa sind Feldmäuse seine Hauptbeute, in England und Schottland Erdmäuse. Daneben erbeutet er Eidechsen, Insekten und gelegentlich auch Regenwürmer oder Nacktschnecken.

Lebensweise: Der ausgesprochene Bodenjäger jagt seine Beute vom Ansitz aus oder aus dem Suchflug mit häufigem für ihn charakteristischem Rütteln. Im Sommer haben beide Jagdarten etwa gleiche Bedeutung, im Winter wird die energiesparende Ansitzjagd bevorzugt. Käfer oder Heuschrecken erbeutet der Turmfalke teilweise auch „zu Fuß".

Fortpflanzung: Turmfalken leben vermutlich in Dauerehe. Sofern die Vögel nicht im Brutrevier überwintert, besetzen sie Letzteres im März/April. Die Balz fällt durch eindrucksvolle Balzflüge und häufige Rufe auf.

Als Brutplätze dienen Höhlen und Nischen an Felsen, Steinbrüchen oder Gebäuden sowie die Nester von v. a. Krähen und Elstern, mitunter auch Nistkästen. Der Terzel versorgt das brütende Weib. Nach dem Ausfliegen mit 28 bis 32 Tagen wird den Jungvögeln noch ca. 4 Wochen Beute zugetragen.

Baumfalke/Merlin

BAUMFALKE (Foto oben)
Vorkommen und Lebensraum: Der Baumfalke kommt als Brutvogel in Europa mit Ausnahme Islands, Irlands, des nördlichen Großbritanniens und Teilen Skandinaviens und in Nordasien bis Japan vor. Vögel überwintern im südlichen Afrika. Bruthabitate sind offenes Gelände mit Gehölzen und lichte Wälder.
Ernährung und Lebensweise: Zur Beute des pfeilschnellen Jägers zählen Sperlinge, Schwalben, Lerchen („Lerchenfalke"), Mauersegler und weitere Kleinvögel. Wegen der starken Brutreviertreue bleiben die Partner lebenslang zusammen.
Fortpflanzung: Als Horst dienen meist vorjährige oder bereits verlassene Krähennester in größerer Höhe. Die Jungvögel sind 28 bis 34 Tage Nestlinge.

MERLIN (kleines Foto rechts)
Vorkommen und Lebensraum: Der Merlin oder Zwergfalke ist ein Brutvogel der nördlichen Breiten und brütet in Europa in Island, Großbritannien und Irland (Jahresvogel) und von Skandinavien weiter nach Osten. Er überwintert v. a. in Südeuropa und Nordafrika. Bruthabitate sind offene, baumarme Landschaften.
Ernährung und Lebensweise: Der Merlin schlägt v. a. Kleinvögel bis Drosselgröße in der Luft, meist aus dem Herabstoßen, selten Kleinsäuger oder Jungvögel am Boden. Je nach Region brütet der Merlin am Boden, in Krähennestern auf Bäumen oder in Felsnischen.

BIOLOGIE – IM REVIER

Art: Baumfalke (*Falco subbuteo*)

Maße, Gewicht: GL 28–35 cm, SW 70–84 cm, ♂ ca. 200 g, ♀ ca. 230 g

Aussehen: Sehr ähnlich dem Wanderfalken, aber deutlich kleiner; oberseits schwärzlich grau, fast weiße Unterseite immer kräftig längsgetropft (nie quergebändert) und manchmal rötlich überlaufen; Befiederung an Ständern („Hosen"), Steiß und Unterstoßfedern lebhaft rostrot; *Juvenile*: oberseits dunkel braun-grau, unterseits rötlich gelb mit fast schwarzen Streifen, „Hosen" und Unterstoßfedern ohne Rot

Fortpflanzung: Brutreif mit 2 Jahren; *Balz:* Ende April/Mai; *Brutdauer*: 28–31 Tage, *Gelegegröße*: 2–4, meist 3; *Brutperiode*: Juni–Aug.

Jagd: vgl. Turmfalke

Art: Merlin (*Falco columbarius*)

Maße, Gewicht: GL 25–30 cm, SW 60–65 cm, ♂ 155–180 g, ♀ 190–220 g

Aussehen: ♂ oberseits blaugrau, unterseits rötlich gelb mit dunkler dünner Strichelung; breite, schwarze Stoßendbinde ♀ oberseits braun-grau, unterseits gelblich weiß, kräftig gestreift; Stoß mit 5 kräftigen, dunklen Binden

Uhu

BIOLOGIE – IM REVIER

Art: Uhu (*Bubo bubo*)

Maße, Gewicht: GL 60–75 cm, SW 155–188 cm, 1,6–3,2 kg (♀ größer und schwerer als ♂)

Aussehen: Große Eule mit großem Kopf und auffälligen, fast schwarzen, im Ruhen angelegten Federohren; beide Geschlechter oberseits dunkelbraun mit kräftiger schwarzer Zeichnung, Unterseite gelblich braun mit schwarzen, auf Brust breiten Längsstrichen; große, orange-rote Augen, Ständer bis zu den kräftigen Fängen befiedert; *Flugbild*: Flügeloberseiten und Stoß schwarz gebändert

Fortpflanzung: Geschlechtsreif im 2. Lebensjahr; *Balz:* Feb./März; *Brutdauer*: 34–36 Tage, *Gelegegröße*: 2–4; *Brutperiode*: März–Juli

Gewölle: s. S. 140

Jagd: In der BRD und der CH nicht jagdbar; hat in A keine Jagdzeit (in Oberösterreich kein Wild)

Wie die Käuze und Wald- und Sumpfohreule zählt der Uhu zu den eigentlichen Eulen (*Strigidae*).

Vorkommen und Lebensraum: Das Vorkommen der größten europäischen Eulenart erstreckt sich über Europa mit Ausnahme des Nordwestens und äußersten Nordens, weite Teile Asiens und Nordafrikas. In West- und Mitteleuropa sehr selten geworden, kommt der Uhu nach erfolgreichen Wiedereinbürgerungsmaßnahmen in einigen deutschen Bundesländern, v. a. in Mittelgebirgen und im Alpenraum, wieder vor. In Europasind adulte Uhus Jahresvögel. In Mitteleuropa bewohnen Uhus Kulturlandschaften, Wälder und felsige Gegenden, andernorts auch Steppen, Halbwüsten und Wüstengebiete.

Ernährung: Das breite Beutespektrum des Uhus umfasst kleinere Wirbeltiere, v. a. Mäuse und Ratten, Säuger bis Hasengröße und Vögel bis etwa zur Größe des Bussards. Unter den Vögeln zählen Rabenvögel und Tauben zur Hauptbeute, gelegentlich werden aber auch Taggreife (z. B. Wanderfalke) und kleinere Eulen geschlagen.

Lebensweise: Der Uhu jagt v. a. in der Morgen- oder Abenddämmerung, seltener nachts oder am Tag. Er erbeutet seine Nahrung vom Ansitz aus oder aus dem lautlosen Pirsch-Suchflug. Die Beute lokalisiert er vorwiegend akustisch. Der scheue Vogel lebt ungesellig und verbringt den Tag in Baum- oder Felshöhlen oder versteckt auf Bäumen.

Fortpflanzung: Uhus leben monogam und grenzen im Oktober ihr Brutrevier ab. Sie bauen keine Horste, das Weib legt die Eier in flachen Bodenmulden, alten Greifvogelhorsten, Baumhöhlen, in Felsnischen oder auf nackten Felssimsen ab. Während der Brut und zu Beginn der Jungenaufzucht jagt nur das Männchen. Die Jungen sind mit 9 bis 12 Wochen voll beflogen.

Waldkauz

Vorkommen und Lebensraum: Der Waldkauz ist über Europa mit Ausnahme Islands, Irlands, weiter Teile Skandinaviens und des Nordostens verbreitet, außerdem in verschiedenen Unterarten über Nordwestafrika sowie West- und Südasien. In Mitteleuropa ist er häufig und die wohl bekannteste Eule. Der Jahresvogel lebt in den Altholzbeständen aufgelockerter Laub- und Nadelwälder, ist oft aber auch in Parkanlagen, großen Gärten und in unmittelbarer Nähe menschlicher Siedlungen anzutreffen.

Ernährung: Beute des Waldkauzes sind v. a. Mäuse und Spitzmäuse, daneben Kleinsäuger bis zur Größe von Jungkaninchen und -hasen. V. a. in nagerarmen Jahren sind Sperlinge, Stare und andere, bis taubengroße Vögel eine wichtige Beute. Genommen werden auch Insekten, Frösche und gelegentlich sogar Fische.

Lebensweise: Waldkäuze sind ausschließlich nachtaktiv. Die gewandten Flieger erbeuten Singvögel, oft an deren Schlafplätzen. Wie alle Eulen haben sie einen hervorragenden Gehörsinn, der Federkranz um Augen und Schnabel („Gesichtsschleier") fängt feinste Geräusche ein und leitet ihren Schall zu den unter dem Rand des Gesichtsschleiers gelegenen Ohren. Tagsüber verbergen sich die Vögel in ihrer Schlafhöhle oder in belaubten Baumkronen, aber auch in Scheunen, auf Dachböden, in Kirchtürmen, in Gebäudenischen oder in überdachten Kaminen. Gelegentlich wärmen sie sich auch im direkten Sonnenlicht. Auf den Nachtgreif wird man gelegentlich durch das Gezeter von Kleinvögeln aufmerksam, die ihn entdeckt haben.

Fortpflanzung: Hinsichtlich seiner Brutplätze ist der Waldkauz sehr anpassungsfähig. Er bevorzugt Baumhöhlen, brütet aber auch an fast allen Orten, die ihm auch als Tagesversteck dienen können. Die Jungvögel sind mit etwa 30 bis 35 Tagen beflogen.

BIOLOGIE – IM REVIER

Art: Waldkauz (*Strix aluco*)

Maße, Gewicht: GL 40–42 cm, SW 90–105 cm, 330–620 g (♀ etwas größer und schwerer als ♂)

Aussehen: Kopf beider Geschlechter auffallend groß und dick, keine Federohren; Obergefieder variabel grau-braun bis rostbraun gefärbt mit schwarzen Flecken, Unterseite gelbbraun bis grau und durchsetzt mit dunklen Streifen und Flecken; große, bräunlich schwarze Augen; Ständer bis zu den Fängen befiedert

Fortpflanzung: *Balz*: Feb./März; *Brutdauer*: 28–30 Tage, *Gelegegröße*: (1)2–4(7); *Brutperiode*: Feb.–Juni

Gewölle: s. S. 140

Jagd: Unterliegt in der BRD und nicht dem Jagdgesetz; in A keine Jagdzeit (in Oberösterreich kein Wild); in der CH nicht jagdbar

Steinkauz

BIOLOGIE – IM REVIER

Art: Steinkauz
(*Athene noctua aluco*)

Maße, Gewicht: GL 21–23 cm, SW 50–56 cm, 140–200 g

Aussehen: Knapp amselgroße Eule mit großem, rundem Kopf ohne Federohren, undeutlichem Gesichtsschleier (Federkranz um Schnabel und Augen) und kurzem, geradem Stoß; beide Geschlechter oberseits braun mit weißlicher, gelegentlich rötlich weißer Sprenkelung; Unterseite grau-weiß und durchsetzt mit grauen und bräunlichen Längsstrichen- und -streifen; lebhaft gelbe Augen; Ständer und Fänge nicht befiedert

Fortpflanzung: *Balz:* Ende Feb.–April; *Brutdauer*: 25–28 Tage, *Gelegegröße*: (2)4–5(6); *Brutperiode*: April–Juli

Gewölle: s. S. 140

Jagd: Unterliegt in der BRD und nicht dem Jagdgesetz; in A keine Jagdzeit (in Oberösterreich kein Wild); in der CH nicht jagdbar

Vorkommen und Lebensraum: Der Steinkauz ist von Westeuropa und den Mittelmeerländern einschließlich Nordafrikas quer durch Eurasien bis nach China verbreitet. In Mitteleuropa ist sein Brutvorkommen ziemlich lückenhaft und in vielen Gebieten ist die Art recht selten geworden. Er fehlt auf Island und Irland, im Nordteil Großbritanniens, in Fennoskandinavien und im Nordosten Europas. In Deutschland kommt der Steinkauz vor allem in Nordrhein-Westfalen im Bereich des Niederrheins und im Münsterland vor. Der Steinkauz ist ein Jahresvogel. Er besiedelt bevorzugt Kulturlandschaften aus Dauergrünland mit Baumreihen oder Baumgruppen. Hohle Kopfweiden und alte Obstbäume sind ideale Voraussetzungen für seine Ansiedlung. Er bezieht auch alte Gebäude und Scheunen ausgelagerter Höfe und an Dorfrändern und lebt in Parks oder auf Friedhöfen. Waldgebiete und Höhen über 600 m meidet die kälteempfindliche Art völlig.

Ernährung: Neben Kleinsäugern aller Art, v. a. Feldmäusen, und Vögeln erbeuten Steinkäuze Käfer, Regenwürmer, größere Insekten und auch Eidechsen.

Lebensweise: Steinkäuze sind lebhafte und ruffreudige Vögel. Bei Erregung knicksen die Vögel auf und ab und schlagen seitlich mit dem Schwanz. Steinkäuze jagen schon am späten Nachmittag, hauptsächlich sind sie aber zwischen Sonnenuntergang und Mitternacht aktiv. Ihr Tagesversteck beziehen sie in Scheunen, Türmen, auf Dachböden, in Felsnischen oder Steinbrüchen.

Fortpflanzung: Steinkäuze leben wegen ihreer großen Brutplatztreue oft in Dauerehe zusammen. Sie brüten in natürlichen Baum- oder verlassenen Spechthöhlen, in Mauer- oder Felslöchern oder auch in künstlichen Nistkästen. Das allein brütende Weibchen wird vom Männchen mit Beute versorgt. Die Jungvögel verlassen die Bruthöhle mit 30 bis 35 Tagen, sind aber erst etwa 1 Woche später beflogen. Sie werden noch etwa 5 Wochen von den Altvögeln mit Nahrung versorgt.

Raufußkauz

BIOLOGIE – IM REVIER

Art: Raufußkauz (*Aegolius funereus*)

Maße, Gewicht: GL 24–26 cm, SW 52–58 cm, 150–180 g

Aussehen: Täuschend ähnlich dem Steinkauz, aber dicht weißlich befiederte Ständer und Fänge (Name), Gesichtsschleier hellerer weißlich und abgegrenzt, längerer Stoß mit 5–6 feinen, weißen Querbändern

Fortpflanzung: *Balz*: April; *Brutdauer*: 25–28 Tage, *Gelegegröße*: 4–6; *Brutperiode*: April–Juli

Jagd: Unterliegt in der BRD und nicht dem Jagdgesetz; in A keine Jagdzeit (in Oberösterreich kein Wild); in der CH nicht jagdbar

Vorkommen und Lebensraum: Der Raufußkauz ist über Nordeuropa, Nordasien, die Himalayaregion und China, aber auch im Kaukasus und in Nordamerika verbreitet. Auch in Mitteleuropa kommt er in höheren Gebirgslagen von Frankreich bis Bulgarien vor. Männliche Raufußkäuze sind Jahresvögel, weibliche und insbesondere Jungvögel unternehmen aber mitunter größere Wanderungen. Lebensräume des Raufußkauzes sind große, altholzreiche Wälder, v. a. Nadelwälder. Dunkle Gebirgswälder werden den ebenen Lagen vorgezogen. In Deutschland kommt die Art nur selten vor.
Ernährung: Beute des Raufußkauzes sind hauptsächlich kleinere Wirbeltiere, v. a. Nager und Spitzmäuse. Daneben werden auch Kleinvögel geschlagen und Insekten genommen.
Lebensweise: Der Raufußkauz ist ausschließlich nachtaktiv und jagt nach Einbruch der Dunkelheit von Ansitzwarten aus oder in schwankendem Suchflug.
Fortpflanzung: Raufußkäuze leben meist in Saisonehe. Erste Balzrufe des Männchens, mit denen das Weibchen ins Brutrevier gelockt wird, sind schon zum Winterausgang zu vernehmen. In südlichen Gebieten ab April, weiter nördlich bis zum Juni beziehen die Brutpaare dann Baumhöhlen, gern die des Schwarzspechts und vorzugsweise in Fichten oder Kiefern, gelegentlich aber auch Nistkästen. Nur das Weibchen brütet, während das Männchen jagt. Die Jungen tragen nach dem Schlüpfen nur ein spärliches Dunenkleid. Nach dem Verlassen der Bruthöhle mit 30 bis 36 Tagen werden sie noch weiter von den Eltern versorgt.

Sperlingskauz

BIOLOGIE – IM REVIER

Art: Sperlingskauz (*Glaucidium passerinum*)

Maße, Gewicht: GL 16–18 cm, SW 34–36 cm, 50–80 g

Aussehen: Etwa starengroße Eule mit proportional kleinerem Kopf als Stein- und Raufußkauz; Oberseite grau-braun und fein weiß gesprenkelt, Unterseite weißlich mit dunkelbraunen Längsflecken und brauner Brust; gelbe Augen unter „brauenähnlichen", weißen Überaugenfedern; kurzer Stoß mit 5–6 schmalen weißem Querbändern

Fortpflanzung: *Balz:* März/April; *Brutdauer*: 28–30 Tage, *Gelegegröße*: 4–7; *Brutperiode*: April–Juli

Jagd: Unterliegt in der BRD und nicht dem Jagdgesetz; hat in A keine Jagdzeit und zählt länderweise nicht zum Wild; in der CH nicht jagdbar

Vorkommen und Lebensraum: Der Sperlingskauz ist ein Bewohner des nordischen Waldgürtels Eurasiens, brütet aber auch in Mitteleuropa in höheren Mittelgebirgen wie dem Schwarzwald und dem Bayrischen Wald und in den Alpen. Auch in tieferen Lagen, v. a. in Nordbayern, wurden in jüngerer Vergangenheit Brutversuche festgestellt, ein Brutversuch sogar in der Lüneburger Heide. Sperlingskäuze besiedeln vor allem reich gegliederte Fichtenwälder und nadelholzreiche Mischwälder bis in Höhenlagen von 1.800 m mit einem ausreichendem Angebot an Höhlen. Sie sind in ihren Verbreitungsgebieten das ganze Jahr über anzutreffen.
Ernährung: Die Beute des Sperlingskauzes besteht zu etwa zwei Dritteln aus Mäusen. Geschlagen werden außerdem andere Kleinnager und, in schneereichen Jahren fast ausschließlich, Kleinvögel. Auch Fledermäuse und Insekten werden erbeutet. Mitunter schlägt der Sperlingskauz aber auch Beutetiere seiner eigenen Größe oder sogar darüber. Er jagt auf Lichtungen, in Moorflächen und über Waldwiesen.
Lebensweise: Die kleinste unserer heimischen Eulenarten ist nicht so ausgeprägt nachtaktiv wie andere Eulen und hauptsächlich in der Abend- und Morgendämmerung rege. Sie ist wenig scheu und sitzt gern recht gut sichtbar auf den Wipfeltrieben alter Fichten.
Fortpflanzung: Die in monogam lebenden Vögel brüten in natürlichen Baumhöhlen und sehr häufig in Spechthöhlen. Mit 21 bis 25 Tagen erscheinen die Jungvögel zum ersten Mal im Flugloch der Bruthöhle. Nach spätestens 5 Wochen fliegen sie aus, werden aber noch etwa 4 Wochen von den Altvögeln versorgt.

Waldohreule

BIOLOGIE – IM REVIER

Art: Waldohreule (*Asio otus*)

Maße, Gewicht: GL 35–37 cm, SW 84–95 cm, 2100–330 g (♀ etwas größer und schwerer als ♂)

Aussehen: etwa taubengroße Eule mit langen Federohren; beide Geschlechter oberseits überwiegend braun und gelbbraun gefleckt, unterseits rötlich gelb mit dunklen Längsstrichen und feiner, wellenförmiger Querbänderung; ausgeprägter bräunlich gelber Gesichtsschleier, schwarzer Federbogen um Innenseiten der großen, gelben Augen

Fortpflanzung: *Balz*: März; *Brutdauer*: 27–28 Tage, *Gelegegröße*: 3–6 (abhängig vom Mäuseangebot); *Brutperiode*: März–Juni

Gewölle: s. S. 140

Jagd: Unterliegt in der BRD und nicht dem Jagdgesetz; hat in A keine Jagdzeit und zählt länderweise nicht zum Wild; in der CH nicht jagdbar

Vorkommen und Lebensraum: Die Waldohreule ist die häufigste heimische Ohreule (Gattung *Asio*) und über fast ganz Europa, quer durch Asien bis nach Japan verbreitet. Sie fehlt auf Island, im nördlichen Skandinavien und im Nordosten Europas. In Mitteleuropa und im südlichen Europa ist sie Jahresvogel, die Vögel aus dem Norden und Osten des Brutareals ziehen. Jungvögel wandern teilweise sofort nach dem Selbstständigwerden mehrere hundert Kilometer aus dem elterlichen Brutrevier ab. Die Waldohreule besiedelt Waldränder und die offene Landschaft mit Feldgehölzen und Baumgruppen, lebt aber auch in Parkanlagen und auf Friedhöfen. Das Innere geschlossener Waldbestände meidet sie dagegen.

Ernährung: Die Beute der Waldohreule besteht in erster Linie aus Feldmäusen und anderen Wühlmäusen. Nur in schlechten Mäusejahren schlägt sie in größerem Umfang auch Kleinvögel und andere kleine Wirbeltiere. Bei der Regulierung der Kleinnagerpopulationen spielt die Waldohreule eine wichtige Rolle.

Lebensweise: Waldohreulen sind dämmerungs- und nachtaktiv mit Hauptaktivitätsphasen am Abend und am Morgen. Den Tag verbringen sie, durch ihre Gefiederfärbung hervorragend getarnt, auf Ästen in Bäumen, oft dicht an deren Stamm geschmiegt.

Fortpflanzung: Waldohreulen leben in Saisonehe. Sie bauen keine eigenen Horste, sondern brüten in alten Krähen- und Elsternnestern, mitunter auch am Boden. Die Jungen verlassen mit knapp 3 Wochen das Nest, sind aber erst mit 5 Wochen beflogen und werden danach noch weitere 5 Wochen von den Eltern mit Beute versorgt.

Sumpfohreule

BIOLOGIE – IM REVIER

Art: Sumpfohreule (*Asio flammeus* PONTOPPIDAN)

Maße, Gewicht: GL 34–42 cm, SW 90–105 cm, ♂ ca. 350 g, ♀ ca. 420 g

Aussehen: Unterschiede zur Waldohreule: kleinere, nur etwa 2 cm, mitunter kaum sichtbare Federohren; Oberseite heller gelblich braun; Längsstriche auf der Unterseite der Brust konzentriert und ohne feine Querbänderung; gelbe Augen; Stoß gröber gebändert

Fortpflanzung: *Balz*: März/April; *Brutdauer*: 24–29 Tage, *Gelegegröße*: 4–10 (abhängig vom Mäuseangebot); *Brutperiode*: März–Juni

Jagd: Unterliegt in der BRD nicht dem Jagdgesetz; hat in A keine Jagdzeit und zählt in einzelnen Ländern nicht zum Wild; in der CH nicht jagdbar nach JSG

Vorkommen und Lebensraum: Das Verbreitungsgebiet der Sumpfohreule erstreckt sich über Eurasien, Nordamerika und weite Teile Südamerikas. Von Schottland über Fennoskandinavien und östlich einer Linie von der Danziger Bucht bis zum Schwarzen Meer ist ihr Brutareal bis nach Asien hinein zusammenhängend. Westlich davon kommt sie nur lokal, z. B. in Norddeutschland, den Niederlanden, Frankreich und Großbritannien vor. Häufiger brütet sie noch in den Niederlanden. Als Durchzügler und Wintergast aus dem Norden tritt sie in ganz Norddeutschland auf. Dort rastet sie tagsüber truppweise in Brachland, Rüben- und Kartoffeläckern. Sie überwintert nicht in fest abgegrenzten Gebieten, sondern sucht sich nach Beendigung des Zugs günstige Nahrungsgründe. Bruthabitate sind offene, auch feuchte Landschaften wie Tundren, Moore, Feuchtwiesen, Brachen oder Dünen.
Ernährung und Lebensweise: Hauptbeute sind Wühlmäuse und überwiegend Feldmäuse, in Nordeuropa Lemminge. V. a. bei einem Mangel daran schlägt sie auch andere Kleinnager, Vögel und gelegentlich Reptilien und Frösche.
Im Unterschied zur Lebensweise anderer Eulen ist die Sumpfohreule in der Dämmerung, v. a. während der Balz, der Revierabgrenzung und der Jungenaufzucht aber auch am hellen Tag aktiv. Ihre Beute jagt sie im Suchflug in 1 oder 2 m Höhe und von Ansitzwarten aus.
Fortpflanzung: Sumpfohreulen leben in Saisonehe. Während der Balz „klatschen" die Männchen mit den Flügeln. Anders als ihre Verwandten brüten sie am Boden und bauen einen Horst. Er wird in dichter Deckung v. a. in Mooren und Verlandungszonen errichtet. Das Männchen versorgt das brütende Weibchen. Bereits mit 15 bis 17 Tagen zerstreuen sich die Jungen in die nähere Nestumgebung, wo sie von beiden Eltern versorgt werden. Voll beflogen sind sie aber erst mit 4 bis 5 Wochen.

Schleiereule

BIOLOGIE – IM REVIER

Art: Schleiereule (*Tyto alba* SCOPOLI)

Maße, Gewicht: GL 33–39 cm, SW 85–93 cm, ♂ ca. 315 g, ♀ ca. 340 g

Aussehen: Stark ausgeprägter, herzförmiger weißer Gesichtsschleier; lange, zu den Fängen hin nur spärlich befiederte Ständer; Unterart *alba* (West- und Südeuropa) oberseits hellgrau und gelb gemustert mit weißen und schwarzen Stricheln, Unterseite rein weiß; weißlicher Gesichtsschleier; Unterart *guttata* (Nord-, Mittel- und Osteuropa) oberseits überwiegend grau, unterseits gelb-orange mit schwarzen Sprenkeln; weißlich gelber Gesichtsschleier

Fortpflanzung: *Balz*: März; *Brutdauer*: 31–34 Tage, *Gelegegröße*: 4–7; *Brutperiode*: April–Sept.

Gewölle: s. S. 140

Jagd: Unterliegt in der BRD nicht dem Jagdgesetz; hat in A keine Jagdzeit und zählt in einzelnen Ländern nicht zum Wild; in der CH nicht jagdbar nach JSG

Die Schleiereule zählt als einzige der hier behandelten Eulenarten zu den Schleiereulen (Familie *Tytonidae*).

Vorkommen und Lebensraum: Die Schleiereule ist in zahlreichen Unterarten über Europa mit Ausnahme Nord- und Osteuropas, in Nordafrika, Vorder- und Südasien, Australien und auf dem amerikanischen Kontinent verbreitet. Sie ist in ihren europäischen Verbreitungsgebieten ganzjährig anzutreffen und lebt als Kulturfolger in enger Nachbarschaft zum Menschen. Sie bezieht gern Scheunen (engl. *barn owl*: Scheunen-Eule), Dachböden, Kirchtürme und verlassene Gebäude. In Deutschland ist sie dennoch selten und zählt zu den gefährdeten Arten. Die Wärme liebenden Vögel meiden Regionen mit länger anhaltenden Schneelagen.

Ernährung und Lebensweise: Die Schleiereule schlägt v. a. Feldmäuse und andere Nager bis zu Rattengröße. Andere kleinere Wirbeltiere, Vögel und Insekten spielen nur in nagerarmen Jahren eine größere Rolle. Die Vögel sind ausgeprägt nachtaktiv. Sie jagen in der offenen Kulturlandschaft und bevorzugt über Dauergrünlandflächen. Ihr Flug ist langsam und schwankend. Den Tag verbringen Schleiereulen gut versteckt. Bei Störungen nehmen sie eine Tarnhaltung mit eng zusammen gezogenem Schleier ein.

Fortpflanzung: Schleiereulen sin monogam bis polygam. Sie brüten in Gebäudenischen, z. B. auf Dachböden, in Scheunen, Kirchtürmen und Ruinen, gern auch in künstlichen Eulenkästen. Sie legen ihre Eier in der Brutnische auf nacktem Boden ab. Die Jungen sind mit etwa 9 Wochen beflogen und verlassen mit 3 Monaten das Revier der Altvögel. In mäusereichen Jahren können 2(–3) Jahresbruten aufgezogen werden. Durch die hohe Fortpflanzungsleistung werden Verluste ausgeglichen, die in strengen Wintern bis zu 90 % des Gesamtbestands betragen können.

Kolkrabe

BIOLOGIE – IM REVIER

Art: Kolkrabe (*Corvus corax*)

Maße, Gewicht: GL ca. 65 cm, SW ca. 120 cm, 1–1,5 kg

Aussehen: Beide Geschlechter vollständig tiefschwarz gefärbt, Gefieder *Adulter* im Licht mit metallisch blau-schwarzem Schimmer, *Juveniler* matt schwarz; zottige Kehlfedern, sehr kräftiger Schnabel mit gebogenem First und Federn an der Wurzel; *Flugbild*: keilförmiger Stoß; Kopf und Schnabel ragen deutlich über Flügelränder hinaus („fliegendes Kreuz")

Fortpflanzung: *Balz*: Ende Jan./Feb. *Brutdauer*: 20–21 Tage, *Gelegegröße*: (3)4–6(7); *Brutperiode*: Feb.–Juni

Geläuf: Tritt 10–11 cm lang; Abdruck aus 3 Vorder- und 1 kräftigen Hinterzehe nebst Krallen, Hinterzehe etwa so lang wie Mittelzehe; Sohlenschwielen abgedrückt, sodass Zehen gegliedert erscheinen

Jagd: Der Kolkrabe ist in der BRD ganzjährig geschont; In A hat er länderweise Jagdzeit (in Oberösterreich kein Wild); in der CH ist er nach JSG jagdbar

Vorkommen und Lebensraum: Ursprünglich in weiten Bereichen Nordamerikas und Eurasiens vertreten, war der große Rabenvogel (Familie *Corvidae*) Mitte des 19. Jahrhunderts im westlichen Mitteleuropa vollständig ausgerottet. Auch im deutschsprachigen Raum stand er vor dem Untergang, nachdem er als vermeintlicher Nahrungs- und Jagdkonkurrent, aber auch aus irrationalen Gründen („Pestvogel", „Galgenvogel") gnadenlos verfolgt worden war. Restvorkommen überlebten nur im Alpenraum und in Schleswig-Holstein. Nach Unterschutzstellung ist der Kolkrabe seit einigen Jahrzehnten in Ausbreitung begriffen, und in zahlreichen Bundesländern wieder Brutvogel, in Schleswig-Holstein und Mecklenburg-Vorpommern nahezu flächendeckend. Der standorttreue, anpassungsfähige Jahresvogel besiedelt nahezu alle Lebensräume von der Meeresküste bis ins Hochgebirge.
Ernährung: Das vielseitige Nahrungsspektrum des Kolkraben beinhaltet neben pflanzlicher Kost aller Art Kleinsäuger bis zum Junghasen, Insekten, Jungvögel und Eier sowie Schnecken und Amphibien. In Küstenregionen wurden auch Muscheln nachgewiesen. Aas wird gern genommen, z. B. in Form von Fallwild im Alpenraum. In manchen Regionen „überwachen" Kolkraben regelmäßig Schafherden zur Lammzeit und fressen die dann anfallenden Nachgeburten.
Lebensweise: Kolkraben sind ausgesprochen ruffreudig und haben ein vielseitiges Rufrepertoire. Adulte Vögel leben territorial. Größere Gruppen treten nur an günstigen Nahrungsplätzen (z. B. Mülldeponien) oder als nomadisierende Schwärme aus Jung- und nicht brütenden Vögeln auf.
Fortpflanzung: Kolkraben besetzen ihr Brutrevier schon im Winter. Die geschickten Horstbauer errichten ihren Host in Felswänden (Süddeutschland), aber auch auf Bäumen. Die Jungen verlassen den Horst mit 5 bis 6 Wochen, die Familienverbände lösen sich im Spätsommer auf.

Aas-/Raben-/Nebelkrähe

BIOLOGIE – IM REVIER

Art: Rabenkrähe (*Corvus corone corone*)

Maße, Gewicht: GL ca. 47 cm, SW ca. 92 cm, 540–600 g

Aussehen: Ähnlich Kolkrabe, aber deutlich kleiner, Schnabel proportional schwächer mit schwächer gebogenem First; *Flugbild*: gerader Stoßabschluss; Kopf und Schnabel unauffälliger als beim Kolkraben (fliegendes „T")

Fortpflanzung: Geschlechtsreif mit 2–3 Jahren; *Balz* März *Brutdauer*: 18–20 Tage, *Gelegegröße*: 3–6; *Brutperiode*: März–Juni

Geläuf: Tritt wie Kolkrabe, aber deutlich kleiner

Art: Nebelkrähe (*Corvus corone cornix*)

Aussehen: Gefieder zweifarbig, Nacken, Rücken, Brust und Bauch grau, Restgefieder schwarz

Jagd: Aaskrähen bzw. die Rabenkrähe haben in der BRD in verschiedenen Ländern Jagdzeit, dürfen in anderen auf Verordnungsbasis oder mit Einzelgenehmigung bejagt werden. In A hat v. a. die Rabenkrähe in den meisten Ländern Jagdzeit, nach Schweizer JSG ist sie ganzjährig jagdbar.

Vorkommen und Lebensraum: Die Rabenkrähe ist in Europa ganzjährig westlich der Elbe verbreitet, weiter im Osten, auf Sardinien, Korsika, in Italien, aber auch in Irland nimmt die Nebelkrähe ihren Platz ein. In Grenzgebieten kommt es zu Verpaarungen zwischen beiden Unterarten. Zur Winterzeit dringt die Nebelkrähe aus dem Osten teilweise bis nach Frankreich vor. Die vielfältigen Lebensräume reichen von den Küsten bis in die Hochlagen, halboffene und offene Landschaften mit Bäumen, Sträuchern und Waldinseln werden bevorzugt. Aaskrähen leben teilweise auch in Städten und Dörfern.
Ernährung: Die Allesfresser nehmen animalische Kost von der Schnecke bis zum Junghasen, außerdem Jungvögel, und plündern die Nester von Singvögeln, Rebhühnern und Fasanen. Getreide, Samen und Früchte fressen sie ebenso wie Aas.
Lebensweise: In der Fortpflanzungsperiode leben Aaskrähen paarweise oder in Junggesellentrupps. Im Herbst treten oft große Schwärme in Mischung mit Dohlen und Saatkrähen auf. Nicht brütende Vögel finden sich schon im Frühjahr zu Schlafgesellschaften zusammen. Auf der Nahrungssuche fliegen oder auch gehen sie systematisch Felder, Hecken und auch Straßenränder ab. Anderen Tieren jagen sie mitunter die Beute ab, v. a. Nichtbrüter plündern auch die Gelge von Artgenossen. Greifvögel werden heftig attackiert (die Krähen „hassen" auf sie).
Fortpflanzung: Die Horste der in Dauerehe lebenden Aaskrähen werden auf hohen Bäumen errichtet. Mit 4 bis 5 Wochen verlassen die Jungen das Nest.
Jagd: Aaskrähen werden v. a. mit der Flinte an Schlaf- oder Äsungsplätzen bejagt. Erfolgreich ist auch die Jagd aus dem Schirm oder der Erdhütte mit einer davor aufgestellten künstlichen Uhu-Attrappe.

Die Nebelkrähe ist in Deutschland östlich der Elbe verbreitet.

Saatkrähe

BIOLOGIE – IM REVIER

Art: Saatkrähe (*Corvus frugileus*)

Maße, Gewicht: GL ca. 47 cm, SW ca. 88 cm, ca. 460–520 g

Aussehen: Gefieder beide Geschlechter vollständig schwarz, im Licht mit violettem Schimmer; Adulte mit unbefiederter, grau-weißer Hautpartie um den Grund des vergleichsweise spitzen Schnabels; schlanker als Rabenkrähe und Stirn steiler

Fortpflanzung: *Balz:* März; *Brutdauer*: 17–20 Tage, *Gelegegröße*: 2–6; *Brutperiode*: März–Mai

Geläuf: wie Rabenkrähe

Jagd: Die Saatkrähe unterliegt in der BRD nicht, in A nur in einzelnen Ländern dem Jagdgesetz; in der CH ist sie nicht jagdbar

Sperrende Jungvögel der Saatkrähe

Vorkommen und Lebensraum: Die Saatkrähe ist mit wenigen Ausnahmen (z. B. Island, Skandinavien, Portugal, Italien, Nordosteurpa) als Jahres- oder Brutvogel in weiten Teilen Europas und Asiens verbreitet. Die Vögel der nördlichen und östlichen Brutgebiete ziehen in zum Teil riesigen Schwärmen zum Winter hin u. a. nach West-, Mittel- und Südeuropa. Ursprünglich wohl Steppenbewohner, lebt die Saatkrähe vorzugsweise in offenen Landschaften mit Baumgruppen, Wiesen, Weiden und Äckern. Sie meidet jedoch Felsregionen und Gebirgslagen. Mittlerweile lebt sie als Kulturfolger auch in großen Städten und Dörfern und ist hier in Parks oder sogar auf Schulhöfen zu beobachten.

Ernährung: Wie Raben- und Nebelkrähe ist die Saatkrähe ein Allesfresser, ernährt sich aber bevorzugt von Käfern und anderen Insekten sowie deren Entwicklungsstadien und Würmern, die sie mit dem Schnabel aus dem Boden stochert. Gelegentlich nimmt sie dabei auch Mäuse. Außerdem frisst sie Getreidekörner, frische Saat oder auch Aas und verschmäht auch Brot und andere Essensreste nicht. Große Saatkrähenschwärme finden sich auch an Mülldeponien ein.

Lebensweise: Saatkrähen leben während des ganzen Jahres sehr gesellig. V. a. im Herbst können schon am Nachmittag große Schwärme beim Flug zu den Schlafplätzen beobachtet werden. Solche Schlafplätze werden oft gemeinschaftlich mit Dohlen genutzt.

Fortpflanzung: Saatkrähen brüten in häufig sehr individuenreichen Kolonien auf hohen Bäumen in der offenen Kulturlandschaft oder auch in alten, großen Laubbäumen in Wäldern und Parkanlagen und auch in Straßenbäumen. Das Reisigmaterial zum Bau der umfangreichen Nester wird überwiegend vom Männchen beschafft und vom Weibchen verarbeitet. Es brütet nur das Weibchen. Die Nesthocker-Jungen sind mit 29 bis 35 Tagen beflogen, verbleiben aber noch einige Zeit in der Brutkolonie.

Dohle

Vorkommen und Lebensraum: Die Dohle bewohnt die gemäßigten Bereiche Eurasiens. Sie ist in drei bekannten Unterarten in ganz Europa mit Ausnahme Islands, des nördlichen und westlichen Fennoskandinaviens und Nordrusslands verbreitet. In Mittel-, West- und Südeuropa ist die Unterart *C. m. spermologus* als Jahresvogel vertreten, die insgesamt heller gefärbte Unterart *C. m. monedula* lebt in Fennoskandinavien. In Nordost- und Osteuropa findet sich die „Halsbanddohle" (*C. m. soemmeringii)*, die v. a. im Herbstgefieder auffällige weißliche Halsseitenflecke zeigt. Sie verlässt ihre Brutgebiete zum Winter hin und zieht nach Westen und Süden.

Dohlen leben vorzugsweise in parkähnlich lichten und altholzreichen Wäldern und als Felsenbrüter in Schluchten und an Steilwänden. Als Kulturfolger sind sie aber auch längst in die Nähe menschlicher Siedlungen und in Städte vorgedrungen.

Ernährung: Die Nahrung der Dohle besteht vorwiegend aus wirbellosen Tieren wie Insekten, Würmern und Schnecken. Genommen werden aber auch Mäuse, Getreide, Obst, Abfälle, Aas und gelegentlich Jungvögel oder Eier.

Lebensweise: Dohlen suchen die Nahrung überwiegend rasch schreitend am Boden. Sie leben das ganz Jahr über gern gesellig in größeren Trupps und zeigen ein ausgeprägtes Sozialverhalten. Außerhalb der Brutzeit finden sie sich in großer Zahl an gemeinsamen Schlafplätzen ein.

Fortpflanzung: Die in Dauerehe lebenden Vögel brüten in aller Regel in Kolonien. Im März kommt es dann zu den eindrucksvollen Balzflügen. Die Höhlenbrüter bauen ihre Nester in hoch gelegenen Baumhöhlen und Felsnischen, aber auch in Mauerlöchern an Ruinen, Kirchtürmen und anderen hohen Gebäuden. Sie nehmen auch Nistkästen an. Das Männchen versorgt das brütende Weibchen mit Nahrung.

Die Jungvögel verlassen mit ca. 4 Wochen erstmalig das Nest, sind aber erst eine Woche später voll beflogen.

BIOLOGIE – IM REVIER

Art: Dohle (*Corvus monedula*)

Maße, Gewicht: GL ca. 34–39 cm, SW 64–73 cm, 220–270 g

Aussehen: Mitteleuropäische Unterart *C. m. spermologus*: Rücken, Flügeldecken, Schnabel und Ständer beider Geschlechter schwarz, Nacken und Kopfseiten aschgrau, Unterseite schwarz-grau; Schnabel proportional deutlich kleiner als bei den Krähenarten

Fortpflanzung: *Balz:* März/April; *Brutdauer*: 17–18 Tage, *Gelegegröße*: 3–6; *Brutperiode*: April–Juni (Juli)

Geläuf: wie Rabenkrähe, aber deutlich kleiner

Jagd: Die Dohle unterliegt in der BRD nicht, in A nur in einzelnen Ländern dem Jagdgesetz; in der CH ist sie nicht jagdbar

Elster

BIOLOGIE – IM REVIER

Art: Elster (*Pica pica*)

Maße, Gewicht: GL 44–48 cm, SW 52–62 cm, 200–250 g

Aussehen: Kopf, Brust und Hinterleib schwarz, Bauch, Seiten und Schultern weiß; schwarze Armflügel tlw. mit bläulichem Anflug, Stoß mit grünlichem Schimmer; Handflügel (Flugbild) fast vollständig weiß

Fortpflanzung: *Balz:* März/April; *Brutdauer*: 17–18 Tage, *Gelegegröße*: 4–8; *Brutperiode*: (März) April–Mai

Laute: „Schackern"

Geläuf: Rabenvogeltritt, kleiner als der der Rabenkrähe

Jagd:Die Elster hat in der BRD in ver-schiedenen Ländern Jagdzeit, darf in anderen auf Verordnungsbasis oder mit Einzelgenehmigung bejagt werden. In A hat sie in den meisten Ländern Jagdzeit, nach Schweizer JSG ist sie ganzjährig jagdbar.

Jagdarten: Anstand und Ansitz an Schlaf- und Luderplätzen; Lockjagd

Vorkommen und Lebensraum: Die Elster ist mit Ausnahme Islands und des äußersten Nordostens in ganz Europa als Jahresvogel, außerdem in weiten Teilen Asiens und in Nordamerika beheimatet. Ursprünglich ein Bewohner der offenen Kulturlandschaft mit Hecken und Feldgehölzen, ist der ausgeprägte Kulturfolger längst in Gärten, Parks, Friedhöfen und sonstigen Grünbereichen um und in Dörfern und Städten heimisch.

Ernährung: Elstern wissen das Nahrungsangebot der Kulturlandschaft zu nutzen. Sie nehmen pflanzliche und tierische Kost wie Würmer, Schnecken, Insekten, Körner, Eicheln und Beeren. Auch Mäuse können sie überwältigen. Darüber hinaus erbeuten sie in größerem Umfang aber auch die Eier und Jungvögel von Singvögeln und einiger Federwildarten. In Niederwildrevieren sind sie als Nesträuber daher gefürchtet. Auch Abfälle und Aas verschmähen die Allesfresser nicht.

Lebensweise: Elstern sind sehr standorttreu und halten sich auch im Winter in der weiteren Umgebung ihrer Brutreviere auf. Im Herbst und Winter finden sich die Vögel große Zahlen zu Schlafgesellschaften zusammen, die vorzugsweise in niedrigen Weiden- und Pappelgehölzen in der Feldflur übernachten. Ihre Nahrung suchen sie überwiegend am Boden laufend, ihr Flug ist unregelmäßig und schwerfällig.

Fortpflanzung: Elstern leben in Dauerehe. Erste Balzaktivitäten können mitunter schon im Dezember beobachtet werden. Die Vögel brüten vorzugsweise in größerer Höhe in Einzelbäumen, aber auch in Hecken oder Sträuchern und auch an Gebäuden. Die umfangreichen Reisignester haben eine charakteristische Kugelform, ihr Einschlupf liegt seitlich. Eine in den Nestboden eingearbeitete Lehmschicht verleiht den Nestern eine jahrelange Dauerhaftigkeit. Die Jungvögel schlüpfen nackt und werden von beiden Eltern betreut. Die Nestlingszeit beträgt 22 bis 24 Tage, seltener auch einmal bis zu 28 Tage.

Eichelhäher/Tannenhäher

EICHELHÄHER
Vorkommen und Lebensraum: Der Eichelhäher ist in verschiedenen Rassen über Eurasien bis nach Japan und im westlichen Nordafrika verbreitet. Von der Ebene bis ins Gebirge besiedelt er Wälder, Feldgehölze und Parklandschaften.
Ernährung: Der Eichelhäher erbeutet Wirbellose, als Nesträuber aber auch in größerem Umfang Eier und Jungvögel von Singvögeln. Er nimmt überdies Eicheln, Bucheckern, Nüsse, Beeren und anderen Pflanzensamen.
Lebensweise und Fortpflanzung: Der Eichelhäher versteckt überschüssige Nahrung im und am Boden. Aus solchen nicht wieder geräumten Depots sind schon größere Eichen- und Buchenwälder entstanden („Hähersaat"). Mit markantem „Rätschen" meldet der wachsame Vogel dem Jäger häufig die Nähe von Raubwild oder Sauen, warnt die Umgebung umgekehrt aber auch vor dem entdeckten Menschen. Er bewegt sich gewandt in den Zweigen von Bäumen und Sträuchern und am Boden, sein wellenförmiger Flug ist dagegen schwerfällig.
Fortpflanzung: Die Nester der in Dauerehe lebenden Vögel werden in bis zu etwa 5 m Höhe im unterholzreichen Wald gebaut. Beide Altvögel brüten. Die Nesthocker-Jungen schlüpfen nackt und sind mit 19 bis 20 Tagen beflogen.

TANNENHÄHER (Foto unten)
Der scheue Tannenhäher ist ein Bewohner der Nadel- und Mischwälder in den Gebirgen Nord- und Südeuropas und Asiens. In härteren Wintern zieht er auch in tiefere Laubwaldregionen. In Deutschland kommt es in manchen Wintern zu teilweise invasionsartigem Zuzug sibirischer Vögel. Das Nest wird vorzugsweise in Nadelbäumen errichtet.

BIOLOGIE – IM REVIER

Art: Eichelhäher (*Garrulus glandarius*)

Maße, Gewicht: GL 32–35 cm, SW 54–58 cm, 140–190 g

Aussehen: Gefieder überwiegend rötlich braun mit hellen, schwarz gestrichelten Scheitelfedern (Holle), weißer Kehle, weißem Steiß und Bürzel sowie schwarzem Stoß; beidseits der Kehle schwarze, vom Unterschnabelgrund schräg abwärts laufende Bartstreifen; Flügel mit hellblau und schwarz gebänderte Federn am Bug und weißem Armflügelfeld

Fortpflanzung: *Balz*: ab Feb./März; *Brutdauer*: 16–17 Tage, *Gelegegröße*: 3–6; *Brutperiode*: (März) April–Juni

Jagd: Nur in BY Wild mit Jagdzeit, ansonsten Erlegung mit Einzelfallgenehmigung; zu A und CH vgl. Elster

---

Art: Tannenhäher (*Nucifraga caryocatactes*)

Maße, Gewicht: GL 32–35 cm, SW 49–53 cm, 160–250 g

Aussehen: Gefieder überwiegend dunkelbraun mit feinen weißen Flecken und ungeflecktem Scheitel, einfarbig braunschwarzen Flügeln und weißem Steiß

Fortpflanzung: *Balz*: ab Feb./März; *Brutdauer*: 18–21 Tage, *Gelegegröße*: 3–4; *Brutperiode*: März–Juli

Eier ausgewählter Vogelarten

Kosmos-Bücher zum Weiterlesen

Wildkunde und Jagdpraxis – Fachwissen für Jäger

Stinglwagner/Haseder
Das Große Kosmos Jagdlexikon
Stuttgart 2010

Stinglwagner/Haseder
DVD – Das Große Kosmos Jagdlexikon
Stuttgart 2006

Bachmann/ Roosen (Hrsg.)
Praxishandbuch Jagd
Stuttgart 2006

Lutz Briedermann
Schwarzwild
Stuttgart 2009

Christoph Stubbe
Rehwild
Stuttgart 2008

Tomiczek/Türcke
Das Muffelwild
Stuttgart 2003

Erhard Ueckermann
Das Damwild
Stuttgart 2002

Siegfried Seibt
Die Jägerprüfung in Frage und Antwort
Stuttgart 2009

Praxiswissen Jagd – die Reihe fürs Revier

Andreas David
Fährten- und Spurenkunde
Stuttgart 2007

Happ, Norbert
Hege und Bejagung des Schwarzwildes
Stuttgart 2007

von Harling/Keil
Praxistipps Rehwildjagd
Stuttgart 2005

von Harling/Keil
Praxistipps Schwarzwildjagd
Stuttgart 2008

Behnke/Claußen
Fasan und Rebhuhn
Stuttgart 2007

Kurt Menzel
Altersansprache beim Schalenwild
Stuttgart 2007

Kurt Menzel
Verhalten, Hege und Bejagung des Rotwildes
Stuttgart 2008

Kurt Menzel
Hege und Bejagung des Rehwildes
Stuttgart 2007

Siegfried Seibt
Grundwissen Jägerprüfung
Stuttgart 2008

Norbert Klups
Jagdwaffenkunde
Stuttgart 2008

Frank Martini
Wildbretgewinnung nach aktuellem Lebensmittelrecht
Stuttgart 2010

Susanne Dehn
Wildbret erfolgreich vermarkten
Stuttgart 2006

Register

Impressum

Bildnachweis

Mit 203 Farbfotos von blickwinkel/A. Hartl (1): S. 116 o.; blickwinkel/D. Kjaer (1): S. 91 u.; blickwinkel/J. Peltomaeki (1): S. 107 o.; ; Frank Hecker (89): vordere Klappe, S. 21, 23, 29, 30, 31 o., 32, 33, 34, 39, 40, 41, 42, 44 beide, 52, 53, 54, 55 u., 61, 62, 64 o., 66, 67, 69, 71, 74, 75 r., 82 gr., 84, 85, 86, 88, 89, 91 o., 92, 93 beide, 96, 97 o., 100 gr., 101 alle , 102 beide, 103 beide, 104 beide, 105 beide, 106, 108, 110, 117 beide, 118 beide, 119, 120, 121 kl., 116 u., 123, 126 kl., 127 beide, 128, 129 beide, 134 kl., 136 u., 139, 141, 145 beide, 148 o., 150 beide, 151, 152, 155 u., 158, 153 o., 160 o., 161, 162, 163 beide; Dr. Frieder Sauer/Frank Hecker (15): S. 31 u., 73, 90, 95 kl., 97 u., 112, 113, 135 beide, 138, 148 kl., 155 o., 156, 159 u., 160 u.; Eckhard Mestel/Frank Hecker (31): S.1, 6 u., 9, 11, 13, 14, 15, 16, 17, 22, 36, 46, 70, 76, 77, 78, 79, 80, 87, 95 gr., 98, 99, 100 kl., 107 u.,109 beide, 122, 126 gr., 131, 134 gr., 149 o.; 153; Günter Helm/Frank Hecker (2): S. 64 u., 121 gr.; Dr. Rudolf König/Frank Hecker (1): S. 59; Dr. Günther Bethge (10): S. 24, 81, 125, 130 beide, 132, 140 beide, 142, 149 u.; Alfred Limbrunner (29): S. 20, 26, 27 beide, 38 beide, 43, 45, 55 o., 56, 57, 58, 60 beide, 72, 75 l., 114, 124, 133, 136 o., 137, 143 beide, 144 beide, 147, 148 gr., 154 u., 157; Stefan Meyers (1): S. 68 gr.; Ekkehard Ophoven (2): S. 51 u., 63; Karl-Heinz Volkmar (18): S. 6 o., 8, 10, 12, 18, 19, 28, 35, 37, 47, 48, 49, 65, 68 kl., 82 kl., 83, 91, 153 o.; Burkhard Winsmann-Steins (1): S.115; Archiv (1): S. 140

Illustrationen aus David, Fährten und Spurenkunde, Kosmos 2007 sowie Stinglwagner/Haseder, Das Große Kosmos Jagdlexikon, Kosmos 2010

Impressum

Umschlaggestaltung von eStudio Calamar unter Verwendung von 6 Farbfotos von Frank Hecker (Rothirsch), Eckhard Mestel/Frank Hecker (Auerhahn, Feldhase), Karl-Heinz-Volkmar (Wildschwein, Rotfüchse) und Dr. Frieder Sauer/Frank Hecker (Rebhuhn)

MIX
Papier aus verantwortungsvollen Quellen
FSC® C084279
www.fsc.org

Gedruckt auf chlorfrei gebleichtem Papier

Erweiterte Neuausgabe 2010

ISBN 978-3-440-11529-9
Redaktion: Ekkehard Ophoven
Produktion: Markus Schärtlein
Printed in Slovakia / Imprimé en Slovaquie